组合碟簧自复位防屈曲支撑钢框架体系
抗震性能与设计

丁玉坤　著

中国建筑工业出版社

图书在版编目（CIP）数据

组合碟簧自复位防屈曲支撑钢框架体系抗震性能与设计 / 丁玉坤著. -- 北京：中国建筑工业出版社，2024.
10. -- ISBN 978-7-112-30482-0

Ⅰ. TU391；TU352.1

中国国家版本馆 CIP 数据核字第 20248YG644 号

责任编辑：张　瑞　刘颖超
责任校对：赵　颖

组合碟簧自复位防屈曲支撑钢框架体系抗震性能与设计

丁玉坤　著

*

中国建筑工业出版社出版、发行（北京海淀三里河路 9 号）

各地新华书店、建筑书店经销

国排高科（北京）人工智能科技有限公司制版

建工社（河北）印刷有限公司印刷

*

开本：787 毫米 × 1092 毫米　1/16　印张：14½　字数：359 千字

2024 年 10 月第一版　　2024 年 10 月第一次印刷

定价：**52.00** 元

ISBN 978-7-112-30482-0

（43884）

前　　言

　　钢支撑的受压失稳使钢材的受压承载力、延性和耗能不能充分利用，劣化了中心支撑框架的抗侧能力。防屈曲支撑（buckling-restrained brace，BRB）通过敷设约束构件为受力钢支撑提供连续的侧向约束，避免了钢支撑受压失稳，用于中心支撑钢框架结构中时，基于支撑滞回特性并采用能力设计和控制损伤等思路构建出的防屈曲支撑钢框架结构已被大量试验证明具有良好的抗震性能，可充分发挥支撑的抗侧能力、延性和耗能能力。然而，大地震下 BRB 的大幅屈服和刚接框架的塑性发展使震后结构残余变形不可控，易出现大幅残余变形而危及结构震后使用功能。

　　抗震韧性（seismic resilience）是结构抗震设计的新要求。构建自复位防屈曲支撑和配套的被撑钢框架，高效控制防屈曲支撑钢框架大幅屈服后的残余变形必将使其工程应用更具生命力，更能符合震后功能可恢复这一可持续发展的抗震结构的要求。可有效控制大震作用下结构的侧移，大幅度减小结构震后残余变形和主体结构损伤，保障结构震后使用功能的不中断或快速恢复，有助于韧性城市的建设。

　　随着对韧性结构研究的推进，国内外学者努力创新，正不断丰富着可选的结构体系和部件。理想的结构体系和技术措施是提高结构抗震韧性所必需的，自复位支撑钢框架体系是韧性抗震结构的理想结构体系之一。自复位支撑通常由复位系统和与之并联的耗能部件两部分组成。依据二者制成材料和工作机制的不同组合，形式多样的自复位支撑正在被构建出和试验验证。组合碟簧具有灵活实现所需的轴向承载力和弹性变形能力的优势，承载和自复位特性稳定，且较经济。将之与耗能稳健的防屈曲支撑并联受力构建出的组合碟簧自复位防屈曲支撑是形式多样的自复位支撑中行之有效的构造之一。将组合碟簧自复位防屈曲支撑连于钢框架中形成新的中心支撑钢框架体系，有望更全面地发挥支撑良好的承载力、延性、耗能和复位能力，为提高结构抗震韧性提供有效解决方案，丰富韧性抗震钢结构可采用的结构体系。本书即是为提供这一种有效解决方案撰写的。

　　本书作者从 2004 年开始在国内较早开展了防屈曲支撑钢框架结构抗震性能和设计方法研究，从 2015 年起又将组合碟簧引入防屈曲支撑并联组装制成自复位防屈曲支撑。从自复位支撑的合理构造入手进行系统研发，先后提出了双侧组合碟簧与内部钢板支撑并联、组合碟簧与内置防屈曲支撑同轴组装并联等新型自复位支撑，将其应用于变化梁柱和柱脚节点形式的钢框架结构中并研究了自复位支撑钢框架体系的抗震性能，具体包括：

　　1）组合碟簧与 BRB 的不同组装构造、抗震性能与设计；

　　2）端部连接变化的同轴组装碟簧自复位防屈曲支撑抗震性能与设计；

　　3）受压叠合组合碟簧的摩擦机制与其轴向承载-变形性能的理论预测；

　　4）单斜和人字形碟簧自复位防屈曲支撑钢框架的不同构造和抗震性能；

　　5）梁柱铰接的防屈曲支撑框架和自复位防屈曲支撑框架的抗震性能；

　　6）组合碟簧自复位防屈曲支撑和支撑钢框架的分析模型和设计方法。

本书是在参考国内外相关研究成果的基础上，对我在采用组合碟簧复位、防屈曲支撑耗能的自复位抗震钢结构方面的研究成果加以总结而成。全书大纲由我拟定、各章内容由我起草并最后由我负责全书的修改和统稿。

本书内容主要基于我指导的研究生的学位论文工作（他们是刘洋涛、汤孟轲、Soy Meta、郑帅康、刘玮博、王斌磊）以及我的进一步研究工作。本书的研究工作还得到了国家自然科学基金面上项目（批准号：51878217、52378149）、黑龙江省自然科学基金面上项目（批准号：E2017037）的资助。对此，表示衷心感谢。

尽管我做出了努力，但由于学识和水平有限，书中不免存在不当和疏漏之处，恳请读者不吝指正，以期在今后不断改进和完善。

丁玉坤

2024 年 8 月

目　　录

第 1 章 绪 论

1.1 背景与意义

1.1.1 防屈曲支撑钢框架的复位需求

中心支撑钢框架是常用的抗震钢结构体系之一，中心支撑是结构中的主要抗侧力和耗能构件，其滞回特性直接影响着中心支撑钢框架结构的抗震性能。普通纯钢支撑受压失稳会劣化支撑的承载力、延性和耗能能力。为避免钢支撑受压失稳，充分利用支撑的受压承载力，可在钢支撑外部敷设约束构件来制成防屈曲支撑（buckling-restrained brace，BRB，图 1.1）[1-6]。因在约束构件和内置钢支撑间敷设无粘结材料或留置间隙，内置支撑承受全部轴力，约束构件不用于分担轴力，主要作为受弯构件为内置支撑提供侧向约束，限制钢支撑受压后大幅整体和局部失稳。可通过合理设计来实现内置支撑在拉压作用下均可进入屈服，使 BRB 具有良好的承载力、延性和耗能能力[1-6]。因此，BRB 正越来越多地应用于中心支撑钢框架结构中[4-8]。

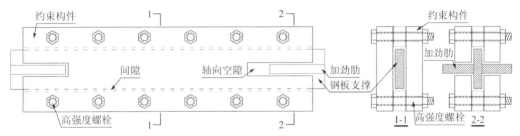

图 1.1 通过螺栓组装形成的防屈曲支撑

然而，内置支撑轴向屈服后复位困难[4,7,9]（图 1.2），在大的地震作用下，当防屈曲支撑经历大幅塑性变形后，导致震后防屈曲支撑钢框架（buckling-restrained braced frame，BRBF）出现大的残余变形[10-14]。例如，试验研究表明[14]，当 BRBF 层间侧移角约为 1% 时，其层间残余变形角即达 0.5%；在层间侧移角约为 2% 时，其层间残余变形角（1.2%～1.5%）远大于 0.5%。而已有研究表明，当震后结构层间残余变形角超过 0.5% 时，修复费用可能超过重建费用[15]。可见，残余变形过大将严重危及结构震后使用功能。随着对功能可恢复这一可持续发展的抗震结构的日益关注[16]，如能设计出地震（设防或罕遇地震）后不需修复或稍许修复即可恢复其使用功能的结构[17]，减小或消除残余变形，对结构抗震具有重要意义。因此，在合理利用防屈曲支撑良好延性和耗能能力的同时，为进一步提高中心支撑钢框架结构的抗震性能，增强结构在地震作用下的复位能力，减小结构震后残余变形，探索具有自复位功能的新型防屈曲支撑，以及研究采用该种支撑抗侧力的中心支撑钢框架结构的抗震性能和设计方法，具有重要的科学意义和应用价值。

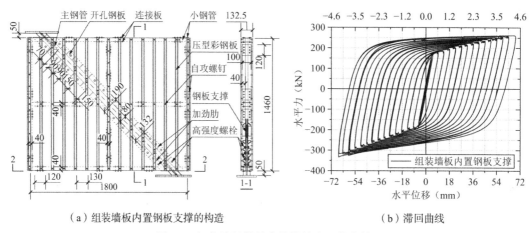

（a）组装墙板内置钢板支撑的构造　　　　　　（b）滞回曲线

图 1.2　组装墙板做约束构件的防屈曲支撑[9]

1.1.2　防屈曲支撑钢框架结构的残余变形

防屈曲支撑依据外围约束构件的形式可分为杆状防屈曲支撑和墙板内置无粘结钢板支撑两大类[4-6]。制作中，内置支撑可采用钢板、热轧型钢或焊接截面等形式；外围约束构件截面可以采用一体制成或组装形成，材料上可以采用钢材、钢筋混凝土、钢管内填砂浆或混凝土等（图 1.3）；无粘结材料或空隙用来留置支撑与约束构件间的间隙。通常，防屈曲支撑在多遇地震作用下保持弹性，在大的地震作用下进入屈服和耗能阶段[1]。

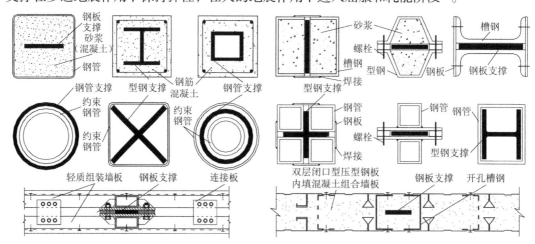

图 1.3　防屈曲支撑的截面形式

近年来，国内外学者在防屈曲支撑的新构造、受力性能和应用等方面进行了较多研究[4-8]，并进一步研究 BRBF 结构的抗震性能和设计方法[10,11,13,14,18-20]。防屈曲支撑虽具有滞回曲线饱满、延性好的特点，但研究发现，由于防屈曲支撑依靠钢材塑性变形来耗能，导致 BRBF 结构在经历大震后出现较大的残余变形，很可能影响震后正常使用。Sabeli 等[20]对 50 年超越概率 10%的地震作用下的三层及六层防屈曲支撑铰接框架的时程分析表明，均采用反应调整系数 $R = 8$ 设计出的结构的平均层间残余侧移角分别可达 0.5%和 0.7%。Kiggins 和 Uang 等[21]针对上述防屈曲支撑铰接框架的研究进一步发现，在 50 年超越概率10%的地震作用下三层及六层防屈曲支撑框架残余侧移角分别可达 0.39%和 0.29%，如果联合抗弯框架形成双重抗侧力体系,残余侧移角可分别减少至 0.21%和 0.13%。Pettinga 等[22]对基于新西兰规范设计的四层 BRBF 进行了非线性时程分析,结果表明,在设计地震作用下,结构平均层间残余侧移角可达 0.85%～0.89%。Fahnestock 等[10]对基于美国规范设计的四层 BRBF 进行了非线性时程分析,结果表明,在设计地震(50 年超越概率 10%)及最大地震(50 年超越概率 2%)作用下,结构平均层间残余侧移角可达 0.5%～1.2%。而对此四层结构的试验表明,两种地震作用下的平均层间残余侧移角可达 1.3%～2.7%[23]。Tremblay 等[11]对 2～16 层 BRBF 分别进行了时程分析,得到其在设计地震(50 年超越概率 10%)作用下,结构残余侧移角可达 0.63%～1.38%。Erochko 等[24]对基于 ASCE 规范设计的 2～12 层 BRBF 的时程分析表明,在设计地震(50 年超越概率 10%)作用下,结构残余侧移角可达 0.8%～2.0%,在最大地震(50 年超越概率 2%)作用下,结构残余侧移角可达 2.0%～5.0%。由于 $P-\Delta$ 作用,随着结构高度增加,残余变形角也逐渐增加,且与设计地震下相比,最大地震下楼层残余侧移与楼层最大侧移更接近。

可见,防屈曲支撑大幅塑性发展使结构在大的地震后产生较大的残余变形。针对该问题,一方面,Kiggins 和 Uang 等[21]提出采用双重抗侧力体系[1](即侧向荷载由支撑框架和调整加强的框架共同承受,通过调整框架的抗剪承载力,使其作为第二道抗震防线)来减小结构残余变形。文献[25]还建议在双体系中增大抗弯框架中柱子截面的惯性矩,来提高 BRBF 结构层间弹性刚度和控制残余变形。另一方面,可将自复位系统(Self-centering system)与防屈曲支撑并联工作[26,27],以减小支撑残余变形,进而减小结构的残余变形。

1.1.3　自复位防屈曲支撑构造和研究进展

已有自复位耗能支撑构造研究中,根据耗能部件采用的材料和耗能机制以及复位部件采用材料和复位机制的不同组合,可构建形式多样的自复位支撑。例如,可采用摩擦耗能[28,29]、钢板轴向屈服[26,27]或受弯屈服[30]等方式来构建耗能部件,可采用形状记忆合金(SMA)[26,27]、高强钢绞线[31-34],复合纤维筋棒[28,35]或碟形弹簧(简称碟簧)[29,36]等来构建复位部件。一些研究中常采用摩擦耗能机制,摩擦耗能虽构造简单,但摩擦面的老化和预紧螺栓的松动等问题会降低支撑的耗能能力,增加了维护费用。防屈曲支撑(BRB)受力性能稳定,依据轴向屈服耗能,可以充分利用受压承载力和耗能能力(图 1.2)。因此,可将自复位系统引入防屈曲支撑中,形成自复位防屈曲支撑(SCBRB)来发挥自复位系统和防屈曲支撑各自的优点。

Miller 等[26,27]采用 BRB 支撑作为耗能构件,复位系统采用外套管和中套管配合预拉的镍钛形状记忆合金棒(SMA)提供复位力,外套管和中套管的一端分别焊接于防屈曲支撑弹性段的一端,SMA 杆与 BRB 平行工作,其构造及滞回曲线见图 1.4。试验结果表明,SMA 具有很好的弹性变形能力,该支撑能够展现出稳定的旗形滞回曲线,具有良好的延性、耗能及复位能力。SMA 杆可以提供恢复力和额外的能量耗散,但在大位移下,SCBRB 的残余变形约为相应峰值变形的一半。

SMA 筋棒造价昂贵,因此一些较经济的材料(如预应力高强度钢绞线)被用于 SCBRB。刘璐等[31]将 2 个耗能钢板内芯左端与内钢管焊接在一起,右端与外钢管焊接在一起,内外钢管充当约束单元,抑制钢板内芯的屈曲。高强度钢绞线施加预拉力后穿过内外钢管,锚固在钢管两侧的端板上形成自复位系统,内外管轴向受力发生相互错动后,预应力钢绞线进一步伸长,进而提供恢复力。试验结果表明,经过合理设计的该支撑具有较好的复位能力,但因预拉钢绞线后续可用的弹性变形较小，限制了整个支撑轴向变形能力。

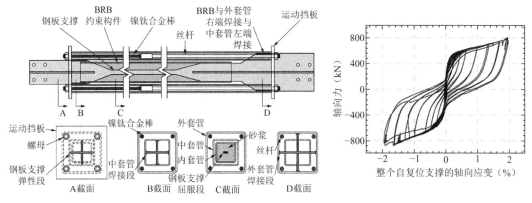

（a）SCBRB 支撑构造　　　　　　　　　　　（b）试验获得的支撑滞回曲线

图 1.4　SCBRB 支撑构造及滞回曲线[26,27]

为了提高 SCBRB 的轴向变形能力，一些 SCBRB 试验中采用三钢管配合高强度钢拉杆或双钢管配合复合纤维筋棒拉杆并在两端设置可动端板制成自复位构件[34,35,37,38]。除了用于 SCBRB，这些通过加设钢管等钢构件配合高强度钢拉杆（或纤维筋棒）来提升支撑轴向弹性变形能力的类似做法在采用摩擦耗能的自复位支撑中也有应用[39-43]。

曾鹏等[44]将串联的钢绞线引入全钢 BRB 中，提出了一种可以有较大轴向弹性变形能力的全钢自复位防屈曲支撑构造。两组预应力筋通过中筒相互串联在一起，BRB 耗能内芯一端焊接在内筒上，另一端通过螺栓连接在外筒上，中筒与耗能内芯无接触，作为约束部件防止内芯失稳，支撑轴向变形为每组钢绞线变形的 2 倍。Chou 等[37]采用金属耗能机制代替原有摩擦耗能机制，研发了一种新型的交锚型自复位防屈曲支撑（SC-SBRB），并对其进行了试验研究，具体构造见图 1.5。SC-SBRB 结合了双核心自复位支撑能提供较大弹性变形能力的自复位性能及防屈曲支撑的耗能能力。试验表明，该支撑在低周疲劳破坏前具有良好的耗能能力及复位性能，同时具有大的轴向变形能力。

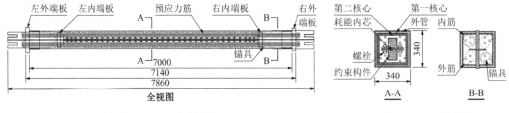

（a）SC-SBRB 整体视图　　　　　　　　　　（b）SC-SBRB 断面图

图 1.5　SC-SBRB 支撑构造[37]

周臻等[35,38]为简化支撑构造，降低支撑重量，提出了一种双套管式的自复位防屈曲支撑，构造见图 1.6。该支撑选取玄武岩纤维（BFRP）筋做预拉杆，BFRP 与高强钢绞线相比具有更低的弹性模量及更高的弹性变形能力，且其造价相比于芳纶纤维和碳纤维更低。支撑受力使内外套管发生相对运动后，内外套管各自推动相应端板使得预应力筋进一步伸长，进而提供恢复力。耗能内芯一端与内套管焊接，另一端与外套管焊接，内套管上焊接填板并与内外套管共同为耗能内芯提供侧向约束，防止其失稳。试验表明，支撑呈现出显著的旗形滞回曲线特征，具有较好的耗能能力和自复位能力。

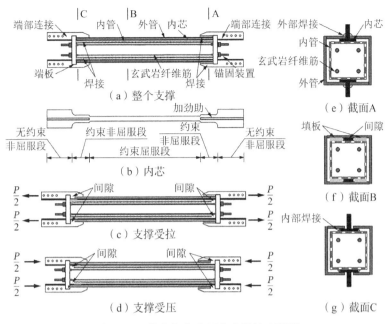

端部连接　内管　外管　内芯　端部连接　外部焊接　内芯
端板　焊接　玄武岩纤维筋　锚固装置　焊接
内管　玄武岩纤维筋　外管
（a）整个支撑

（e）截面A

加劲肋
无约束　约束非屈服段　约束　无约束
非屈服段　约束屈服段　非屈服段　非屈服段
（b）内芯

填板　间隙
（f）截面B

间隙　间隙
（c）支撑受拉

内部焊接
间隙　间隙
（d）支撑受压

（g）截面C

图 1.6　双管自复位防屈曲支撑构造[35,38]

上述已开展的自复位防屈曲支撑的试验研究中，研究者多借鉴早期自复位摩擦耗能支撑中复位系统的构造[28]，复位系统主要采用后张拉的高强钢绞线、形状记忆合金杆或复合纤维筋等构件，并同时至少配置内外两重钢套管（配合可动的端板）[26,31-35,37]。形状记忆合金虽具有较大的轴向变形能力[26]，但价格昂贵，且难以灵活根据结构所受地震作用进行设计和制作。高强钢绞线在施加预拉力后剩余的弹性变形能力有限[31-34]，严重制约了支撑的轴向变形能力。复合纤维筋又存在锚固困难等不足[35]。多重钢管常通过端部与内置支撑端部弹性段焊接进行固定，不利于重复利用保持完好的构件，也难以检修 SCBRB[26,31,32,34,35,37]。且往复作用下，由于锚固端滑移等因素，预拉力筋杆还常出现明显的应力松弛。这些不足均劣化了自复位支撑的延性和复位能力。特别是在自复位支撑[26,31-35,37]中，因与防屈曲支撑并联受力的复位系统分担了大部分的轴力，与通常不设复位系统的纯防屈曲支撑相比，当支撑按相同的屈服承载力设计时[11,12]，自复位支撑中的防屈曲支撑轴向承载力大幅减小，轴力分担率常小于 50%，加之预拉筋杆[31-35,37]处于弹性受力几乎不耗能，严重降低了自复位支撑的耗能能力。采用多重钢管后，扩大了荷载传递路径，不可避免地提高了对制造精度的要求，以确保预期的工作性能并消除对 SCBRB 初始刚度的不利影响[38,42]。因此，有必要进一步探索新型的复位系统构造来制成具有良好延性、耗能和复位能力的自复位防屈曲支撑。

除了上述自复位材料外，碟形弹簧也可用于构建复位系统，可通过灵活调整碟簧的尺寸和组合方式（图1.7）来同时满足所需的轴向承载力和弹性变形能力[45]。Dong 等[46]通过组合碟簧内穿过一个 BRB，构建了一种新型自复位支撑。通过试验，建议进一步减小碟形弹簧的摩擦作用，从而简化复位系统的滞回模型。Xu 等[47]给出了在内置钢板支撑一端较长的弹性段两侧各外置一串组合碟簧，并通过端部连接使复位部件与 BRB 并联受力来形成自复位支撑 SCBRB，其轴向拉、压作用下的工作原理见图1.8，并给出了该种自复位支撑的滞回模型，数值模拟表明该滞回模型对复位比率变化的 SCBRB 滞回性能的预测效果较好。Xu 等[29]还研究了采用摩擦耗能装置和预压碟簧提供恢复力的自复位钢支撑。在碟形弹簧上添加润滑油以减少接触摩擦，并建议在自复位钢支撑中减少碟形弹簧的使用，以减少碟形弹簧的摩擦影响，提高自复位能力。虽然上述建议可通过减少碟簧的摩擦作用来在一定程度上简化滞回模型，但也会降低整体支撑的耗能能力。在满足复位力和变形能力要求的前提下，如果能恰当地选择弹簧的组合方式，组合碟簧确实可提供一定的耗能，这与试验和分析结果[46,48]是一致的。

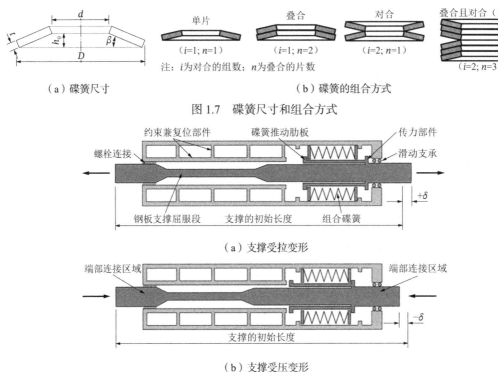

（a）碟簧尺寸　　　　　　　　　（b）碟簧的组合方式

注：i 为对合的组数；n 为叠合的片数

图 1.7　碟簧尺寸和组合方式

（a）支撑受拉变形

（b）支撑受压变形

图 1.8　采用组合碟簧复位的 SCBRB 工作原理图[47]

为了重复利用保持完好的部件和便于检修支撑，在组装式 SCBRB 构造的探索中，文献[36]构建了两串碟簧和中部防屈曲钢板支撑并联的构造，文献[49]除了并联中部的防屈曲支撑，复位系统由四串组合碟簧依次序启动来构成。试验表明，这些组装 SCBRB 具有稳定的滞回性能和良好的复位性能[36,49]，但均存在支撑截面偏大、钢板支撑屈服段较短和易因加工制作导致屈服段端部存在缺陷而较早低周疲劳受拉断裂等不足。两串或多串组合碟簧使约束构件分离设置，可能会导致约束板件在内置支撑局部冲剪下局部受弯破坏，影响重复使用。且两串或多串碟簧可能出现轴力分担不均，从而对制作和装配精度提出更高的要求。在一些研究中，将组合弹簧放置在靠近 BRB 部件一端，使复位部件和 BRB 部件并联工作[47,50]，这也缩短了钢板支撑的屈服段，从而对支撑轴向塑性应变提出了更高的要求。

1.1.4　自复位支撑钢框架结构抗震性能的研究

目前，已有研究结合试验和数值模拟，对采用防屈曲支撑、摩擦耗能或 SMA 等耗能的自复位支撑钢框架结构的抗震性能进行了探索。

（1）关键构造参数对结构抗震性能影响的研究

弹性阶段，结构的抗侧刚度主要来自支撑，适当的支撑初始刚度取值对结构设计至关重要。分析表明，自复位支撑钢框架虽可减小残余变形，但可能因支撑抗侧刚度较大和刚度急剧转变而增大楼层加速度[11]。若能在不削弱复位能力的前提下，适当调整自复位支撑的初始刚度来降低楼层加速度，将进一步改善结构的抗震性能。由于自复位支撑制作等环节带来的尺寸误差，导致理论计算的初始刚度与实测值常有较大差异[38,42]。文献[51]采用双片内置钢板支撑并联自复位系统形成自复位防屈曲支撑，复位系统由预拉钢绞线串联预压组合碟簧并配合套管组成，采用串联碟簧来加大预拉钢绞线的弹性变形。采用压平碟簧时，受拉钢绞线的刚度作为复位系统的第三刚度，使复位系统具有三折线的弹性性能，并通过试验验证了支撑的滞回性能。对采用该种自复位防屈曲支撑的支撑钢框架结构进行的抗震分析表明，支撑屈服后较大的刚度可以有效控制下部楼层的侧移，但结构的高振型影响更显著。Chou 等[52]将组合碟簧与复位系统中的钢管串联来降低自复位支撑的弹性刚度，从而避免因支撑弹性刚度较大而承受较大的地震作用力，并经试验验证了支撑的滞回性能。

Eatherto 等[27]对采用 SCBRB 的铰接框架模型进行了抗震分析，研究不同复位比率（自复位系统内复位筋棒的预拉力与 BRB 屈服后某侧移角下考虑强化的受压承载力比值）对结构复位性能及抗震性能的影响。研究结果表明，当复位比率取 0.5 时，可有效减小结构震后残余变形，若增大自复位系统预应力，则框架截面需相应增大，建议合理的复位比率取值范围为 0.5～1.5。刘璐[31]对自复位防屈曲支撑结构抗震性能和设计方法进行了研究，为考虑结构高度和梁对柱的约束影响，提出了有效层间位移角的概念；分析了支撑与框架刚度比、复位系统和耗能系统刚度比与强度比和梁端连接形式对支撑框架结构抗震性能的影响，并给出了全刚接钢框架在初步设计时支撑与框架刚度比等的建议取值。惠丽洁[53]利用 ABAQUS 软件对自复位防屈曲支撑钢框架进行了抗震时程分析，该框架模型为 3 跨 6 层梁柱刚接、柱脚刚接、支撑与框架铰接的单斜支撑框架；其对自复位防屈曲支撑第一刚度、第二刚度、预拉力大小和内芯截面面积进行了单一参数分析，研究发现，对结构最大位移和顶层残余变形影响最为密切的为自复位防屈曲支撑的预拉力。樊晓伟等[54]对碟簧复位摩擦耗能的自复位支撑与 BRB 采用相同"屈服力"原则设计，结果表明梁柱框架不变时采用自复位支撑的框架结构要比采用 BRB 的结构残余变形减小 50%左右，结构具有良好的耗能能力和复位性能。研究还表明[55]，增大敷设流体黏滞阻尼装置自复位支撑的极限承载力或钢框架抗侧承载力，均可有效减小结构残余变形。

因此，有必要研究自复位支撑和钢框架间的抗侧刚度和承载力的合理配置，探讨支撑初始和启动后刚度、复位比率等关键构造参数对结构抗震性能的影响规律，进而获得综合地震响应良好的关键参数的取值范围。

（2）将塑性变形尽可能集中于自复位支撑的结构组成研究

刚接框架是中心支撑钢框架中常用的框架形式。Chou 等[56]对一榀装有摩擦耗能自复位支撑的单层单跨足尺钢框架进行了抗震设计和试验研究，探究结构整体响应、自复位支撑和框架梁柱在荷载作用下力的分布规律和框架的可修复能力和可更换性。该支撑框架结构在达到 1%侧移时，梁和柱进入屈服状态；侧移达到 1.5%，梁发生局部屈曲；达到 2%侧移时，自复位支撑没有破坏。在侧移角 2%卸载后，因钢梁屈服或局部屈曲导致自复位支撑框架结构的最大残余层间侧移角约为 0.5%，大幅低于相同加载下 BRBF 和钢框架结构的残余变形。研究还指出结构在地震作用下的最终残余位移受位移峰值、峰值位移后剩余地震动持时和地震动结束时的自由振动情况的影响。

不难预见，即使采用自复位支撑，支撑也是连接到框架上工作的，如果被撑框架大幅塑性发展甚至破坏，会让支撑的复位效能大打折扣。一些分析已表明[12,57]，钢框架的塑性变形[12]，例如被撑柱在靠近刚接柱脚部位的塑性发展[57]，劣化了自复位支撑钢框架结构的复位能力。因此，应合理设计钢框架节点，使结构塑性发展尽可能地集中于自复位支撑。还有研究指出，梁柱节点刚接后，大侧移时对框架性能过高的要求，还可能导致支撑平面外破坏[23]。

为避免框架塑性发展和充分发挥自复位支撑的抗侧效能，一些研究中，被撑框架采用了铰接框架。李然[58]对 2 层缩尺比例 1/2 的自复位耗能支撑铰接钢框架（SF-CEB 子结构）进行了拟静力试验研究，支撑采用 SMA 丝束提供复位和耗能，两钢柱施加轴力。结构的楼层滞回曲线呈旗帜形，在力为 0kN 左右时，销轴与孔壁间的间隙使结构初始刚度变小，使结构不能完全复位。梁和柱始终处于弹性阶段，SMA 丝束使结构具有良好的复位能力，结构的耗能主要由 SMA 耗能装置提供。Erochko 等[43]利用振动台试验对一缩尺比例为 1/3 的自复位耗能支撑钢框架进行了研究，支撑采用摩擦耗能机制，采用预拉芳纶纤维筋配合双重钢管提供复位力。试验试件梁柱铰接，支撑与框架连接也为铰接，其结构层间剪力-层间侧移角滞回曲线呈现典型的旗帜形，震后残余变形较小。模拟分析还表明，支撑滞回模型刚度突然改变导致结构楼层加速度增大，需要改进模型刚度转换来获得真实的分析结果。

可见，设计合理的自复位防屈曲支撑，若用于梁柱铰接的钢框架中，侧向力几乎全部由支撑承担，将能更加有效地发挥其良好的抗侧力、耗能和复位能力。而支撑跨梁柱铰接或采用其他可避免框架构件塑性发展的被撑框架后，框架的塑性发展必然减少，很可能更利于结构复位。因此，值得研究梁柱和柱脚连接变化的钢框架的塑性发展对结构复位能力的影响规律及抗震设计方法。

1.1.5　组合碟簧摩擦作用研究

碟簧是用金属带材、板材或锻造坯料冲压而成的一种截锥形薄片弹簧[59]。通常由钢材制成[45,59,60]，有时也采用形状记忆合金[61,62]或复合材料[63,64]等用于进一步提高弹簧的性能和减轻重量。碟簧具有承载力大、尺寸紧凑、可通过调整碟簧组合方式（叠合、对合或复合，图 1.7b）得到不同的承载和刚度特性等优点。由于碟簧良好的轴向刚度和承载能力、摩擦耗能、自复位能力和紧凑的构造等特性，在机械、汽车、航空等领域得到了广泛的应用[48,59,61]。近年来，在结构工程中，不同组合方式的碟簧在自复位支撑[36,46,47,49-52,65]、自复位梁柱节点[62,66-68]和自复位剪力墙[69]等中的应用也越来越多，可提供优良的恢复力和弹性变形能力。其中碟形弹簧标准[45]中规定的 A 系列碟形弹簧（$D/t \approx 18$ 和 $h_0/t \approx 0.4$，图 1.7a），具有低初始锥角 β[60]，可获得接近线性的刚度，便于设计和应用。

组合碟簧，即不同组合方式下的碟簧组[45,59]，可满足沿弹簧压缩方向所需的承载力和弹性变形能力的要求。用于支撑时，组合碟簧除了与 BRB 并联形成 SCBRB 支撑，也可与其他耗能部件并联形成自复位支撑。往复作用下，组合碟簧正常工作产生的摩擦耗能有望进一步提高支撑的耗能能力。因此，可在自复位防屈曲支撑中设置受压的组合碟簧复位系统提供复位力。然而，目前对组合碟簧内的摩擦耗能机制，以及考虑摩擦效应后的组合碟簧轴向承载和变形特性的研究较少。文献[48]指出，目前采用 Almen 等的理论计算法[60]给出的碟簧轴向承载和变形关系的一些规范公式[45]，因假设不符合实际且没有合理考虑组合碟簧内的摩擦效应，造成计算曲线与实际荷载-位移曲线相差较大。鉴于摩擦机制不易弄清，为简化组合碟簧荷载-位移曲线和便于应用，一些研究建议采取增强润滑或尽可能减少叠合片数等措施降低组合碟簧内的摩擦，仅用碟簧提供复位力而不参与耗能。虽然依据应用需求的不同，对碟簧提供摩擦力多寡的要求也不同[70]，但组合碟簧内的摩擦客观存在。试验和有限元分析均表明，随着碟簧组合方式的变化，摩擦作用使组合碟簧表现出规律性和可预测的承载-变形性能和耗能能力[48]。润滑虽可减小叠合面的摩擦作用但不能消除摩擦[70]，而减少叠合片数等措施也将使碟簧的组合应用不甚灵活。因此，如果能确定出考虑摩擦效应后真实且便于应用的轴向承载-变形关系，有助于较准确地同时考虑组合碟簧的复位和耗能能力。

Almen 等[60]在考虑切向应力的情况下，提出了计算单片碟簧轴向荷载-变形关系的理论公式。其采用以下三个假设：1）碟簧截面的角变形相对较小；2）碟簧的横截面保持不变，仅绕中性点旋转；3）荷载和支承沿碟簧圆周均匀分布，径向应力可以忽略不计。因采用了上述假设，一些研究发现，[48,64]Almen 和 Laszlo 解[60]（简称 A-L 解）会略微高估碟簧的抗压承载力。因此，一些研究采用理论分析、实验研究和有限元分析，[48,64,71]进一步检查碟簧的受力性能并用于提高计算的准确性。总体上，虽然假设的缺陷降低了计算的准确性，但研究发现 A-L 解较适用于低初始锥角的碟簧[60,64,71]，且与有限元分析的预测结果接近[64,72]。因此在初始设计中，常采用标准[45]中采用的 A-L 解来获得单片碟簧的轴向荷载-变形关系[36,67,69]，也常用于忽略摩擦作用时对轴向力-变形关系曲线的预测[48]。

除了对不计摩擦条件下的单片碟簧[60,64,71]的受力性能研究，Curti[73]等提出了考虑单片碟簧与支承面间摩擦的解析解，并通过有限元分析和试验验证了该解的正确性。然而，该解不能考虑广泛使用的组合碟簧的摩擦作用。文献[48]的有限元分析表明，即使摩擦条件不同，碟簧的变形过程也几乎相同，因此采用基于能量的方法通过考虑摩擦耗能增量来确定摩擦导致的荷载增量。总体上，该方法与试验结果和有限元分析结果一致。然而，基于接触点坐标计算叠合碟簧之间的相对滑动位移时，还要进一步由初始形状和旋转矩阵计算得出，计算略显复杂且不明了。虽然碟簧标准[45]中给出了考虑叠合碟簧摩擦的公式，但试验[36]和分析[74]均表明，标准中规定的摩擦系数太小，无法准确体现实际摩擦作用和承载能力。因此，对于叠合组合碟簧的轴向承载力和变形关系曲线的理论预测，还需要进一步探索便于应用的公式来准确考虑其摩擦作用。

实际应用中，摩擦作用不仅存在于碟簧的上下边缘与端部支承区域之间，也存在于叠合组合碟簧的叠合面之间[45,48,59,74]。当采用无支承面碟簧时，也更易在碟簧与导杆间产生摩擦。摩擦使组合碟簧的加载路径与卸载路径不同，形成弹性滞回曲线，使承载力的准确预测必须考虑摩擦作用[36,48,74]。虽然采用单片对合组合碟簧可获得窄的弹性滞回曲线[65,75]，减少摩擦作用，但同时叠合和对合的复合组合碟簧的实际应用更广，更能灵活地满足轴向承载和变形的要求。例如，通常每组叠合碟簧的叠合片数为 2[29,36,46,49,50,66]，有的研究中也取叠合片数为 3、4 或 5[68,69]。随叠合片数的增加，摩擦作用更显著[59]。试验表明，组合碟簧对能量耗散的贡献不可忽视[29,36,46,49,50,69,74]。因此，值得研究摩擦对组合碟簧轴向承载-变形关系的影响，探索设计公式，便于准确计算组合碟簧的承载力和摩擦耗能。

1. 2　本书内容安排

本书按照从自复位防屈曲支撑构件 SCBRB 的构造探索、试验和数值模拟到自复位支撑钢框架结构的试验、数值模拟和抗震性能分析的顺序，论述了新型碟簧自复位防屈曲支撑钢框架体系的抗震性能和设计方法研究。具体章节安排如下：

第 1 章：针对防屈曲支撑构件、防屈曲支撑框架结构、自复位防屈曲支撑和自复位支撑框架抗震性能，以及碟簧摩擦作用等的最新研究进展和问题进行了分析和总结。

第 2 章：以第 3 章的自复位防屈曲支撑构造为例，论述了支撑的工作原理。

第 3 章：提出了正背面并联两串组合碟簧并在其中部再并联防屈曲支撑的自复位防屈曲支撑构造，并经试验和数值模拟研究了支撑的抗震性能。

第 4 章：提出了同轴组装的组合碟簧自复位防屈曲支撑构造，并经试验和数值模拟研究了支撑的抗震性能。

第 5 章：提出了端部销接且防屈曲支撑轴向安装长度可调节的同轴组装的组合碟簧自复位防屈曲支撑构造，并经试验和数值模拟研究了支撑的抗震性能。

第 6 章：基于力矩平衡和能量平衡方法，提出了叠合组合碟簧叠合面间摩擦作用的理论计算公式，并经试验研究和数值模拟验证了理论公式。

第 7 章：对单斜和人字形组合碟簧自复位防屈曲支撑钢框架结构进行了低周往复加载试验，考察了梁柱节点和柱脚节点构造等变化对结构抗震性能的影响规律。

第 8 章：建立了结构试验的数值分析模型。采用连接器（或弹簧单元）并联杆元模拟自复位支撑，采用壳元模拟钢框架，经数值模拟进一步考察了结构的受力性能。给出了采用梁杆单元的结构简化分析模型。

第 9 章：提出了采用 D 值法构建钢框架滞回模型并与自复位支撑滞回模型叠加来辅助评判结构残余变形的方法，以及在 ETABS 中采用等效支撑设计自复位支撑的流程，给出了基于三个控制目标的自复位防屈曲支撑钢框架结构的设计流程，并经算例分析研究了结构的抗震性能。

第 2 章　组合碟簧自复位防屈曲支撑的工作原理

2.1　引言

将组合碟簧[45,76]和防屈曲支撑（也称为屈曲约束支撑[1,2,77]）并联构成自复位支撑，可通过组合碟簧的良好复位能力来控制防屈曲支撑大幅屈服后的残余变形。鉴于此，第 3 章提出了正背面布置组合碟簧、两组合碟簧间设置防屈曲钢板的新型自复位防屈曲支撑，该支撑利用碟形弹簧提供恢复力，同时通过内置钢板支撑来耗能。本章以第 3 章的自复位防屈曲支撑设计为例，基于自复位系统和钢板支撑二者各自的受力特性给出其简化的滞回模型，并将二者进行叠加建立了该自复位防屈曲支撑的滞回模型，探讨了自复位支撑的工作原理和复位比率等参数对残余变形的控制。

2.2　自复位系统的受力特性

2.2.1　组合碟簧

采用组合碟簧为自复位系统（SC 部分）提供复位力，以满足 SC 部分轴向承载力和变形的要求。组合碟簧（图 2.1）常用的组合方式为：

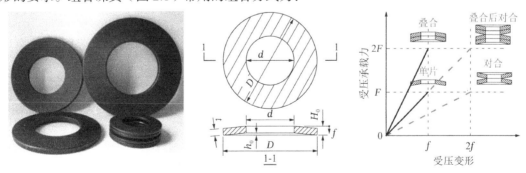

（a）碟簧实物图和一个碟簧的尺寸　　　　　（b）组合碟簧近似的轴压力-轴向变形关系

图 2.1　碟形弹簧和不同组合碟簧的轴压力-轴向变形关系曲线

（1）叠合组合碟簧：由 n 片同方向同规格的一组碟簧组成（图 2.1b），叠合片数 n 由所要求的承载力决定。

（2）对合组合碟簧：由 i 组相向同规格的碟簧组成（图 2.1b），组数由所要求的总变形量决定。

（3）复合组合碟簧：由 i 组相向同规格的叠合组合碟簧组成（图 2.1b），n 和 i 由所要求的承载力和总变形量决定。在不计摩擦力时：

$$F_{\mathrm{dz}} = n \cdot F_{\mathrm{d}} \tag{2.1}$$

$$f_{\mathrm{z}} = i \cdot f \tag{2.2}$$

$$H_{\mathrm{z}} = i \cdot [H_0 + (n-1) \cdot t] \tag{2.3}$$

式中，F_{d} 为单片碟簧的承载力，F_{dz} 为组合碟簧的承载力，f 为单片碟簧的变形量，f_{z} 为组合碟簧的变形量，H_0 为单片碟簧的自由高度，H_{z} 为组合碟簧的自由高度。不考虑摩擦力时，采用不同的组合（叠合或对合）可以得到不同的荷载-位移特性曲线（图 2.1b）；仅考虑叠合表面间的摩擦时，组合碟簧承载力按下式计算[45]：

$$F_{\mathrm{dR}} = F_{\mathrm{d}} \cdot \frac{n}{1 \pm f_{\mathrm{M}}(n-1)} \tag{2.4}$$

式中，F_{dR} 为考虑摩擦时组合碟簧承载力，f_{M} 为摩擦系数，碟形弹簧国家标准[45]规定的摩擦系数 f_{M} 的取值范围为 0.002～0.03。其用于加载时取"－"，卸载时取"＋"。

根据《碟形弹簧　第 1 部分：计算》GB/T 1972.1—2023[45]，碟簧荷载-变形特性曲线呈非线性关系。当材料、外径 D、内径 d、厚度 t 一定时，特性曲线与 h_0/t 比值有关。若 $h_0/t > 0.4$，荷载变形曲线为非线性关系；若 $h_0/t \leqslant 0.4$，荷载变形曲线趋于线性关系。《碟形弹簧　第 1 部分：计算》GB/T 1972.1—2023 分别列出了 $h_0/t = 0.4$，0.75，1.3 三个尺寸系列的普通碟形弹簧供选用，材质为 50CrV、51CrMnV 和 60Si2Mn[45]。单片碟簧的荷载 F_{d} 与变形 f 之间关系计算如下[76]：

$$F_{\mathrm{d}} = \frac{4E}{1-\mu^2} \cdot \frac{t^4}{K_1 D^2} \cdot K_4^2 \cdot \frac{f}{t} \left[K_4^2 \left(\frac{h_0}{t} - \frac{f}{t} \right) \left(\frac{h_0}{t} - \frac{f}{2t} \right) + 1 \right] \tag{2.5}$$

$$F_{\mathrm{c}} = \frac{4E}{1-\mu^2} \cdot \frac{h_0 t^3}{K_1 D^2} \cdot K_4^2 \tag{2.6}$$

$$K_1 = \frac{1}{\pi} \cdot \frac{[(C-1)/C]^2}{(C+1)/(C-1) - 2/\ln C} \tag{2.7}$$

$$K_2 = \frac{6}{\pi} \cdot \frac{(C-1)/\ln C - 1}{\ln C} \tag{2.8}$$

$$K_3 = \frac{3}{\pi} \cdot \frac{C-1}{\ln C} \tag{2.9}$$

$$C = \frac{D}{d} \tag{2.10}$$

$$K_4 = \sqrt{-\frac{C_1}{2} + \sqrt{\left(\frac{C_1}{2}\right)^2 + C_2}} \tag{2.11}$$

$$C_1 = \frac{(t'/t)^2}{[(1/4) \cdot (H_0/t) - t'/t + 3/4][(5/8) \cdot (H_0/t) - t'/t + 3/8]} \tag{2.12}$$

$$C_2 = \frac{C_1}{(t'/t)^3} \left[\frac{5}{32} \left(\frac{H_0}{t} - 1 \right)^2 + 1 \right] \tag{2.13}$$

$$K = \frac{4E}{1-\mu^2} \cdot \frac{t^3}{K_1 D^2} \cdot K_4^2 \left\{ K_4^2 \left[\left(\frac{h_0}{t} \right)^2 - 3 \cdot \frac{h_0}{t} \cdot \frac{f}{t} + \frac{3}{2} \left(\frac{f}{t} \right)^2 \right] + 1 \right\} \tag{2.14}$$

式中，K 为碟簧刚度，F_d 为对应变形量为 f 时单片碟簧的承载力，F_c 为单片碟簧压平时的承载力，E 为碟簧钢材的弹性模量，μ 为泊松比，f 为单片碟簧变形量，t 为无支承面碟簧厚度，t' 为有支承面碟簧减薄厚度，C 为直径比，K_1、K_2、K_3、K_4、C_1、C_2 为碟簧计算参数；对无支承面碟簧，$K_4 = 1$；对有支承面碟簧，以 t' 代替 t，以 $h_0' = H_0 - t'$ 代替 h_0 代入上述公式。此外，对无支承面碟簧，《碟形弹簧　第 1 部分：计算》GB/T 1972.1—2023 考虑碟簧边缘倒圆半径 r，式(2.5)、式(2.6)和式(2.14)中需分别乘以系数 $(D-d)/(D-d-3r)$[45]，原标准《碟形弹簧》GB/T 1972—2005[76]未考虑 r，相当于此系数值取 1.0。需说明的是，本书研究内容涉及无支承面碟簧的，按当时依据标准《碟形弹簧》GB/T 1972—2005 不考虑边缘倒圆。

图 2.1 所示的复合组合的碟簧，其轴向承载力随每组叠合组合中碟簧叠合片数的增加而增加，轴向变形能力随对合组数的增加而增加。据试验装置加载能力，第 3 章自复位系统所用碟簧为 A 系列碟簧，组合形式为 2 片碟簧叠合后进行对合而形成的复合组合，其 $h_0/t \approx 0.4$，荷载变形曲线趋于线性关系。每片碟簧的尺寸（图 2.1a）分别为 $D = 100\text{mm}$，$d = 51\text{mm}$，$t = 7\text{mm}$，$H_0 = 9.2\text{mm}$，$h_0 = 2.2\text{mm}$，属于无支承面碟簧。参考碟簧标准[45]，f 为单片碟簧的轴向变形能力，设计中取 f 的最大值 $f_{\max} = 0.75h_0 = 1.65\text{mm}$。

根据试验的需求，取 $n = 2$、$i = 48$（图 2.2）。图 2.2a 给出了 2 片碟簧平行叠合后的轴向力与轴向变形的关系，且近似为线性关系。碟簧标准[45]给出的 f_M 很小，可以采用无摩擦作用的关系简化设计过程。考虑到叠合面间实际存在摩擦作用，设计中采用 $f_M = 0.02$ 得到组合碟形弹簧的轴向力（图 2.2b）。如图 2.2 所示，支撑每侧的复合组合碟簧的最大轴向变形能力为 $i \cdot f_{\max} = 79.2\text{mm}$。然而，在对碟形弹簧施加轴向预压缩变形 $\delta_0 = 38.16\text{mm}$ 后，对应于确保支撑复位的预压力 F_{s0}（图 2.2b 中 $F_{s0} = 77.274\text{kN}$），支撑每侧的复合组合碟簧的剩余轴向变形能力约为 $i \cdot f_{\max} - \delta_0 = 41.04\text{mm}$，如图 2.2b 所示。此剩余变形可保证试验中 SCBRB 的最大侧移角达到 3.7%。此外，因碟簧的实际摩擦系数难以测量，为考察摩擦的影响，在图 2.2a 中还给出了 f_M 系数取 0.06 和 0.10 得到的力-变形曲线。可见，叠合组合碟簧的轴向加载刚度和轴力 F_{s0} 均随系数 f_M 的增大而增大。

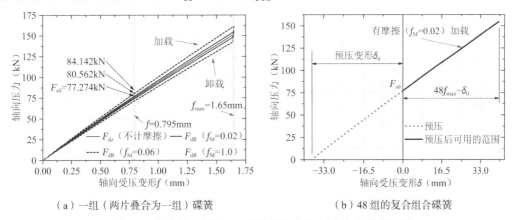

（a）一组（两片叠合为一组）碟簧　　　　（b）48 组的复合组合碟簧

图 2.2　在支撑一侧的 SC 部分的轴向力-轴向位移关系曲线

2.2.2　自复位系统

第 3 章采用的 SC 部分的工作机制是要确保无论整个 SCBRB 支撑受压或受拉时，组合碟簧始终保持压缩状态（图 2.3）。在支撑的正面或背面一侧，一侧的 SC 部分是由一串组合碟簧（连同一个预拉螺杆）、两个推/拉杆、两个推/拉块和两组高强度螺杆（每组包括四个内螺杆或四个外螺杆）串联组成。这些螺杆的每端均有螺纹和一个螺母。直径 50mm 的预拉螺杆有两个作用：一是利用螺杆的张紧力对组合碟簧施加预压缩力 F_{s0}；二是为组合碟簧导向，抑制碟簧可能的大幅横向运动。施加力 F_{s0} 后，组合碟簧、一个预紧螺杆和两个推/拉块组成自平衡系统，即受压弹簧系统。然后，受压弹簧系统通过内、外螺杆将其安装在两个推/拉杆之间（图 2.3）。此外，采用两组螺杆在推拉块和推拉杆之间形成对拉连接（图 2.3），这样，当整个支撑受压时，推拉杆直接推动推拉块，进一步压缩弹簧，逐渐改变自平衡系统，直到所有内、外螺杆和预拉螺杆不受力，这称为 SC 部分的启动点。当整个支撑受拉时，一端的推拉杆通过内或外螺杆拉动另一端的推拉块端板，也进一步压缩碟簧（图 2.3）。到达启动点后，自平衡系统也会发生改变。在制造中，推拉杆和推拉块均采用焊接制成。螺杆采用高强度钢材防止其屈服，每根内、外螺杆直径为 16mm。推/拉杆的末端将与整个自复位支撑 SCBRB 的端部节点板焊接，使 SC 部分可以与 BRB 部分并联工作。

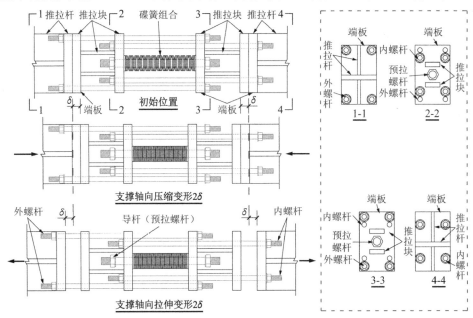

图 2.3　自复位系统的构造和工作原理示意

根据 SC 部分的工作机理和结构（图 2.3），为了得到轴向承载力与轴向变形的关系，对 SC 部分各部件的轴向刚度 EA_i/L_i 进行计算，并列在表 2.1 中。其中，钢材弹性模量 E 为 206000N/mm²，A_i 和 L_i 分别为第 i 部件中代表部分（通常为细长部分）的截面面积和长度。沿支撑长度方向，由于端板刚度较大，故在计算轴向刚度时不考虑端板。对于每个自平衡系统，预拉螺杆和组合碟簧并联工作。因轴向刚度 K_4 远大于 K_5（表 2.1），因此预拉螺杆在到达启动点之前，几乎可以抵抗所有轴向力。据图 2.3 所示 SC 部分的工作机理，SC 部分的其他部件是串联工作的。因此，规定拉伸荷载和压缩荷载以及相应的变形分别为正值和负值，则整个支撑每侧 SC 部分的轴向荷载 F_s 与轴向变形 δ_s 的关系式见表 2.2。在相同的变形 δ_s 下，整个 SC 部分的总轴向力 $F = 2F_s$。例如，考虑 $F_{s0} = 77.274$kN 时，$F\text{-}\delta_s$ 关系式为：

$$F(\mathrm{kN}) = \begin{cases} 4.11\delta_s - 153.56 & \delta_s < -0.24\mathrm{mm} \\ 653.97\delta_s & -0.24\mathrm{mm} \leqslant \delta_s < 0\mathrm{mm} \\ 135.08\delta_s & 0\mathrm{mm} \leqslant \delta_s \leqslant 1.14\mathrm{mm} \\ 4.01\delta_s + 149.94 & \delta_s > 1.14\mathrm{mm} \end{cases} \quad (2.15)$$

由式(2.15)和表 2.1 所示的轴向刚度可知，启动后整个 SC 部件在拉伸或压缩作用下的轴向刚度几乎等于两串并联组合碟簧的轴向刚度，这与图 2.3 所示的机理一致。在启动前，由于内、外螺杆轴向刚度远小于推/拉块轴向刚度（表 2.1 和表 2.2），受拉和受压刚度间存在较大差异，因此后续进一步研究中可尝试改进构造和工作机制来减小这种差异，使拉压两侧受力尽可能一致且便于设计。

定义整个复位系统受压和受拉启动前的轴向刚度分别为 K'_{s1} 和 K_{s1}；整个复位系统受压和受拉启动后的轴向刚度分别为 K'_{s2} 和 K_{s2}。式(2.15)示于图 2.4 中，启动后，$K'_{s2} \approx K_{s2} \approx 2K_5$。

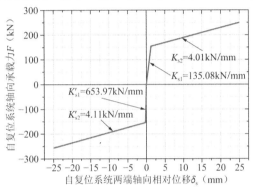

图 2.4 自复位系统恢复力模型

支撑每侧的 SC 部分的内部组成部件的截面积、长度和轴向刚度   表 2.1

参数	推拉杆	推拉块	四根内（或外）螺杆	预拉螺杆	组合碟簧
截面面积（mm²）	3981.2	3000.0	804.2	1963.5	—
长度（mm）	270	120	1000	819.4	777.6
轴向刚度（N/mm）	$K_1 = 14.75E$	$K_2 = 25.00E$	$K_3 = 0.80E$	$K_4 = 2.40E$	$K_5 = 0.01E^{\mathrm{b}}$

注：1. 表中 777.6mm 是组合碟簧自由状态（不受压力）下的高度。

    2. 轴向刚度 K_5 是从图 2.2b 中加载阶段近似斜率获得的切线刚度。

支撑每侧的 SC 部分的轴力 F_s 和轴向变形 δ_s 的关系   表 2.2

荷载状态	启动前（$\lvert F_s \rvert \leqslant F_{s0}$）	启动后（$\lvert F_s \rvert > F_{s0}$）
受压	$\delta_s = \dfrac{2F_s}{K_1} + \dfrac{2F_s}{K_2} + \dfrac{F_s}{K_4} = 0.63\dfrac{F_s}{E}$	$\delta_s = \dfrac{2F_s}{K_1} + \dfrac{2F_s}{K_2} + \dfrac{F_s + F_{s0}}{K_5} - \dfrac{F_{s0}}{K_4} = 100.22\dfrac{F_s}{E} + 99.58\dfrac{F_{s0}}{E}$
受拉	$\delta_s = \dfrac{2F_s}{K_1} + \dfrac{2F_s}{K_3} + \dfrac{F_s}{K_4} = 3.05\dfrac{F_s}{E}$	$\delta_s = \dfrac{2F_s}{K_1} + \dfrac{2F_s}{K_3} + \dfrac{F_s - F_{s0}}{K_5} + \dfrac{F_{s0}}{K_4} = 102.64\dfrac{F_s}{E} - 99.58\dfrac{F_{s0}}{E}$

2.3 防屈曲支撑的受力特性

2.3.1 防屈曲支撑

采用防屈曲支撑（BRB 部分）提供耗能。BRB 部分的构造要确保能与 SC 部分组装在一起和并联工作。每个可组装的 BRB（图 2.5）由一个内置支撑和约束构件组成，约束构件由带孔约束板、带孔填充板和带孔的帽形截面钢构件组成，用国产 10.9 级 M12 高强度螺栓连接在一起。应注意的是，为了简化图示，图 2.5 中没有显示组装螺栓，所有尺寸单位都为 mm。约束构件的配置应能为支撑提供足够的侧向约束，避免 BRB 部分整体屈曲破坏，因此对约束构件的欧拉屈曲承载力 $N_{cr} = \pi^2 EI/L^2$ 和内置支撑的最大轴向受压承载力 $N_{cmax} = \beta\omega N_y$ 进行了评估。其中，考虑内置钢板支撑的横截面面积 A_c 和屈服应力 f_y 计算了内置支撑的屈服承载力 $N_y = A_c f_y$（图 2.5）；受拉承载力调整系数 ω 反映钢板撑屈服后应变硬化程度；受压承载力调整系数 β 反映钢板撑泊松效应和约束构件与钢板支撑间摩擦的影响；I 为绕钢板支撑弱轴的约束构件的惯性矩，弹性模量 E 取 206000N/mm²，L 为沿支撑轴线约束构件的长度。据相关试验结果[78,79]，在 1/30 层间侧移角时，ω 约为 1.5，β 约为 1.27。若按《高层民用建筑钢结构技术规程》JGJ 99—2015[1]，可取 $\omega = 1.5$，$\beta = 1.3$。计算可知，N_{cr}/N_{cmax} 的比值远大于 1.0，表明可确保 BRB 部分的整体稳定性。每个内置支撑包括屈服段、转换段和弹性段（图 2.5），并经铣边使钢板支撑边缘光滑。所有钢板支撑的实际厚度和名义厚度分别为 9.68mm 和 10mm。为使受压钢板支撑沿自身板宽和板厚方向自由伸缩不挤胀约束构件，在约束构件与钢板支撑之间设置适当的间隙。据研究提出的适宜间隙[80]，在钢板支撑每侧，沿钢板厚度和宽度的间隙分别为 0.20mm 和 1.5mm。此外，沿支撑轴向，钢板支撑上转换段端部和开孔填板间留置 45mm 长间隙（图 2.5），以允许内置支撑的轴向变形而不挤压约束构件。此外，为减少内置支撑与约束构件之间的摩擦作用，组装前先在钢板支撑表面涂上一层薄润滑脂，然后将支撑装配在约束构件中。为了便于装配，采用 10.9 级 M20 高强度螺栓和拼接板将内置支撑弹性段与每个自复位支撑 SCBRB 端部的节点板进行连接。

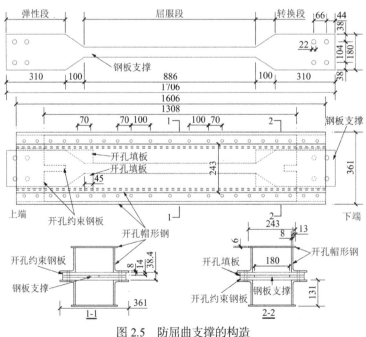

图 2.5　防屈曲支撑的构造

2.3.2　防屈曲支撑的滞回性能

约束构件的约束能力足够时，内置支撑不会受压失稳，能够在拉压作用下均进入屈服，可由内置钢板支撑准确地计算出支撑的强度和刚度。

文献[9]试验获得的纯钢防屈曲支撑滞回曲线见图 2.6a。由于外围约束构件与钢板支撑间摩擦力的作用，在相同侧移时，防屈曲支撑受压承载力高于受拉承载力[1-3]。在钢板支撑最大轴向承载力的计算时，引入考虑摩擦作用受压承载力调整系数 β 和考虑应变硬化效应受拉承载力调整系数 ω，定义如下[3]：

$$\beta = |-P_\text{u}/+P_\text{u}|, \quad \omega = |+P_\text{u}/P_\text{cy}| \tag{2.16}$$

式中，$+P_\text{u}$ 为受拉极限承载力，$-P_\text{u}$ 为受压极限承载力，它们均取自骨架曲线上的点（图 2.6b），P_cy 为根据材性试验实测的屈服应力计算的屈服承载力值。

由图 2.6 可见，防屈曲支撑的钢材强化特性既包含等向强化，也包含随动强化。简化计算时，可近似按骨架曲线（图 2.6b）采用随动强化模型，即双线性恢复力模型。图 2.7 给出了防屈曲支撑的双线性恢复力模型曲线，其中，纵坐标为钢板支撑的轴向承载力；横坐标为支撑两个连接端的轴向相对位移；F_cy 为钢板支撑屈服时的承载力；δ_cy 为钢板支撑屈服时支撑两端的相对位移；δ_cm 为支撑两端的最大相对位移；K_c1 及 K_c2 分别为防屈曲支撑的第一刚度和第二刚度；F_cr 为防屈曲支撑屈服后卸载并反向加载到位移零点时的力；δ_cr 为防屈曲支撑的残余变形。

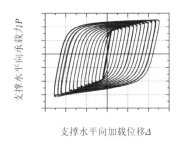

（a）防屈曲支撑滞回曲线　　　（b）防屈曲支撑骨架曲线

图 2.6　防屈曲支撑的滞回曲线和骨架曲线

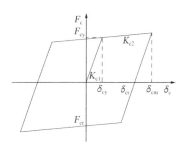

图 2.7　防屈曲支撑恢复力模型

以图 2.5 中钢板支撑屈服段截面 $50\text{mm} \times 10\text{mm}$ 为例，来说明内置钢板支撑两端轴向位移和其轴力关系。取钢板支撑屈服点为 265MPa，对应 1/50 侧移角时，承载力调整系数取 $\beta = 1.2$，$\omega = 1.35$[78,79]。

由图 2.5 可知，屈服前，弹性段、转换段和屈服段三部分刚度分别如下：

$$K_\text{c}^1 = \frac{EA_\text{c}^1}{L_\text{c}^1} = \frac{180 \times 10}{310}E = 5.806E$$

$$K_\text{c}^2 = \frac{EA_\text{c}^2}{L_\text{c}^2} = \frac{(180 + 50) \div 2 \times 10}{100}E = 11.5E$$

$$K_\text{c}^3 = \frac{EA_\text{c}^3}{L_\text{c}^3} = \frac{50 \times 10}{886}E = 0.564E$$

$$K_\text{c1} = 1/\left(\frac{2}{K_\text{c}^1} + \frac{2}{K_\text{c}^2} + \frac{1}{K_\text{c}^3}\right) = 0.436E = 89.82\text{kN/mm}$$

可得防屈曲支撑未屈服时，其承载力 F_c 与两端相对位移 δ_c 的关系为：$F_\text{c} = 89.82\delta_\text{c}$。

已知防屈曲支撑屈服轴力和防屈曲支撑刚度，可得 $50\text{mm} \times 10\text{mm}$ 截面防屈曲支撑的屈服位移为：

$$\delta_{cy} = \frac{F_{cy}}{K_{c1}} = \frac{265 \times 50 \times 10}{89.82 \times 1000} = 1.475\text{mm}$$

钢板支撑屈服后，过渡段在防屈曲支撑屈服后的继续加载中，其部分处于弹性状态，部分进入塑性状态，随着荷载的不断增大，塑性区长度不断增大，过渡段中弹性与塑性的交接处支撑宽度为 $50 \times 10 \times 1.2 \times 1.35 \div 10 = 81\text{mm}$，进而可得弹性区长度为 76mm，塑性区长度为 24mm；防屈曲支撑进入塑性后，钢材的切线模量为 E_t，取 $E_t = 0.03E$。三部分刚度分别如下：

$$K_c^1 = \frac{EA_c^1}{L_c^1} = \frac{180 \times 10}{310}E = 5.806E$$

$$K_c^2 = 1/\left[\frac{1}{(180+81) \div 2 \times 10 \div 76} \cdot \frac{1}{E} + \frac{1}{(50+81) \div 2 \times 10 \div 24} \cdot \frac{1}{E_t}\right] = 0.781E$$

$$K_c^3 = \frac{E_t A_c^3}{L_c^3} = \frac{50 \times 10}{886} E_t = 0.564E_t = 0.017E$$

$$K_{c2} = 1/\left(\frac{2}{K_c^1} + \frac{2}{K_c^2} + \frac{1}{K_c^3}\right) = 0.016E = 3.3\text{kN/mm}$$

可得屈服后，防屈曲支撑承载力 F_c 与两端相对位移 δ_c 的关系如下：$F_c = 3.3\delta_c + 127.62$。可见，对应图 2.7，$K_{c1} = 89.82\text{kN/mm}$、$K_{c2} = 3.3\text{kN/mm}$ 和 $\delta_{cy} = 1.475\text{mm}$。

2.4 自复位防屈曲支撑的工作原理

2.4.1 复位和耗能部件并联受力

据图 2.4 和图 2.7 所示的恢复力模型，考虑整个自复位支撑 SCBRB 中 SC 部分和 BRB 部分并联受力，其轴向受压和受拉时的受力简图分别见图 2.8a 和图 2.8b。

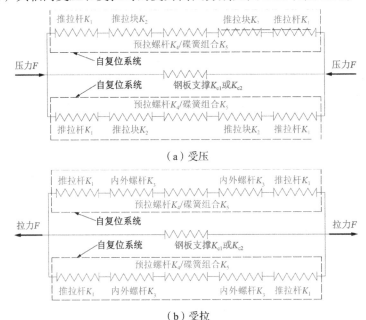

（a）受压

（b）受拉

图 2.8 自复位支撑 SCBRB 的受力简图

自复位防屈曲支撑 SCBRB 在循环荷载作用下呈现出旗形滞回曲线,见图 2.9。下面以采用截面 50mm×10mm 钢板支撑的防屈曲支撑初始受压循环加载为例(图 2.9a),来分析 SCBRB 的滞回曲线,按照支撑刚度的变化,主要经历以下几个不同的受力阶段:

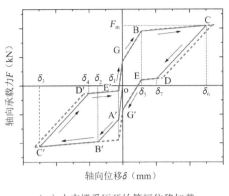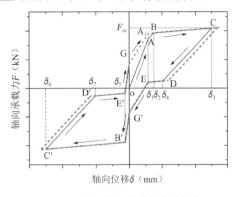

(a)由支撑受压开始等幅位移加载　　　　　(b)由支撑受拉开始等幅位移加载

图 2.9　自复位防屈曲支撑恢复力模型

(1)支撑受压第一阶段

第一阶段为支撑开始受压至自复位系统受压后预拉螺杆与端板即将启动阶段,对应支撑恢复力模型中的 OA′ 段。此阶段中,自复位系统中两端推拉杆受压,压力通过推拉块传递到组合碟簧两侧的端板上,进而对中部的组合碟簧作进一步的压缩。随着外力 F 的渐增,预拉螺杆作用在端板上的压力逐渐减小,推拉块所受的压力越来越大。当预拉螺杆与端板间相互作用力减小到 0 时,对应 A′ 点,两者即将启动。该阶段支撑刚度为受压未启动刚度 K'_{s1} 与弹性刚度 K_{c1} 之和,支撑承载力-位移关系为:

$$F = K'_{s1}\delta + K_{c1}\delta \quad \delta_1 \leqslant \delta < 0 \tag{2.17}$$

式中,δ_1 为自复位系统受压启动位移,由式(2.15)可知,$\delta_1 = -0.24\text{mm}$。

(2)支撑受压第二阶段

第二阶段为预拉螺杆与端板开始启动至钢板支撑即将受压屈服阶段,对应支撑恢复力模型中的 A′B′ 段。在这个阶段中,预拉螺杆与端板完全分离,组合碟簧压缩量逐渐增加,钢板支撑长度逐渐缩短,所受压应力逐渐增大,但仍处于弹性状态。当钢板支撑所受压应力达到屈服强度时,对应恢复力模型中 B′ 点。该阶段支撑刚度为受压启动刚度 K'_{s2} 与弹性刚度 K_{c1} 之和,支撑承载力-位移关系为:

$$F = K'_{s2}\delta - 153.56 + K_{c1}\delta \quad \delta_2 \leqslant \delta < \delta_1 \tag{2.18}$$

式中,δ_2 为钢板支撑受压屈服位移,$\delta_2 = -1.475\text{mm}$。

(3)支撑受压第三阶段

第三阶段为钢板支撑开始受压屈服至支撑两端相向运动的相对位移达到最大即将卸载阶段,对应支撑恢复力模型中的 B′C′ 段。此阶段中,钢板支撑屈服段进入塑性状态,随着外力的持续增大,预拉螺杆与端板的间隙越来越大,钢板支撑压缩变形逐渐增大,自复位系统中的组合碟簧被进一步压缩,支撑两端相对位移越来越大,直至达到最大相对位移 δ_3(对应 C′ 点),此时,自复位系统中组合碟簧压缩量达到最大值。该阶段支撑刚度为受压启动刚度 K'_{s2} 与屈服后刚度 K_{c2} 之和,支撑承载力-位移关系为:

$$F = K'_{s2}\delta - 153.56 + K_{c2}\delta - 127.62 \quad \delta_3 \leqslant \delta < \delta_2 \tag{2.19}$$

式中，δ_3 为支撑受压时两端最大轴向相对位移。

（4）支撑受压第四阶段

第四阶段为支撑开始卸载至钢板支撑受拉即将屈服阶段，对应支撑恢复力模型中的 C'D' 段。在这个阶段，随着外力卸载，支撑两端相对位移逐渐减小，自复位系统中组合碟簧压缩量逐渐减小，预拉螺杆与端板间的间隙越来越小。这一阶段实际上分为两个部分：前半部分为钢板支撑受压区的卸载，后半部分为钢板支撑反向受拉后的弹性加载，钢板支撑在两部分的刚度均与其弹性刚度相同。当支撑两端相对位移减小至 δ_4 时（对应 D' 点），钢板支撑达到受拉屈服状态，由防屈曲支撑双线性随动强化恢复力模型可得：

$$\delta_4 = \delta_3 - 2\delta_2 = \delta_3 + 2.95$$

该阶段支撑刚度为受压启动刚度 K'_{s2} 与弹性刚度 K_{c1} 之和，支撑承载力-位移关系为：

$$F = K'_{s2}\delta - 153.56 + (-F_{cm}) - K_{c1}(\delta_3 - \delta) \quad \delta_3 < \delta \leqslant \delta_4 \qquad (2.20)$$

式中，$-F_{cm}$ 为钢板支撑受压时两端相对位移达到最大轴向相对位移 δ_3 时对应承载力，由防屈曲支撑恢复力模型可知：$-F_{cm} = K_{c2}\delta_3 - 127.62 = 3.3\delta_3 - 127.62$。

（5）支撑受压第五阶段

第五阶段为钢板支撑受拉屈服至自复位系统中预拉螺杆与端板即将接触阶段，对应支撑恢复力模型中的 D'E' 段。此阶段内，支撑整体受压，其中钢板支撑受拉屈服后进入塑性，随着外力 F 逐渐减小，组合碟簧的压缩量持续减小，自复位系统中预拉螺杆与端板间的间隙越来越小，直至两者相互接触（对应 E' 点）。该阶段支撑刚度为受压启动刚度 K'_{s2} 与屈服后刚度 K_{c2} 之和，支撑承载力-位移关系为：

$$F = K'_{s2}\delta - 153.56 + K_{c2}\delta + 127.62 \quad \delta_4 < \delta \leqslant \delta_1 \qquad (2.21)$$

（6）过渡阶段

过渡阶段为自复位系统预拉螺杆与端板开始相互接触至支撑两端相对位移为 0 阶段，对应支撑恢复力模型中的 E'G 段。这一阶段实际上分为两个部分：前半部分为支撑受压阶段，后半部分为支撑反向受拉阶段。在该阶段中，钢板支撑始终处于受拉屈服状态，自复位系统所受压力逐渐减小，预拉螺杆与端板间相互作用力愈来愈大。当支撑两端相对位移为 0 时（对应 G 点），预拉螺杆与端板间相互作用力达到最大，组合碟簧压缩量回到初始状态，整个自复位系统所受外力为 0。该阶段支撑刚度为受压未启动刚度 K'_{s1} 与屈服后刚度 K_{c2} 之和，支撑承载力-位移关系为：

$$F = K'_{s1}\delta + K_{c2}\delta + 127.62 \quad \delta_1 < \delta \leqslant 0 \qquad (2.22)$$

（7）支撑受拉第一阶段

第一阶段为支撑相对位移为 0 至自复位系统受拉后预拉螺杆与端板即将启动阶段，对应支撑恢复力模型中的 GB 段。此阶段中，自复位系统两端推拉杆受拉，拉力通过内外螺杆传递到组合碟簧两侧的端板上，进而对中部的组合碟簧作进一步的压缩。随着外力的增加，预拉螺杆作用在端板上的压力越来越小，内外螺杆作用在端板上的力越来越大，当预拉螺杆与端板间相互作用力为 0 时，此时对应恢复力模型中 B 点，预拉螺杆与端板即将分离。该阶段支撑刚度为受拉未启动刚度 K_{s1} 与屈服后刚度 K_{c2} 之和，支撑承载力-位移关系为：

$$F = K_{s1}\delta + K_{c2}\delta + 127.62 \quad 0 < \delta \leqslant \delta_5 \qquad (2.23)$$

式中，δ_5 为自复位系统受拉时预拉螺杆与端板启动位移，由式(2.15)可知，$\delta_5 = 1.14$mm。

（8）支撑受拉第二阶段

第二阶段为预拉螺杆与端板开始分离至加载到最大位移即将卸载阶段，对应支撑恢复力模型中的 BC 段。在这个阶段中，钢板支撑屈服段进入塑性状态，随着外力 F 的持续增大，钢板支撑伸长变形逐渐增大，自复位系统中的组合碟簧被进一步压缩，支撑两端相对位移越来越大，直至达到支撑两端最大位移 δ_6（对应 C 点），此时，自复位系统中碟簧压缩量达到最大值。该阶段支撑刚度为受拉启动刚度 K_{s2} 与屈服后刚度 K_{c2} 之和，支撑承载力-位移关系为：

$$F = K_{s2}\delta + 149.94 + K_{c2}\delta + 127.62 \quad \delta_5 < \delta \leqslant \delta_6 \tag{2.24}$$

式中，δ_6 为支撑受拉时两端最大轴向相对位移。

（9）支撑受拉第三阶段

第三阶段为支撑开始卸载至钢板支撑反向受压屈服阶段，对应支撑恢复力模型中的 CD 段。在这个阶段，随着外力卸载，支撑两端开始反向的相对运动，相对位移逐渐减小，自复位系统中的组合碟簧依然处于压缩状态，但压缩量逐渐减小。这一阶段实际上分为两个部分：前半部分为钢板支撑受拉区的卸载，后半部分为钢板支撑的反向弹性加载，钢板支撑在两部分的刚度均与其弹性刚度相同，即该阶段中钢板支撑刚度为 K_{c1}。当支撑两端相对位移减小至 δ_7 时（对应 D 点），钢板支撑达到受压屈服状态，由防屈曲支撑双线性随动强化恢复力模型可得：$\delta_7 = \delta_6 - 2 \times 1.475 = \delta_6 - 2.95$，该阶段支撑刚度为受拉启动刚度 K_{s2} 与弹性刚度 K_{c1} 之和，支撑承载力-位移关系为：

$$F = K_{s2}\delta + 149.94 + F_{cm} - K_{c1}(\delta_6 - \delta) \quad \delta_7 \leqslant \delta < \delta_6 \tag{2.25}$$

式中，F_{cm} 为钢板支撑受拉时两端相对位移达到 δ_6 时对应承载力，由防屈曲支撑恢复力模型可知：$F_{cm} = K_{c2}\delta_6 + 127.62 = 3.3\delta_6 + 127.62$。

（10）支撑受拉第四阶段

第四阶段为钢板支撑反向受压屈服至自复位系统预拉螺杆与端板即将接触阶段，对应支撑恢复力模型中的 DE 段。在这个阶段，支撑整体受拉，钢板支撑受压屈服进入塑性，自复位系统依然受拉。随着外力 F 逐渐减小，自复位系统中组合碟簧压缩量持续减小，预拉螺杆与端板间相对间隙愈来愈小，直至两者相互接触（对应 E 点）。该阶段支撑刚度为受拉启动刚度 K_{s2} 与屈服后刚度 K_{c2} 之和，支撑承载力-位移关系为：

$$F = K_{s2}\delta + 149.94 + K_{c2}\delta - 127.62 \quad \delta_5 \leqslant \delta < \delta_7 \tag{2.26}$$

（11）过渡阶段

过渡阶段为自复位系统预拉螺杆与端板开始相互接触至支撑两端相对位移为 0 阶段，对应支撑恢复力模型中的 EG′ 段。这一阶段实际上分为两个部分：前半部分为支撑受拉阶段，后半部分为支撑反向受压阶段。在该阶段中，钢板支撑始终处于受压屈服状态，自复位系统所受拉力逐渐减小，预拉螺杆与端板间相互作用力愈来愈大，内外螺杆作用在端板上的力愈来愈小。当支撑两端相对位移为 0 时（对应 G′ 点），内外螺杆作用在端板上的力减小至 0，预拉螺杆与锚固端板间相互作用力达到最大，组合碟簧压缩量回到初始状态，整个自复位系统所受外力为 0。该阶段支撑刚度为受拉未启动刚度 K_{s1} 与屈服后刚度 K_{c2} 之和，支撑承载力-位移关系为：

$$F = K_{s1}\delta + K_{c2}\delta - 127.36 \quad 0 \leqslant \delta < \delta_5 \tag{2.27}$$

以拉压两侧加载位移幅值相同为例，若后续加载幅值继续增大，自复位防屈曲支撑滞回曲线的走势详见图 2.9a，这里不再赘述。当支撑由受拉开始等幅位移加载时，与上述受压开始的滞回特性类似，见图 2.9b。

2.4.2　预压力和残余变形的控制

自复位防屈曲支撑 SCBRB 滞回曲线由防屈曲支撑（BRB）和自复位系统（SC）二者的恢复力模型叠加组成。由于 BRB 在第一圈加载和后续循环加载时的恢复力曲线并不相同，因此 SCBRB 的首次加载的恢复力曲线（图 2.10a）和后续循环加载（图 2.10b）的恢复力曲线也不相同。

由图 2.10 可见，SCBRB 的轴向残余变形与 BRB 的轴向残余变形相比明显减小。钢板支撑屈服后，若 BRB 与 SC 都回到位移零点，此时 SC 的恢复力 F_s 为 0，而 BRB 的恢复力为 $F_{cr} \neq 0$。由上可知，对于 BRB，其钢板支撑屈服后，外力等于 0 和位移等于 0 不可能同时发生，即支撑存在残余变形。记 SCBRB 的轴向残余变形为 δ_r，记 SC 的"启动位移"为 δ_s。为控制支撑的残余变形，图 2.10 中的控制点是设计的关键。若可保证控制点处承载力大于 0，则可控制 SCBRB 的残余变形 δ_r 小于 δ_s，其中，$\delta_s = F_0/K_{s1} = 2F_{s0}/K_{s1}$，$\delta_r = F_{cr}/(K_{s1} + K_{c2})$。$F_{cr}$ 为 BRB 卸载后反向再加载至位移为 0 的承载力，F_{s0} 为支撑一侧自复位系统预压力，F_0 为支撑两侧自复位系统总预压力，K_{s1} 为自复位系统未启动（启动前）刚度，K_{c2} 为防屈曲支撑屈服后刚度。由于 δ_s 值很小，若 $\delta_r < \delta_s$，此时可认为 SCBRB 的残余变形可以忽略。

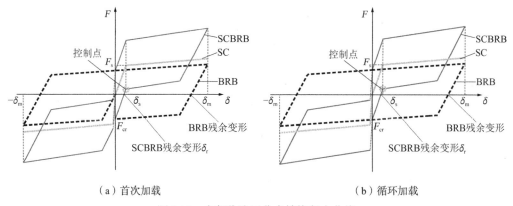

（a）首次加载　　　　　　　　　　（b）循环加载

图 2.10　自复位防屈曲支撑恢复力曲线

进一步，若可控制 $F_{cr} < F_0$，则 $\delta_r = F_{cr}/(K_{s1} + K_{c2}) < F_{cr}/K_{s1} < F_0/K_{s1} = \delta_s$，即当 BRB 卸载后反向再加载至位移为 0 的承载力小于 SC 的预压力时，SCBRB 的残余变形可以忽略不计。上述表明，对于内芯截面一定的 BRB，可通过控制施加到 SC 上的预压力来控制支撑的残余变形。但是，较大的预压力，对 SC 的刚度要求也将更高。因此施加的预压力需控制在合理范围内，以便使支撑在满足变形要求的同时，构造相对合理。

2.4.3　复位比率

自复位防屈曲支撑 SCBRB 的轴向力由防屈曲支撑 BRB 与自复位系统 SC 共同承受，支撑的复位能力主要来自 SC 中施加的预压力。为控制支撑的复位性能，即控制某侧移角水平下支撑的残余变形，现定义 SC 的预压力 F_0 与某侧移角下内置支撑屈服后考虑应变硬化及摩擦效应后的防屈曲支撑承载力 F_c 关系如下[26,27]：

$$\alpha_{sc} = \frac{F_0}{F_c} = \frac{F_0}{\beta \omega f_{cy} A_c} \tag{2.28}$$

式中，α_{sc} 为复位比率，f_{cy} 为钢板支撑的屈服应力，A_c 为钢板支撑的截面面积。

复位比率的取值直接影响自复位防屈曲支撑的复位效果。若复位比率过小，则自复位系统施加预压力过小，BRB 大幅屈服后，复位系统预压力将不能高于和高效平衡 BRB 到达零位移时的力 F_{cr}（图 2.10），复位效果不明显，不能有效地减小防屈曲支撑大幅轴向变形后的残余变形；若复位比率过大，虽复位效果较好，但需施加更高的预应力，对复位材料的承载力有更高的要求，可能导致自复位防屈曲支撑总的轴向承载力过大、连接节点设计困难且不经济等后果。因此，复位比率是自复位防屈曲支撑设计时需考虑的关键参数。

第 3 章　组装碟簧自复位防屈曲支撑的试验、数值模拟和参数分析

3.1　引言

本章通过拟静力试验研究，主要考察自复位系统和 SCBRB 支撑的受力特性。基于试验结果，对不同试件的滞回性能进行分析，探究复位比率变化对支撑残余变形的影响规律。

利用 ABAQUS 软件建立试件的有限元模型，通过与试验结果对比，验证有限元模型的正确性。进一步设计算例，研究了变化防屈曲支撑横截面和屈服应力、碟簧规格和组合方式、碟簧预压力、碟簧间的摩擦系数、支撑长度、内外螺杆横截面等构造对自复位防屈曲支撑滞回性能（特别是复位能力）的影响规律。

3.2　试件设计

试验的 SCBRB 支撑试件由 SC 部分和 BRB 部分组成，在支撑正、背面采用 2 个复位系统（图 2.3）提供复位力，并采用一个 BRB 部分（图 2.5）提供耗能能力。采用两个端部连接部件，使在每个 SCBRB 中一个内部 BRB 部分和两个外部 SC 部分轴向并联工作（图 3.1）。

3.2.1　自复位系统 SC 部分

每个自复位支撑正、背面采用 2 个相同的复位系统，自复位系统的组成和工作机制见 2.2 节。

3.2.2　防屈曲支撑 BRB 部分

防屈曲支撑 BRB 部分组成和构造见 2.3.1 节。

3.2.3　自复位防屈曲支撑 SCBRB

每个 SCBRB 由 SC 部分和可更换的 BRB 部分组成，图 3.1 给出了可能的组装过程。首先进行 SC 和 BRB 部分各自的装配，并在内置支撑附近安装一些约束构件（图 3.1a、b），然后定位和组装帽形截面钢构件（图 3.1c）。需注意的是，为确保 BRB 在试验前不受任何初始力，应先连接 SC 部分，然后再安装和拧紧 BRB 两端的高强度螺栓（图 3.1）。因约束构件、内置钢板支撑和 SC 部分之间均保留了适当的间隙（图 2.5 和图 3.1），约束构件不仅可为内置支撑提供侧向约束，还可为 SC 部分的受压推拉杆和推拉块提供潜在的侧向约束。本构造在推拉杆（或块）的外缘和到约束构件最近内表面之间，沿横截面保留约 2.0mm 的间隙。

如图 3.1 所示，BRB 部分和 SC 部分同时存在的试件记为 SCBRB-1、SCBRB-2 和 SCBRB-3。若在图 3.1c 中无内置钢板支撑，则记为纯 SC 支撑，且其 2 次试验记为 SC-1 和 SC-2。若在图 3.1c 中无组合碟簧、导杆、推/拉块和螺杆，则记为纯 BRB 支撑。按试验先后次序，依次进行 SC-1、SCBRB-1、SCBRB-2、SCBRB-3、SC-2 和 BRB 共 6 个试验。SC-1 和 SC-2 属于同一试件，为检验 SC 部分受力性能是否稳定，进行了 2 次试验。

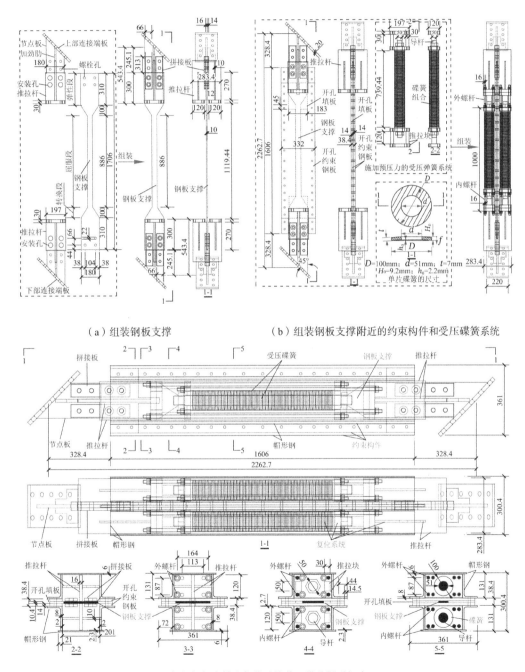

（a）组装钢板支撑　　　　　　　（b）组装钢板支撑附近的约束构件和受压碟簧系统

（c）钢板支撑和复位系统装入带孔帽形钢中

图 3.1　自复位防屈曲支撑的构造和组装

复位比率 α_{sc} 定义为 SC 部分的启动力（即组合碟簧预压力 $F_0 = 2F_{s0}$）与内置钢板支撑的预期轴压承载力之比。本试验保持 F_0 不变，改变钢板支撑屈服段的截面面积，研究了复位比率 α_{sc} 对 SCBRB 支撑性能的影响。试验中确定 α_{sc} 比值的步骤如下：首先，根据试验加载装置的承载能力，获得 SCBRB 预期的最大轴向承载力，并以此作为设计轴力；然后，根据 SC 和 BRB 的构造和预期循环滞回性能对其大侧移下的承载力进行了估算；最后，通过改变钢板支撑截面，并保证每个 SCBRB 的总承载力不大于设计轴力，便得到复位比率。在实际应用中，如果 SCBRB 的总设计轴力几乎相同，则 SC 部分的承载力可随 BRB 部分的变化而变化。在 SCBRB-1、SCBRB-2、SCBRB-3 和 BRB 四个试件中，支撑屈服段名义宽度和实际宽度（图 2.5）见表 3.1。此外，因 BRB 屈服后存在超强（即承载力进一步增大），考虑 BRB 部件的预期最大轴向承载力来计算比值 α_{sc}，该预期承载力在设计文献[3]中称为 BRB 的轴向调整承载力。对于承受轴向拉力（或压力）的 BRB，轴向调整承载力为 $N_{tmax} = \omega N_y$（或 $N_{cmax} = \beta\omega N_y$）。对于钢板支撑，若能得到实际屈服应力 f_y 和实际横截面面积 A_c，则可得到实际轴向屈服承载力为 $N_y = A_c f_y$。ω 和 β 这两个系数取决于构造和侧移水平。应指出的是，因预计试验至少要加载至 1/50 侧移角，且考虑 1/50 为罕遇地震下的层间侧移角限值[1,77]，因此采用侧移角 1/50 下的预期承载力来计算比值 α_{sc}。

内置支撑屈服段截面以及设计阶段的复位比率   表 3.1

试件编号	名义宽度（mm）	实际宽度（mm）	上端宽度（mm）	下端宽度（mm）	名义截面面积 A_0（mm²）	实际截面面积 A_c（mm²）	复位比率 $F_0/(\beta\omega A_0 f_y)$
SCBRB-1	30	30.10	—	—	300	291.37	1.20
SCBRB-2	40	40.12	39.86	39.42	400	388.36	0.90
SCBRB-3	50	50.14	49.54	49.14	500	485.36	0.72
BRB	50	50.12	49.62	49.12	500	485.16	—

注：1. 上下端宽度是屈服段由于铣边缺陷在临近转换段处的实际宽度（图 2.5），这个缺陷在 SCBRB-1 试验后发现，因此 SCBRB-1 未测量试验前的上下端宽度，其他试件在试验前均量测。不难预见，由于相同的铣边加工工艺，SCBRB-1 的上下端宽度也很可能小于 30mm。

2. 表中复位比率是设计阶段按钢板支撑名义截面和屈服应力 $f_y = 265$MPa 算得的。

内置钢板支撑采用国产 Q235B 钢，名义屈服应力 $f_y = 235$MPa。在初始设计阶段，因实际屈服应力和实际截面面积均未知，考虑试验[14,81]中 10mm 厚钢板支撑的实测屈服应力通常大于 235MPa，因此假设实际屈服应力为 265MPa。此外，据之前的试验[78,79]，在侧移角 1/50 下近似有 $\omega = 1.35$ 和 $\beta = 1.20$。因此，在设计阶段侧移角 1/50 时算得的 α_{sc} 的比值见表 3.1。虽然实际的复位比率与表 3.1 所列值不同，但其变化趋势是相似的，可反映出复位比率对 SCBRB 滞回性能的影响。后续在试验后将依据实测数据重新计算实际比率。

3.2.4 钢材

试件大部分部件均采用国产 Q235B 钢。通过材性试验，实测的内置钢板支撑的屈服应力和极限应力分别为 298.29MPa 和 435.14MPa，泊松比和杨氏模量 E 分别为 0.274 和 2.01×10^5MPa。碟簧所用钢材为 60Si2MnA[76]，厂家提供的屈服应力和极限应力分别为 1521MPa 和 1702MPa。

3.3　试验加载

3.3.1　加载装置

如图 3.2 所示,在梁柱铰接的加载装置中安装了 SCBRB 试件,作动器的水平荷载仅由 SCBRB 承受。两侧设置侧撑避免加载梁的面外移动(图 3.2)。通过 LVDT 测量每个试件的水平位移,并记录水平荷载和位移。在内、外螺杆、推拉杆、帽形钢外表面等保持弹性的部件上粘贴应变片,来监测这些部件的工作状态和传递的轴向力。图 3.2 同时给出了每个试验的侧面约定,图 3.2b 为正面。

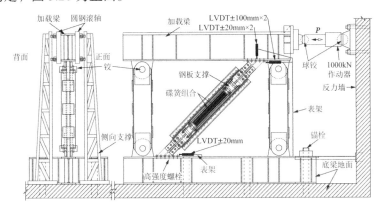

(a)装有 SCBRB 试件的加载装置

(b)试验的准备

图 3.2　用于往复加载的试验装置

3.3.2　试件加载制度

试件加载制度主要参考《建筑抗震试验规程》JGJ/T 101—2015[82],通过作动器(图 3.2)对每个试件施加幅值渐增的水平位移 Δ(图 3.3)。根据内置支撑的屈服情况,每个 SCBRB 和 BRB 的加载历程包括水平位移渐增的第一阶段和第二阶段。在钢板支撑基本处于弹性的第一阶段,每个加载幅值仅循环一圈,位移幅值包括 ±0.71mm、±1.41mm、±2.12mm 和 ±2.82mm。在支撑屈服后,首先估算试件的水平屈服位移 Δ_y,位移增量为 Δ_y,第二阶段每个加载幅值下循环两圈。如前所述,预压后组合碟簧的最大轴向变形能力(图 2.2b)约为

41.04mm，对应的侧移角为 3.7%。为保证碟簧在 SCBRB 和 SC 试验中能够重复使用，同时避免接近 3.7%侧移角时意外破坏，试验中的最大侧移角为 3%，对应的水平位移为 ±46.67mm，轴向变形为 33mm（图 3.3）。值得注意的是，图 3.3 中的相应侧移角是根据每个试件垂直高度 1560mm 获得的。加载中，每个 SCBRB 和 BRB 均采用 $\Delta_y = 2.12mm$，并根据材性实测值和几何尺寸近似估计内置支撑的屈服位移（图 2.5）。无内置支撑的 SC 试件保持弹性，SC-1 和 SC-2 的加载历程与上述相似，但每个加载幅值仅循环一圈。

3.4 试验结果

3.4.1 破坏机理

SC 部分首先在 SC-1 中使用，然后在三个 SCBRB 中使用，最后在 SC-2 中使用，尽管经过多次试验，SC 部分仍然保持完整并处于弹性。此外，由于铣边工艺的不足使屈服段末端变窄了一些（表 3.1），在靠近转换段的屈服段末端出现了钢板支撑局部拉伸断裂（图 2.5 和图 3.4），表明铣边工艺的不足会劣化 BRB 和 SCBRB 的延性。表 3.1 给出了测量得到的上、下两端的实际宽度。图 3.4 所示为 SCBRB-1 和 SCBRB-3 中钢板支撑局部受拉断裂。

在最大水平位移 ±46.67mm（对应侧移角 3%）范围内，SCBRB-1、SCBRB-2、SCBRB-3 和 BRB 的受拉侧最大水平位移分别约为 38.2mm、31.0mm、35.4mm 和 30.2mm 后，出现了内置支撑的受拉断裂。由于图 2.5 中内置支撑的轴向塑性变形主要来自于 886mm 屈服段，因此受拉屈服段的最大轴向应变约为 2.41%～3.05%。除了内置支撑的受拉破坏（图 3.4）外，其他部件保持完整，因此可重复使用。此外，在约束构件和每个内置支撑之间留有间隙，轴向受压内置支撑出现多波弯曲变形。由于沿支撑钢板厚度和宽度方向间隙不同，所以沿板厚方向的变形很小，肉眼几乎看不见，但沿板宽方向的变形很明显（图 3.4），尤其是板宽较小的 SCBRB-1（图 3.4a）。

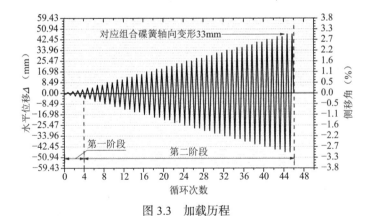

图 3.3 加载历程

（a）SCBRB-1 中钢板支撑绕强轴的多波弯曲变形

（b）SCBRB-3 中钢板支撑绕强轴的多波弯曲变形

图 3.4　试验后部分内置支撑的变形

3.4.2　滞回曲线

由水平荷载 P 与支撑上下端板之间的相对水平位移 Δ 得到各试件的滞回曲线见图 3.5a。各试件的受压和受拉承载力分别对应负向和正向荷载值。SC 和 SCBRB 均表现出稳定的旗形滞回曲线，BRB 的曲线饱满稳定。钢板支撑屈服后，每个加载幅值下，两圈循环的曲线几乎相同。

因图 3.5a 中 SC-1 和 SC-2 两次试验中 SC 试件的滞回性能几乎相同，故假设每个 SCBRB 中 SC 部分的性能与 SC-1（或 SC-2）类似。根据每个 SCBRB 的位移加载历程，据图 3.5a 所示 SC-1（或 SC-2）的滞回曲线可匹配 SC 部分的水平力，进而获得每个 SCBRB 中 SC 部分的滞回曲线。例如，基于 SC-2 的曲线，构建了 SCBRB-3 中 SC 部分的曲线，如图 3.5a 所示，两曲线吻合良好，表明匹配方式是合适的。按加载历程，在支撑屈服后，SC 部分匹配出的曲线在每个位移幅值下也循环两圈。记 SCBRB-1、SCBRB-2 和 SCBRB-3 中的 SC 部分分别为 SC-01、SC-02 和 SC-03。因此，通过 SCBRB 总水平力减去 SC 部分的水平力，便可得到各 SCBRB 中 BRB 部分的水平力。记 SCBRB-1、SCBRB-2 和 SCBRB-3 中的 BRB 部分分别为 BRB-1、BRB-2 和 BRB-3，见图 3.5b。可见内置支撑截面接近的 BRB 与 BRB-3 的曲线较吻合（图 3.5b），再次表明上述匹配方法是合适的。

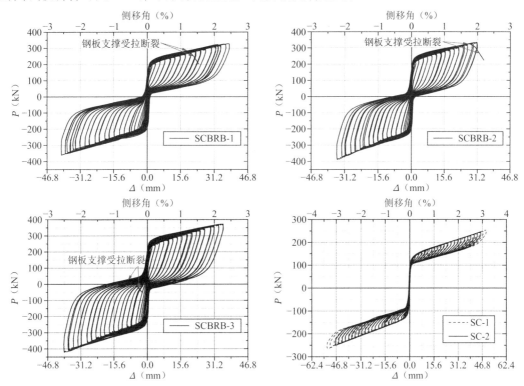

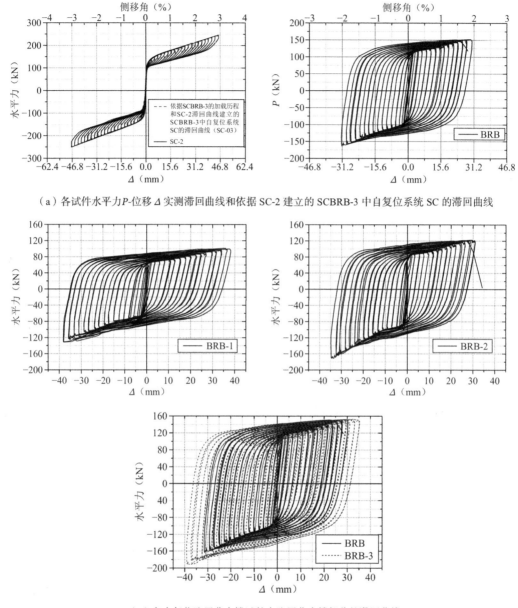

（a）各试件水平力 P-位移 Δ 实测滞回曲线和依据 SC-2 建立的 SCBRB-3 中自复位系统 SC 的滞回曲线

（b）各自复位防屈曲支撑试件中防屈曲支撑部分的滞回曲线

图 3.5　水平力-水平位移曲线

对于每个试件，按《建筑抗震试验规程》JGJ/T 101—2015[82]的要求，根据每个加载位移幅值第一圈的曲线，得到相应的骨架曲线，见图 3.6。总体上，SCBRB、BRB 和 SC 的骨架曲线均呈双线性。钢板支撑屈服前，BRB 及各 BRB 部分均近似处于线弹性，水平位移接近 $\pm\Delta_y$ 时，BRB 发生明显屈服。从图 3.6a 中获得的内置支撑的实际水平屈服位移见表 3.2。由于内置支撑的硬化效应、支撑与约束部件之间的摩擦作用等，BRB 和各 BRB 部分的极限承载力大幅超过了其初始屈服承载力（图 3.5 和图 3.6a）。为考察 SCBRB 中 SC 部分和 BRB 部分所承受的水平力，定义了两个承载力比值 P_{SC}/P_{SCBRB} 和 P_{BRB}/P_{SCBRB}，其中 P_{SC}、P_{BRB} 和 P_{SCBRB} 分别指在相同侧移下 SC 部分、BRB 部分和 SCBRB 所承受的水平力。

结果表明,在大水平位移作用下,3 个 SCBRB 中 P_{SC}/P_{SCBRB} 和 P_{BRB}/P_{SCBRB} 分别约为 54%～70% 和 30%～46%(图 3.6b),表明各 SCBRB 的水平承载力主要来自 SC 部分。以 SCBRB-1 为例,从图 3.6b 的骨架曲线也可以清楚地看出这一点。

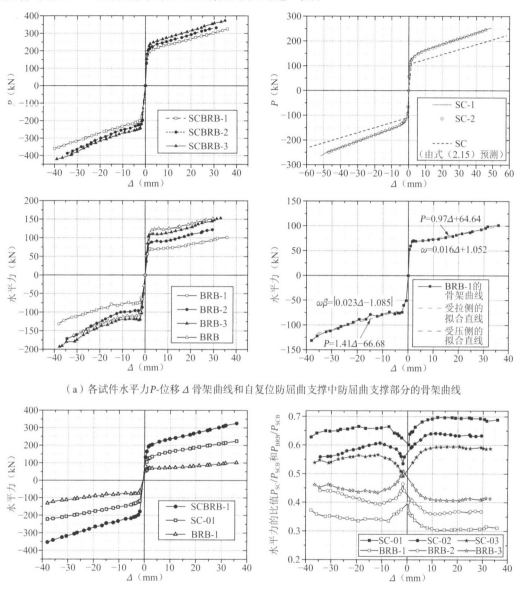

(a) 各试件水平力 P-位移 Δ 骨架曲线和自复位防屈曲支撑中防屈曲支撑部分的骨架曲线

(b) 自复位防屈曲支撑中复位系统和防屈曲支撑部分的承载力占比

图 3.6　水平力-水平位移骨架曲线和承载力比值

从图 3.5 和图 3.6 可见,内置支撑的屈服使 BRB 或 BRB 部分的刚度大幅降低。同样,从启动位移 $\pm\Delta_s$ 开始,始终处于弹性的 SC 的刚度也急剧变化(图 3.7)。启动位移 $\pm\Delta_s$ 是 SC 部分中组合碟簧所受外力超过其预压力使碟簧产生进一步压缩变形的标志。考虑到 SC-1 和 SC-2 的骨架曲线几乎相同(图 3.6a),且启动前后荷载与位移均近似呈线性关系,因此,根据 SC 的骨架曲线确定 $\pm\Delta_s$,如图 3.7 所示。以 SC-1 为例,首先建立两条直线 l_1 和 l_2 来匹配启动前后线性趋势。然后,建一条过 l_1 和 l_2 交点的

垂线 l_3。最后得到 l_3 与骨架曲线的交点即为 SC 的启动点（图 3.7），该点的位移和力即为启动位移 $\pm\Delta_s$ 和相应的启动力 $\pm P_0$。同理可获得 SC-2 的启动力和启动位移，见表 3.3。

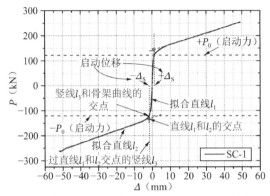

图 3.7　依据骨架曲线的启动力和启动位移的确定

实际复位比率以及防屈曲支撑 BRB 和防屈曲支撑部分的一些实测值　　表 3.2

BRB 和 BRB 部件	N_y（kN）	$-\Delta_y$（mm）	$+\Delta_y$（mm）	$\omega^{1/50}$	$\beta^{1/50}$	$\alpha_{SC}^{1/50}$	受拉（$\Delta > +\Delta_y$）	受压（$|\Delta| > |-\Delta_y|$）
BRB-1	86.91	−2.33	2.03	1.55	1.16	1.09	$\omega = 0.016\Delta + 1.052$	$\omega\beta = |0.023\Delta - 1.085|$
BRB-2	115.84	−2.06	2.14	1.50	1.27	0.77	$\omega = 0.016\Delta + 0.997$	$\omega\beta = |0.029\Delta - 0.993|$
BRB-3	144.78	−2.22	2.08	1.45	1.15	0.71	$\omega = 0.015\Delta + 0.986$	$\omega\beta = |0.021\Delta - 1.021|$
BRB	144.72	−2.16	2.29	1.50	1.03		$\omega = 0.012\Delta + 1.122$	$\omega\beta = |0.019\Delta - 0.943|$

注：$-\Delta_y$ 和 $+\Delta_y$ 是受压和受拉时 BRB（或 BRB 部分）的水平向屈服位移。

自复位支撑 SC 的启动力和启动位移　　表 3.3

试验编号	$-\Delta_s$（mm）	$+\Delta_s$（mm）	$-P_0$（kN）	$+P_0$（kN）
SC-1	−1.83	1.14	120.38	121.99
SC-2	−1.93	1.26	119.27	119.63

如图 2.2a 所示，据标准[45,76]，弹簧的荷载-变形曲线具有一定的非线性。需注意的是，SC-1 和 SC-2 试件的实际受力不仅反映了预压组合弹簧的受力特性，还包含有每个试件内潜在的摩擦作用。SC-1 和 SC-2 的骨架曲线（图 3.6a）在启动点后近似为线性。此外，将试验结果与式(2.15)进行对比，如图 3.6a 所示，可见式(2.15)预测的启动力以及之后的刚度在一定程度上被低估了。可能的原因为：首先，式(2.15)没有考虑循环荷载作用下 SC 部分与其他构件之间的潜在摩擦作用；其次，计算组合弹簧的设计轴向强度和轴向刚度时所采用的摩擦系数 f_M（图 2.2）可能小于实际摩擦系数；最后，在每个自平衡系统中，无支承面的碟簧与预拉螺杆之间的摩擦未被标准[45,76]公式考虑。此外，由图 3.6a 还可知，在 SC 启动前，式(2.15)和试验得到的 SC 部件初始刚度存在差异，表明式(2.15)基于理想状态预测的启动位移不能反映实际制造和装配存在的缺陷。因此，需对设计阶段使用的预测公式进行进一步改进。

3.5　试验结果分析

3.5.1　实际复位比率

通过试验，得到 SC 部件的实际轴向启动力（F_0）和 BRB 部件的实际轴向压缩力（$N_{cmax} = \beta\omega N_y$），便可计算各 SCBRB 在特定侧移下的实际复位比率 $\alpha_{sc} = F_0/N_{cmax}$。

首先，据图 3.6a 所示 BRB 部件骨架曲线，可通过两种方法获得内置支撑屈服后 BRB 部件的实际轴向力。其一，可直接从骨架曲线（图 3.6a）中获得每个 SCBRB 中 BRB 部件在特定侧移处的轴压力和拉力；其二，采用表 3.2 所示的两个线性公式拟合各支撑屈服后的骨架曲线，以简化指定侧移处轴向力的计算。例如，图 3.6a 给出了 BRB-1 考虑支撑屈服后超强的线性公式。表 3.2 中的 $\omega^{1/50}$ 和 $\beta^{1/50}$ 是在 1/50 侧移角下的对应值。需注意的是，采用简化方法是基于图 3.6a 所示的内置支撑屈服后水平强度-位移关系近似为线性。采用表 3.2 所示的简化线性公式可高效地获得 BRB 各部件的强度和屈服后刚度，以及 ω 和 β 参数，便于应用。此外，根据材性试验测得的实际屈服应力 f_y（298.29MPa）和每个 SCBRB 中钢板支撑屈服段的实际横截面面积 A_c，可以得到轴向屈服强度 N_y（表 3.2）。

其次，支撑的倾斜角为 45°（图 3.2a），因此 SC 部分的实际轴向启动力 $F_0 = \sqrt{2}P_0$。从图 3.6a 的骨架曲线可见，SC 试件每次试验的两方向启动力 $+P_0$ 和 $-P_0$ 几乎相同，这与实际支撑在拉力或压力作用下进一步压缩组合碟簧启动的力基本相同是一致的。因此，实际水平启动力 P_0 取 SC 试件上两次试验 SC-1 和 SC-2 的两方向启动力 $+P_0$ 和 $-P_0$（表 3.3）的平均值，即 120.32kN。

最后，便可得出实际的复位比率 α_{sc}。例如，侧移角 1/50 时的比率 α_{sc} 记为 $\alpha_{sc}^{1/50}$（表 3.2）。其他侧移角下的 α_{sc} 也可用类似的方法求得，α_{sc} 与水平位移 Δ 的关系见图 3.8a。可见，因 BRB 部分轴向受压承载力随侧移角逐渐增大，α_{sc} 随侧移的增加而减小。

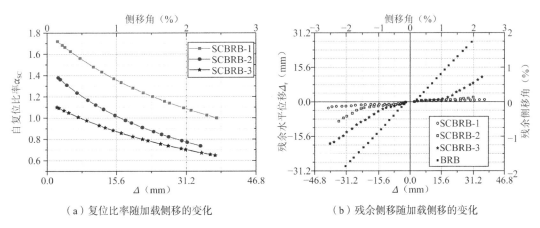

（a）复位比率随加载侧移的变化　　　　（b）残余侧移随加载侧移的变化

图 3.8　SCBRB 支撑的复位比率和残余变形

3.5.2　实际复位比率对残余变形的影响

由内置支撑屈服后 BRB 和 SCBRB 的滞回曲线（图 3.5a）可知，每次卸载至零荷载时的侧移为支撑的残余侧移。从图 3.8b 中可见，三种 SCBRB 的水平残余变形与 BRB 相比都大幅减小，相同侧移水平下 SCBRB 的残余变形随着实际复位比率的减小而增大（图 3.8）。对于 $\alpha_{sc}^{1/50}$ 不小于 0.77 的 SCBRB-1 和 SCBRB-2，当水平加载位移达到 ±31.2mm（对应于 ±2% 的侧移角）时，残余侧移角小于 ±0.5%（图 3.8b）。在相同的侧移角（±2%）下，虽然 SCBRB-3 的残余变形在三种 SCBRB 中最大，但其残余位移小于加载侧移峰值的 46%，与 BRB 相比减小了 50% 以上，说明 SC 在 SCBRB 中的复位作用是高效的。$\alpha_{sc}^{1/50} = 1.09$ 的 SCBRB-1，在 ±2% 的侧移角下，残余水平变形为 −1.89mm 和 +0.77mm，对应的残余侧移角分别为 −0.12% 和 +0.05%（图 3.8b）。这些残余变形几乎都在表 3.3 中 SC 的启动位移范围内，说明当 $\alpha_{sc}^{1/50}$ 大于 1.0 时，SCBRB 的残余位移几乎消失。

此外，如果在中心支撑钢架结构中使用 SCBRB 作为支撑构件来维持使用功能，则地震后层间剩余侧移角应控制在 0.5% 以内[15]。$\alpha_{sc}^{1/50}$ 为 0.77 的 SCBRB-2 在 0.5% 的侧移角范围内，虽然 $\alpha_{sc}^{1/50}$ 为 0.77，但在 2% 的大侧移角范围内，常用钢框架不可避免地会产生一定程度的非弹性变形，这表明实际应用中的 SCBRB 应比试验中的 SCBRB-2 和 SCBRB-3 需要更多的复位能力，才能将结构的残余侧移限制在 0.5% 以内。因此，当 SCBRB 用于支撑钢框架时，$\alpha_{sc}^{1/50}$ 应适当大于 0.77。此外，需注意的是，上述残余变形是由拟静力试验获得的，在地震等动荷载情况下，依据实际地震作用历程，残余变形可能不同。因此，应进一步研究动载作用下的残余侧移，以及所需的复位比率 α_{sc}。

3.5.3 承载力和延性

表 3.4 列出了 BRB 和 SCBRB 的一些试验结果。据滞回曲线（图 3.5a），每个试件的峰值 ±Δ_u 和 ±P_u 分别是在内置支撑发生破坏的加载幅值下试件两个水平方向上的极限位移和极限强度。钢板支撑的屈服非常明显（图 3.5、图 3.6），因此可以直接从骨架曲线（图 3.6a）拐点获得每个 SCBRB（或 BRB）的屈服点，包括水平屈服位移 ±Δ_y（表 3.2）和相应的屈服承载力 ±P_y（表 3.4）。内置支撑的受拉断裂大幅削弱了 SCBRB 和 BRB 的承载力（图 3.5）。为了评估每个试件在内置支撑破坏前的最大延性，表 3.4 给出的平均位移延性比定义如下：

$$\Delta_u/\Delta_y = [(-\Delta_u/-\Delta_y) + (+\Delta_u/+\Delta_y)]/2 \tag{3.1}$$

试验结果

表 3.4

试件编号	$-P_y$（kN）	$+P_y$（kN）	$-P_{1/50}$（kN）	$+P_{1/50}$（kN）	$-P_u$（kN）	$+P_u$（kN）	$-\Delta_u$（mm）	$+\Delta_u$（mm）	Δ_u/Δ_y	$P_{1/50}/P_y$	P_u/P_y	η
SCBRB-1	−194.56	198.71	−320.27	306.85	−360.58	325.28	−40.07	38.23	18.01	1.60	1.75	1239.8
SCBRB-2	−220.71	215.15	−370.27	332.19	−387.90	332.19	−34.82	31.05	15.71	1.61	1.65	893.9
SCBRB-3	−241.49	239.35	−384.65	361.65	−420.66	373.10	−39.20	35.37	17.33	1.55	1.65	1103.5
BRB	−99.79	113.37	−161.98	151.64	−162.46	151.64	−31.61	30.24	13.92	1.48	1.48	727.6

注：比值 Δ_u/Δ_y，$P_{1/50}/P_y$ 和 P_u/P_y 是两个加载方向的均值。因 SCBRB-2 和 BRB 试验中的最大受拉位移小于 31.2mm（或 1/50 侧移角），这两个试件的荷载值 +$P_{1/50}$ 取图 3.6a 中分别对应水平加载位移 +30.95mm 和 +29.57mm 下的最大受拉荷载。

此外，为了考察 SCBRB 和 BRB 中 BRB 部分的累积非弹性轴向变形 η，η 据文献[83] 的方法计算，见表 3.4。可见，BRB 部分和 BRB 的 η 远大于文献[3]规定的最低累积量值 200。通常，连接和梁柱设计中使用的 BRB 的预期承载力应考虑各种超强度因素，包括应

变硬化系数 ω 和受压承载力调整系数 β 等。由于每个 SCBRB 都包含一个 BRB 部分，因此 SCBRB 的极限强度也包含了这些因素的影响。因此，表 3.2 列出了用于评估每个 SCBRB 中 BRB 部分承载力调整系数 ω 和 β，以考虑由于这些影响而产生的超强。表 3.4 还列出了 1/50 侧移角和极限侧移下两个加载方向上的平均承载力比值 $P_{1/50}/P_y$ 和 P_u/P_y。通过类似的计算方法，也可由图 3.6a 得到其他侧移下的承载力比值。

3.5.4　耗能能力

在图 3.5 的基础上，获得了每个 SCBRB 在内置支撑破坏前的耗能，见图 3.9a。对 BRB 和每个 SCBRB 的累积耗能通过内置支撑受拉破坏导致水平向拉力下降前滞回曲线（图 3.5）所包围的面积来量化。BRB 屈服后在每个荷载水平下进行了两个加载循环，因此取第二个循环结束时的累积耗能为 BRB 和 SCBRB 在每个加载幅值下的耗能（图 3.9a）。基于图 3.5b 所示 BRB 部件的滞回曲线和匹配出的 SC 部件（例如图 3.5a 中 SC-03）的累积耗能，对每个 SCBRB 中 BRB 部分和 SC 部分的累积耗能（图 3.9b）也进行了计算。结果表明，SCBRB 的耗能主要来自 BRB 部分。BRB-3 和 BRB 的内置支撑的名义截面尺寸相同，因此二者耗能也较接近（图 3.9a）。

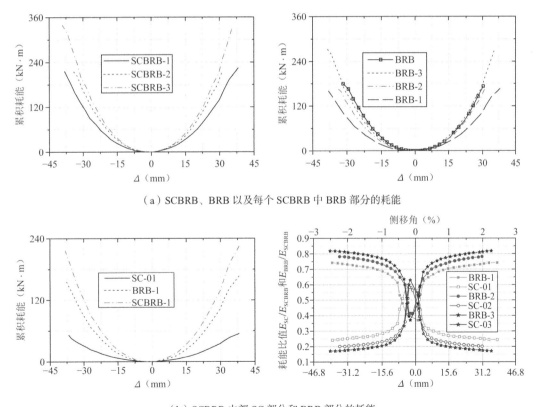

（a）SCBRB、BRB 以及每个 SCBRB 中 BRB 部分的耗能

（b）SCBRB 内部 SC 部分和 BRB 部分的耗能

图 3.9　试件的耗能

在相同侧移下，随着复位比率 α_{sc} 的增大，SCBRB 的耗能能力减小（图 3.8a 和图 3.9a）。为了进一步考察 SC 部分（主要来自组合碟簧之间的摩擦作用等）以及 BRB 部分在每个

SCBRB 中所耗散的能量，定义了两个耗能比值 E_{SC}/E_{SCBRB} 和 E_{BRB}/E_{SCBRB}，见图 3.9b，其中 E_{SC}、E_{BRB} 和 E_{SCBRB} 分别表示 SC 部分、BRB 部分和 SCBRB 所耗散的能量。总体上，随着侧移幅值的增加，各 SCBRB 中 BRB 部分的耗能增大，而 SC 部分的耗能减小。在最大水平位移作用下（图 3.9b），三种 SCBRB 中 E_{SC}/E_{SCBRB} 和 E_{BRB}/E_{SCBRB} 的比值分别约为 17%～24% 和 74%～82%，在 2% 的侧移角作用下分别约为 18%～25% 和 73%～81%。这表明，组合碟簧复位部件除了提供恢复力外，还能为整体支撑提供额外的耗能，有利于 SCBRB 的抗震性能。

3.5.5　内置支撑低周疲劳的探讨

BRB 和每个 SCBRB 的失效都是由于内置支撑的低周疲劳。因此，有必要评估一下内置支撑的低周疲劳寿命。虽然已有文献对内置支撑的疲劳寿命进行了一些探索性的研究，但钢材强度、制作工艺和加载历程等对这一问题的影响还需要进一步探讨。Andrews 等[84]基于 76 个 BRB 试件的试验数据建立了 BRB 的累积塑性延性（CPD）模型，并指出仅依据 BRB 的基本特性和变形难以建立精确的模型。Mirtaheri 等[85]对 4 个 BRB 试件变化屈服段长度的往复加载试验表明，屈服段较短的 BRB 承载力劣化明显快于其他试件。低周疲劳引起的受拉开裂破坏劣化了短支撑的耗能能力。Takeuchi 等[86]提出了一种简单的方法来预测随机加载幅值作用下 BRB 的累积变形能力和耗能能力，并指出一些关键参数取值将在进一步的研究中确定，因为参数取值与地震反应幅值和 BRB 与钢框架的抗侧刚度比值有关。

如果使用 CPD 模型[84]，则总累积塑性变形（TC）能力（所有塑性变形除以屈服变形归一化后再求和）的计算公式如下：

$$TC = 2^{-21.20} \cdot \left(\frac{A_c}{(A_c)_{max}}\right)^{0.425} \cdot \left(\frac{L_c}{(L_c)_{max}}\right)^{0.044} \cdot \varepsilon_{yc}^{-3.45} \cdot \left(\frac{F_u}{F_y}\right)^{-1.46} \tag{3.2}$$

其中 $(A_c)_{max} = 184.6cm^2$，$(L_c)_{max} = 472.1cm$ 是试验中的最大值[84]。

以本试验中 BRB 为例，屈服应变 $\varepsilon_{yc} = F_y/E = 298.29/(2.01 \times 10^5) = 1.484 \times 10^{-3}$；应力比 $F_u/F_y = 435.14/298.29 = 1.4588$；$A_c = 50.12 \times 9.68mm^2 = 4.852cm^2$；$L_c = 88.6cm$。因此，BRB 的 TC 为 271.44。经此初步估计，可发现式(3.2)给出的 TC 能力大幅低估了表 3.4 所列 BRB 的实际累积塑性变形能力。因此，还需要进一步探索更精确的 BRB 累积塑性变形能力评估方法。

此外，试验[85]和式(3.2)均表明，屈服段长度较短的 BRB 会更早疲劳，这表明有必要进一步改进 SCBRB 的构造来增长内置支撑屈服段，进而进一步改善 SCBRB 的滞回性能。

3.5.6　内置支撑受拉破坏后 SCBRB 的剩余承载力

通过选择碟簧的尺寸和组合方式等，可灵活地获得 SC 部分的变形和承载能力。实际应用中，当 SCBRB 发生较大的侧移（例如侧移角超过 3% 时），内置支撑将由于累积塑性变形很大而发生低周疲劳断裂。然而，由于碟簧具有良好的变形能力，且 SCBRB 的承载力主要来自 SC 部分，因此 BRB 部分的受拉破坏并不是仍有相当部分剩余承载力的 SCBRB 最终破坏的标志。

BRB 部分受拉断裂后，SCBRB 再经历几个加载循环的滞回曲线见图 3.10。内置支撑在受拉断裂后成为两段（图 3.4），当进一步受压时，两段在断口处接触，因此仍可传递压力。例如，首次进一步加载时，在大侧移下，断裂后的压力大小可以接近断裂前的压力大小（图 3.10）。在两部分接触后，进一步的塑性压缩变形缩短了断裂的内置支撑的长度。因此，上述接触作用将在随后的进一步大侧移的压缩下发生，而 SCBRB 受压承载力的急剧增加（图 3.10）也在再次出现接触时发生。例如，在图 3.10 中附加了 SCBRB-2 的一部分曲线来进一步说明这一现象。SCBRB-1 和 SCBRB-3 也有类似的性能。为了在所有试验中重复使用约束构件，并考虑内置支撑断裂后的接触作用可能引起约束构件的意外破坏，当受压承载力急剧增加时，停止了进一步压缩。考虑实际应用中一些无法控制的作用（例如地震作用）将使支撑进一步受压，因此应进一步研究断裂的内置支撑在进一步受压过程中与约束构件的接触作用对 SCBRB 性能的影响。在拉力作用下，断裂支撑的两段在断口处的接触作用消失，不会有受拉承载力的局部骤然增大，如图 3.10 所示。除了局部受压承载力急剧增加外，SCBRB 在内置支撑断裂后的性能与 SC-2 的性能基本一致（图 3.10），这表明，碟簧良好的变形能力和 SC 部分稳定的承载能力均有利于 SCBRB 的抗震性能。

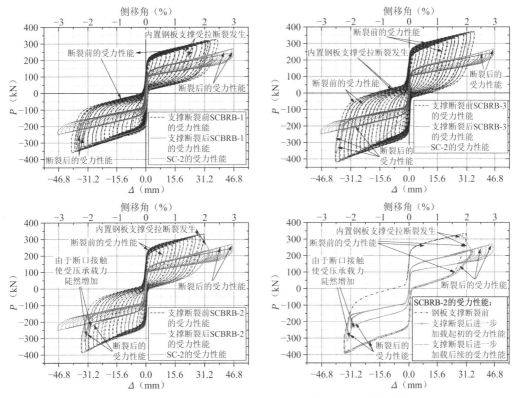

图 3.10　BRB 部分断裂后 SCBRB 的剩余承载力和滞回性能

3.6　试验研究小结

采用逐渐增大水平位移的方法对组装 SCBRB 试件进行了往复加载试验，主要研究复位比率和构造对 SCBRB 滞回性能的影响。根据试验结果，得出以下结论和建议。

（1）SCBRB 和 BRB 在内置支撑受拉断裂前具有稳定的滞回曲线，其中屈服段的最大轴向拉伸应变为 2.41%～3.05%，SCBRB 的残余变形大幅减小；当复位比率 $\alpha_{sc}^{1/50}$ 在 0.71～1.09 范围内时，在其变形能力范围内，各 SCBRB 的 SC 部分提供的承载力为 54%～70%，SC 部分表现出稳定的旗形滞回曲线。BRB 的屈服和 SC 的启动点都很明显，总体上 BRB 和 SC 均呈双折线骨架曲线。据试验结果，当 SCBRB 发生 2%的侧移角时，为将 SCBRB 的残余侧移角限制在 0.5%以内，$\alpha_{sc}^{1/50}$ 比值宜大于 0.77；比值大于 1.0 时，可将 SCBRB 的残余侧移近似控制在 SCBRB 启动位移范围内，标志着 SCBRB 的残余侧移基本消失。在多次试验中，BRB 部分的约束构件和 SC 部分均保持完整。因此，在预期的大侧移范围内，组装的 SCBRB 可实现更换（或检查）内置支撑和重复利用完整部件的意图。

（2）试验和预测公式均表明，由于推拉块在受压状态下的轴向刚度是设计中 4 根内（或外）螺杆在受拉状态下的轴向刚度的 30 倍左右，在拉、压两个加载方向上，SC 的启动力几乎相同，但在启动点前的初始刚度不同。因此，需要进一步改进 SC 的构造，以获得更对称的受力性能，并根据实际情况，例如摩擦系数 f_M、部件之间的潜在摩擦、制造和装配时的实际公差等，进一步改进 SC 部分轴向承载力-变形的预测公式。此外，虽然各 BRB 部分均具有合格的累积非弹性变形能力，但由于在 SCBRB 两端采用高强度螺栓和拼接板装配 BRB 部分，在一定程度上缩短了内置支撑的长度，因此会较早出现低周疲劳。所以，应进一步研究 BRB 部分更紧凑的端部连接构造，以增长内置支撑的屈服段。

（3）试验表明，SCBRB 的耗能能力主要来自 BRB 部分，在相同侧移下，SCBRB 的耗能能力随着复位比率的增大而减小。在 2%的侧移角下，$\alpha_{sc}^{1/50}$ 在 0.71～1.09 范围内的 SCBRB 中，SC 部分耗能占比约为 18%～25%，表明 SC 部分既可提供复位力又具有耗能能力。此外，带有碟簧的 SC 部件具有良好的弹性变形能力，保证了在 BRB 受拉断裂后 SCBRB 的剩余承载力。考虑大的轴向承载力要求下碟簧尺寸较大，将导致整个支撑构件截面增大，因此需进一步改进 SCBRB 构造，减小整个支撑的截面。

3.7 试验构件的数值模拟分析

采用 ABAQUS 建模，依据试验的位移加载幅值，模拟中考虑计算耗时和改善收敛性，采用轴向加载，每级循环一圈。

3.7.1 组合碟簧的有限元模型

采用 ABAQUS/Standard 求解模块进行有限元分析。碟簧采用三维壳单元 S4R 模拟。组合碟簧的构造按照试验的实际情况建模，为便于下文论述，本节在此规定，组合碟簧的轴向中心线对应有限元模型中整体坐标系的 Y 轴，且沿 Y 轴正向为组合碟簧的上端，沿 Y 轴负向为组合碟簧的下端，即组合碟簧的轴向自由度为 U2。

（1）碟簧的拆分与装配

根据已有碟簧相关尺寸参数，可得碟簧径向长度为 23.9584mm。碟簧壳单元部件基于碟簧的中性面建立，建模时赋予该壳单元厚度为 7mm，材料属性取值如下：弹性模量 $E = 2.01 \times 10^5$MPa，泊松比为 0.3。

组合碟簧中每组叠合组合共有 2 片碟簧，两者在各自对合组合中的对合区域有所不同，其中一片用于外径对合，一片用于内径对合。为精确建立碟簧之间的相互作用，对用于叠合的 2 片碟簧部件进行拆分，其中用于外径对合的碟片，靠近其外径处定义一切割平面（图 3.11a），将整片碟簧沿径向分为一大一小共两个区域，该切割环线距碟簧外径的径向距离为 0.645mm，其中面积较大区域作为碟簧叠合组合时的接触区域；用于内径对合的碟片，靠近其内径处定义一切割平面（图 3.11b），也将整片碟簧沿径向分为一大一小共两个区域，其切割环线距碟簧内径的径向距离为 0.645mm，其中面积较大区域作为碟簧叠合组合时的接触区域。需说明的是，0.645mm 是两片碟簧叠合时内（外）边缘错开处无接触区域沿径向的长度。

为便于对碟簧部件施加边界条件，需对碟簧部件作进一步的拆分，其中对合区域不同的碟簧部件拆分方式不同，具体拆分方式如下：基于 XY 基准面和 YZ 基准面，对用于内径对合的碟簧部件的外径、用于外径对合的碟簧部件的切割环线，分别按边拆分为长度相同的四等份。

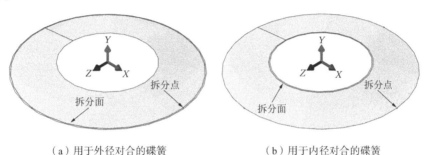

（a）用于外径对合的碟簧　　　　　　　（b）用于内径对合的碟簧

图 3.11　碟簧部件拆分

在 ABAQUS 里，壳单元被显示为无厚度的面，在建立相应接触时，如果希望考虑壳的厚度，则在建模时应根据厚度让接触面之间保留相应的距离。本节在建模时考虑碟簧部件的厚度，根据碟簧实际构造尺寸预留相应间隙，具体间隙数值如下：叠合组合中两片碟簧壳单元的外径间隙为 7.0297mm，内径对合组合中两片碟簧壳单元的外径间隙为 11.3704mm，外径对合组合中两片碟簧壳单元的外径间隙为 6.9704mm。碟簧部件装配后见图 3.12。

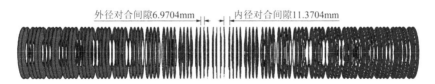

图 3.12　对合 48 组（每组 2 片叠合）碟簧部件装配

（2）碟簧间相互作用建模

摩擦力对组合碟簧的受力特性有影响，摩擦力与组合碟簧方式、叠合片数有关，也与碟簧表面质量及润滑情况有关。

考虑摩擦力主要存在于叠合面间，为使求解顺利进行，建立组合碟簧间的相互作用时，仅考虑叠合组合间的摩擦力。碟簧采用壳元模拟，叠合碟簧的建模中，两片叠合碟簧间建立面-面接触，对于法向作用，采用 ABAQUS 默认的"硬接触"；对于切向作用，采用 ABAQUS 中常用的库仑摩擦模型。

有限元模型虽不考虑对合组合间的摩擦效应，但为使组合碟簧受压时，各组叠合组合间变形一致，即 48 组叠合组合具有相同的变形量，需保证各组对合组合间的承载力可均匀传递。两片对合碟簧通过耦合建立，仅耦合轴向自由度，碟簧内径（外径）可沿径向自由伸缩变形。具体实施过程如下：选取用于内径（外径）对合的两片碟簧间任一碟簧的内径（外径）对应圆心作为耦合参考点（RP），选取 2 片碟簧的内径（外径）作为耦合区域，两者之间采用运动耦合建立相互作用，见图 3.13。特别说明的是，在建立该耦合作用时，只耦合一个轴向自由度（U2），其余五个自由度均不参与耦合。如此建立耦合作用后，一方面可保证对合间的两片碟簧内径（外径）与参考点具有相同的轴向自由度，另一方面，碟簧内径（外径）仍可沿径向自由伸缩变形。

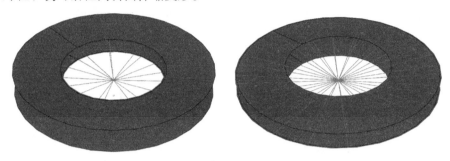

（a）内径耦合作用　　　　　　　　　　　（b）外径耦合作用

图 3.13　对合组合的相互作用

（3）边界条件及网格划分

建模时，需对碟簧对合组合相互作用时所耦合的参考点进行约束，具体边界条件如下：该参考点共有 6 个自由度，放松该参考点的轴向自由度（U2），使该参考点可沿轴向自由运动，余下 5 个自由度皆被约束。

碟簧在轴向被压缩时，内外径均会产生变形，其中内径变小，外径变大，因此不能对碟簧内外径施加径向的约束。为实现上述功能，对碟簧位于 X 方向上的 2 个关键点只限制其 Z 方向的自由度（U3），余下 5 个自由度放松；对碟簧位于 Z 方向上的 2 个关键点只限制其 X 方向的自由度（U1），余下 5 个自由度放松。对于对合区域不同的碟簧部件，关键点的选取位置不同，见图 3.14，其中用于内径对合的碟簧部件其 X 方向与 Z 方向上的关键点基于该碟簧部件外径拆分后所得；用于外径对合的碟簧部件其 X 方向与 Z 方向上的关键点基于该碟簧部件切割线拆分后所得。

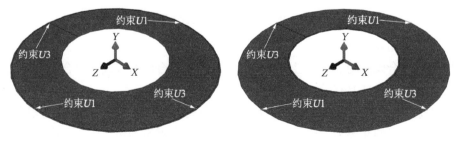

（a）外径对合碟簧　　　　　　　　　　　（b）内径对合碟簧

图 3.14　碟簧部件的边界条件

以上边界条件建立后，碟簧部件在内、外径自由伸缩变形的同时，可沿轴向自由运动，如此可保证各碟簧部件在各个平移和转动自由度上都不会出现不确定的刚体位移，使分析过程易于收敛。

碟簧部件采用扫掠的方式进行网格划分。为探究网格尺寸对组合碟簧承载力的影响，划分了 3 种不同数量的网格，每片碟簧的单元总数依次为 288、560、960，如图 3.15 所示。

（4）组合碟簧有限元模型的验证

采用不同单元数量时，图 3.15 给出了相同摩擦系数（0.4）下组合碟簧压缩量最大时碟簧部件各自的应力云图，图 3.16 给出了组合碟簧各自的荷载-位移曲线。可见组合碟簧受压达到极限弹性变形时，随网格细划，其应力略有增大，应力最大为 1349MPa，小于碟簧的屈服应力 1521MPa，碟簧始终处于弹性状态，3 种网格下组合碟簧的荷载-位移曲线几乎重合。鉴于此，综合考虑计算精度和效率，本节模拟试验单片碟簧均划分 560 个单元。

模拟中，组合碟簧的下端轴向自由度（$U2$）被约束，上端沿轴向向下运动（$U2$ 为负值），当组合碟簧压缩量达到所需数值后，放松上端轴向自由度进行卸载，进而形成加卸载历程。在模拟中，赋予不同模型以不同的摩擦系数，取值分别为 0.16、0.3、0.4，各模型加卸载的荷载-位移曲线见图 3.17。由模拟和试验对比可见，初始小幅位移时，试验承载力几乎无变化，这是试验时组合碟簧与加载装置存在间隙所致；当组合碟簧叠合面间摩擦系数取为 0.4 时，有限元模拟数值与试验结果较为吻合，故试验试件的数值模拟中摩擦系数均取 0.4。虽然该取值远大于碟簧规范规定取值[45]，但在其他碟簧试验的数值模拟研究中也有取类似高值的[87]。

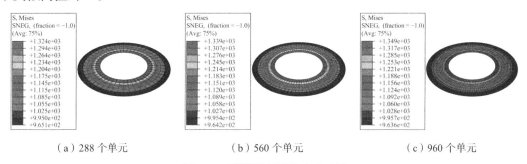

（a）288 个单元　　　　（b）560 个单元　　　　（c）960 个单元

图 3.15　碟簧受压后的应力云图

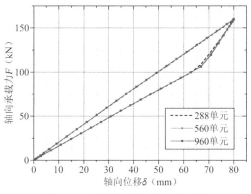

图 3.16　不同单元荷载-位移曲线

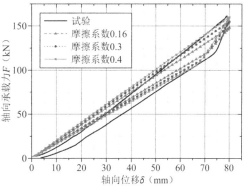

图 3.17　不同摩擦系数下荷载-位移曲线

3.7.2 复位系统的有限元模型

推拉杆、推拉块采用壳单元 S4R 模拟。内、外螺杆以及导杆采用桁架单元 T3D2 模拟，因试验中只承担拉力，故模拟中使其具有只受拉不受压的力学特性。通过耦合导杆和 2 个推拉块，并将施加预压力后的组合碟簧通过下端与推拉块端板耦合、上端与推拉块接触置于 2 个推拉块间形成了自平衡的受压碟簧系统。

其中，为便于对组合碟簧施加预压力，创建了新的填板部件。填板相关构造尺寸与推拉块端板完全相同。建模中，将导杆两端分别与上下推拉块端板进行耦合，导杆长度等于推拉块端板间净距，也等于预压后的组合碟簧高度。组合碟簧预压量确定后便可留置净距和设置导杆长度。组合碟簧下端与下端推拉块端板间建立耦合约束，组合碟簧上端与填板间建立耦合约束（只约束轴向自由度 $U2$），见图 3.18。建立填板与上端推拉块端板间的面面接触（不考虑壳单元厚度），并在分析步 Step-2 开始启动。因填板在分析步 Step-1 中沿轴向向下运动一定位移后，在分析步 Step-2 中才与推拉块端板间建立起接触，故在进行装配时，需在上推拉块端板与填板间预留一定距离（图 3.19），该距离长度等于组合碟簧初始压缩量，使得组合碟簧完成初始预压后，填板与推拉块端板刚好接触，进而建立起相互作用。

组合碟簧初始预压力的施加过程如下：①分析步 Step-1：下端推拉块轴向固定（即组合碟簧下端轴向固定），填板沿轴向向下运动（即组合碟簧上端沿轴向向下运动），对组合碟簧进行压缩，直至达到初始预压量；②分析步 Step-2：填板与上端推拉块端板间的面面接触作用开始启动，放松轴向约束，组合碟簧回弹，填板挤压上端推拉块端板，使其沿轴向向上运动，进而导致导杆受拉。待组合碟簧回弹结束后，组合碟簧、导杆、推拉块三者之间形成自平衡体系，此时，组合碟簧中的预压力等于导杆预拉力。

图 3.18　组合碟簧上下两端的相互作用

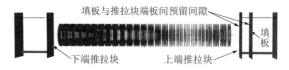

图 3.19　受压弹簧系统部件装配

初始预压量均取为 47mm，由图 3.20 可见，叠合面间摩擦系数为 0.4 时，受压碟簧系统的试验和模拟曲线较一致。内、外螺杆一端与推拉块端板建立耦合约束，另一端与推拉杆端板建立耦合约束（图 3.21a）。推拉块端板与推拉杆端板之间分别建立面-面接触（图 3.21b）。

因外围约束构件和端部连接系统在试验中始终处于弹性状态且保持完好，为简化建模，建立两端采用带有节点板的推拉杆（图 3.21），不再额外建立端部连接系统。约束复位系统横向运动，允许轴向运动，这样，可忽略外围约束构件的整体抗弯作用，不再建立外围约束构件模型。此外，上述建模过程中，依据试验实测的内、外螺杆初始装配应力，对内、外螺杆施加了初始应力，待受压碟簧系统自平衡体系建立完成后，内、外螺杆的初始拉应力大小为 38MPa。

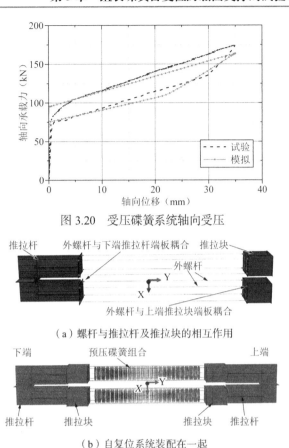

图 3.20　受压碟簧系统轴向受压

（a）螺杆与推拉杆及推拉块的相互作用

（b）自复位系统装配在一起

图 3.21　纯自复位支撑的模型

纯自复位支撑的模拟和试验的轴向滞回曲线见图 3.22a。可见，相同位移下模拟的承载力和耗能小于试验的，这主要是因模拟中摩擦力小于试验引起的。一方面，模拟中没有计入复位系统内部件间可能的摩擦作用；另一方面，与试验相比，模拟中只考虑了碟簧叠合面间的摩擦作用，忽略了碟簧对合组合以及碟簧与导杆间的摩擦力。总体上，模拟所得纯自复位支撑滞回曲线的形状与轴向承载力-变形特性均与试验吻合较好，自复位系统启动前的刚度与试验较为一致，表明该模型可行。

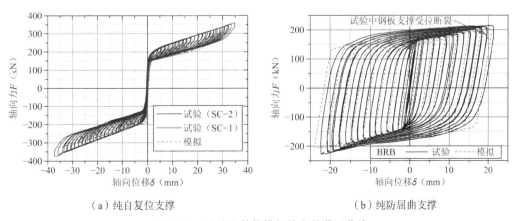

（a）纯自复位支撑　　　　　　　　　　（b）纯防屈曲支撑

图 3.22　试验和数值模拟给出的滞回曲线

3.7.3 防屈曲支撑的建模

钢板支撑采用壳单元 S4R 模拟，模拟中采用材性实测值。因试验中钢板支撑未失稳破坏，约束构件保持完好，为简化建模，忽略了外围约束构件，仅建立钢板支撑，并约束其横向位移，使其不发生失稳。

钢板支撑采用混合强化模型来模拟，其强化参数取值为 $C = 4000\text{MPa}$、$\gamma = 37$、$Q_\infty = 60\text{MPa}$、$b = 5$，钢板支撑上下两端弹性段端面与上下端节点板分别采用 Tie 约束的相互作用形式，数值模拟中下端推拉杆（含节点板）固定，通过上端推拉杆（含节点板）轴向运动进行加载。模拟和试验的轴向荷载-位移曲线见图 3.22b。可见，模拟与试验曲线吻合较好，表明采用混合强化模型是合理的。模拟中，BRB 受拉侧的承载力与试验值相差很小，而受压侧的承载力明显低于试验值。这是因试验中钢板支撑受压后发生多波屈曲（图 3.4），与外围约束构件接触后产生摩擦力，使约束构件也会承担部分轴力，而在数值模拟中未考虑此摩擦力，使受压承载力模拟值偏小。

3.7.4 自复位防屈曲支撑的建模

在上述自复位系统建模后，再将钢板支撑两端与节点板连接，从而实现复位系统与钢板支撑并联受力（图 3.23），并避免钢板支撑承受初始应力。

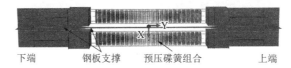

图 3.23 自复位防屈曲支撑 SCBRB 的模型

图 3.24 为三个 SCBRB 的模拟与试验滞回曲线，可见，模拟曲线也呈明显的旗帜形。SCBRB 支撑模拟所得拉压两侧的承载力小于试验值，这是由前述纯自复位支撑和防屈曲支撑建模的原因综合影响的。模拟也表明，随钢板支撑横截面增大，支撑承载力随之提高，残余变形逐渐增大。SCBRB-1 自复位效果最好，残余变形可忽略不计；SCBRB-2 自复位效果次之；SCBRB-3 残余变形最大。各试件模拟的承载力及残余变形与试验结果较为一致，吻合较好。此外，以 SCBRB-1 为例（SCBRB-2 和 SCBRB-3 也类似），由图 3.24 还可见，内、外螺杆均无初应力导致受拉侧初始刚度降低。这表明，还可适当控制内、外螺杆的初拉应力来调节自复位支撑受拉侧的初始刚度。

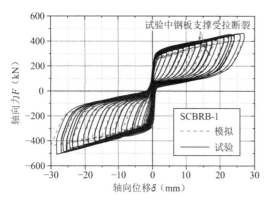

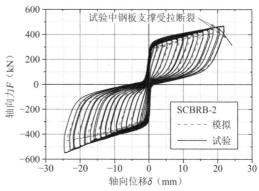

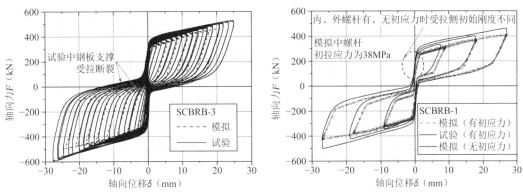

图 3.24　试验和数值模拟给出的轴力-轴向位移曲线

3.8　构造参数分析

3.8.1　构造参数

主要考察组合碟簧预压量（预压力）和叠合面间的摩擦、钢板支撑屈服段截面和长度、内、外螺杆截面和初拉力等的变化对支撑滞回性能的影响。

选取 A 系列 3 种碟簧（等效为无支承面碟簧建模）：$D = 100\text{mm}$、$d = 51\text{mm}$、$t = 7\text{mm}$；$D = 160\text{mm}$、$d = 82\text{mm}$、$t = 10\text{mm}$；$D = 250\text{mm}$、$d = 127\text{mm}$、$t = 14\text{mm}$（D、d、t 分别为碟簧外径、内径和厚度）。组合碟簧采用复合组合方式，叠合片数为 2，对合组数分别为 48、30、24。碟簧组合自由高度分别为 777.61mm、706.01mm、806.41mm，碟簧叠合面间摩擦系数 μ 取 0.4。依据试验支撑构造（图 3.1），模拟中自复位支撑总长取 2206.2mm，这是支撑轴线与上下端连接端板内部表面交点间的距离（对应支撑的垂直高度为 1560mm）。为简化分析，略去了推拉杆端部以外弹性段的长度，取支撑总长为 1945.4mm。钢板支撑厚度为 10mm，屈服段截面 A_c 相应变化，屈服应力为 298.29MPa，钢板支撑总长度 $L = 1706\text{mm}$，其屈服段长度 $l = 886\text{mm}$。对应 $D = 100\text{mm}$、$D = 160\text{mm}$ 和 $D = 250\text{mm}$ 的碟簧采用的内、外螺杆规格依次为 M20、M24 和 M30；对应导杆直径依次为 50mm、81mm、126mm。在这些基准参数的基础上，改变构造参数进而生成一系列分析模型。

3.8.2　影响规律分析

（1）碟簧预压量的影响

保持其他参数不变，改变组合碟簧的初始压缩量来调节组合碟簧的预压力。由图 3.25a 可见，随预压量的增加，自复位系统初始预压力提高，相同加载位移幅值下的 SCBRB 承载能力提高，支撑的残余变形减小。其他碟簧规格下影响规律与此类似。图 3.25b 为加载位移幅值对应 1/50 侧移角（对应轴向位移 22mm）时卸载后支撑残余变形与碟簧组合初始压缩量的关系曲线。为考察在 BRB 中并联 SC 后其残余变形的减小程度，将未并联 SC 的 BRB 部分的残余变形与 SCBRB 残余变形作差后，再与 BRB 原始残余变形相除，得到 BRB 残余变形减小程度的比值，比值越大，表明残余变形减小得越多，其中 δ_{cr}^{SCBRB}、δ_{cr}^{BRB} 分别为 1/50 侧移角时 SCBRB、BRB 的轴向残余变形。由图 3.25 可得，随着组合碟簧初始压缩量的增加，相同截面下 BRB 残余变形的减小程度越来越大，表明 SC 复位能力逐步加强。

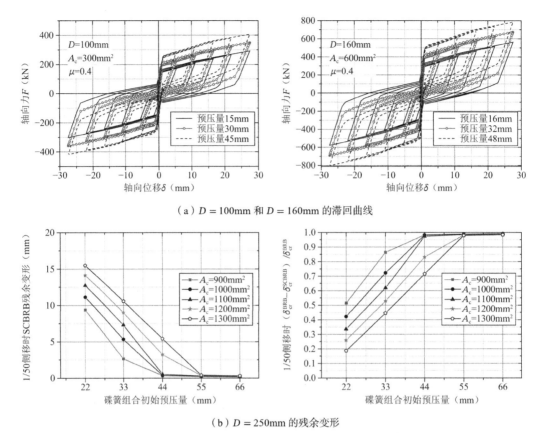

（a）$D = 100$mm 和 $D = 160$mm 的滞回曲线

（b）$D = 250$mm 的残余变形

图 3.25　不同预压量下 SCBRB 滞回曲线和残余变形

（2）钢板支撑屈服段截面的影响

以 $D = 100$mm 为例，保持其他参数不变，钢板支撑屈服段截面 A_c 增大后，相同加载位移下复位比率减小，SCBRB 的残余变形增加（图 3.26b）。当钢板支撑屈服后的承载力大小超过自复位系统的预压力后，支撑的残余变形不能忽略，这与试验试件滞回性能的变化趋势一致。钢板支撑截面变化对残余变形的影响规律见图 3.26。可见，相同预压力下，SCBRB 残余变形随钢板支撑截面的增加而增大。

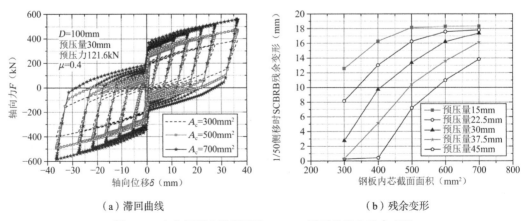

（a）滞回曲线

（b）残余变形

图 3.26　变化钢板支撑截面的 SCBRB 滞回曲线和残余变形

（3）碟簧叠合面间摩擦系数的影响

其他参数不变时，对摩擦系数 μ 在 0.1～0.6 范围内的算例分析表明，随摩擦系数增大，相同预压量下自复位系统的预压力增大，加载阶段自复位系统启动后刚度增大（图 3.27）。相同位移下组合碟簧加载阶段的承载力越高，卸载阶段的承载力越低，两者差值越大，滞回曲线所围面积越大（图 3.27），SCBRB 滞回曲线所围面积增大，耗能能力增强（图 3.27）。但系数 μ 越大，支撑卸载后，SC 系统的承载力高于 BRB 的承载力的幅度减小，SCBRB 支撑的残余变形增大（图 3.27）。总体上，因防屈曲支撑是 SCBRB 的主要耗能部件，上述范围内仅叠合面间摩擦系数的变化对 SCBRB 支撑的复位效果和耗能能力的影响不大。系数 μ 在 0.35～0.45 时，SCBRB 有较好耗能能力的同时不会过多劣化复位效果。因实际自复位支撑中存在的摩擦区域较多，需进一步针对实际情况研究摩擦系数合理的取值范围。

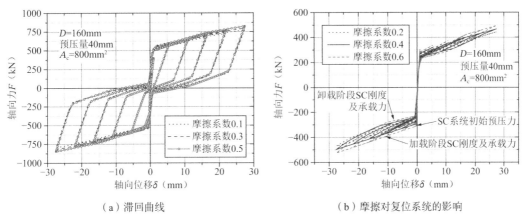

（a）滞回曲线　　　　　　　（b）摩擦对复位系统的影响

图 3.27　变化摩擦系数对 SCBRB 滞回曲线和复位系统的影响

（4）螺杆截面的影响

内、外螺杆的截面面积大小会影响螺杆刚度，进而影响支撑受拉刚度。取基准螺杆截面 $A_0 = 452.4\text{mm}^2$，对应 M24。螺杆由 A_0 增至 $5A_0$ 时，自复位系统受拉时启动位移减小，受拉侧刚度及承载力略有提高，残余变形略有减小，但上述变化幅度均较小。螺杆由 $5A_0$ 增至 $10A_0$ 时，SCBRB 滞回曲线几乎完全重合（图 3.28a），支撑受拉侧刚度及承载力几乎无变化，残余变形几乎相等。表明在基准螺杆截面的基础上，螺杆截面增大对 SCBRB 滞回性能的影响很小，特别是增至 $5A_0$ 后，不能进一步改善支撑滞回性能。

图 3.28b 给出了其中一根螺杆在不同截面面积下的应力-时间曲线，对应 1/30 层间侧移角时不同截面面积下的螺杆应力值及应力比值（σ_0/σ）见表 3.5，其中 σ_0 为基准螺杆截面面积对应螺杆应力，其大小为 117.787MPa。可见，随螺杆截面增大，螺杆轴向应力降低，且其应力大小与截面面积成反比。

综合分析，建议螺杆截面不宜过小，以免受拉时自复位系统的启动位移增大，支撑刚度降低，导致支撑拉、压两侧受力不均衡的趋势增大；螺杆截面亦不宜过大，过大的截面不会进一步改善支撑滞回性能，也不经济。合理的螺杆截面应当在支撑达最大受拉承载力时，螺杆依然处于弹性（应力小于其屈服应力），且螺杆截面可稍有富余使其应力不宜过高。本节模拟采用不同碟簧规格的算例中，螺杆最大工作应力分别为170MPa（对应 $D=100$mm）、150MPa（对应 $D=160$mm）、160MPa（$D=250$mm）。试验中螺杆最大工作应力为247MPa（对应 $D=100$mm）。综合本章试验研究和参数分析，建议采用 8.8 级且截面常用的高强度螺杆，螺杆最大工作应力与屈服应力之比宜控制在 0.2～0.5。

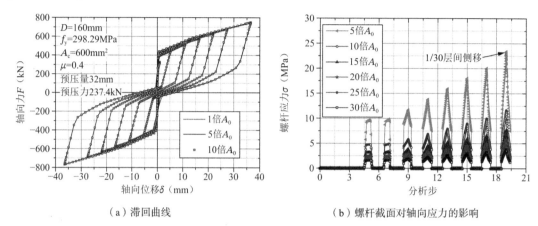

（a）滞回曲线　　　　　　　　　　　（b）螺杆截面对轴向应力的影响

图 3.28　变化内外螺杆截面对 SCBRB 滞回曲线和轴向应力的影响

1/30 层间侧移角下不同截面螺杆的应力及应力比　　　　　　　　表 3.5

螺杆面积（mm²）	A_0	$5A_0$	$10A_0$	$15A_0$	$20A_0$	$25A_0$	$30A_0$
应力 σ（MPa）	117.787	23.411	11.638	7.737	5.794	4.63	3.856
应力比值	1	5.03	10.12	15.22	20.33	25.44	30.55

（5）螺杆初始拉力的影响

为进一步分析初始拉力的影响，取螺杆截面为 M24，螺杆预拉应力分别为 14MPa、24MPa 和 32MPa。与试验（图 3.24）一致，模拟表明，与螺杆无初拉力的情况相比，随初始拉力的增大，SCBRB 受拉侧的启动前刚度逐渐增大，支撑拉压两侧初始刚度更一致（图 3.29）。拉应力为 14MPa、24MPa、32MPa 时，对应的内（或外）螺杆总初始拉力与组合碟簧预压力的比值分别为 21%、36%、49%，且螺杆初始拉应力从 24MPa 增至32MPa 时，SCBRB 滞回性能和初始受拉刚度提升不大。此外，试验中，内螺杆总预拉力约 48kN，外螺杆总预拉力约 75kN，与整个自复位系统的预压力（约 170kN）之比约分别为 28% 和 44%（两者均值约为 36%）。试验表明，螺杆的预拉力使自复位系统启动前试件受拉时刚度增大，使拉压作用下支撑初始刚度差别减小，拉压两侧的滞回性能更一致（图 3.24）。因此，结合试验和上述参数分析结果，为使 SCBRB 初始拉压刚度较一致，建议全部内（或外）螺杆的总预拉力大小约取为整个自复位系统预压力的 30%～40%。图 3.29b 还可见，即使预拉力不同，但在大幅位移加载下，螺杆最大应力差别甚微。这表明，通过预拉力可提高受拉侧的初始刚度，且并不会过多加大螺杆大幅受拉下的应力水平。

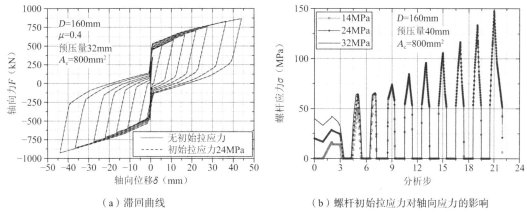

（a）滞回曲线　　　　　　　　　（b）螺杆初始拉应力对轴向应力的影响

图 3.29　变化内、外螺杆预拉力对 SCBRB 滞回曲线和轴向应力的影响

（6）屈服段长度的影响

保持自复位系统不变和钢板支撑总长度相同时，随屈服段长度增加，相同加载位移下屈服段应变减小，BRB 部分以及整个 SCBRB 的承载力降低（图 3.30a），相同加载位移幅值下复位比率增大。卸载后，SC 部分的承载力高出 BRB 部分的承载力幅度更大，复位效果更好，卸载后 SCBRB 的残余变形减小。结合试验和模拟结果，为改善支撑低周疲劳和复位效果，应改进构造来尽可能增大屈服段长度。

选用外径为 160mm 的碟簧规格，分别设计了屈服段长度为 886mm、碟簧对合组数为 16 组、预压量为 16mm 及屈服段长度为 1772mm、碟簧对合组数为 32 组、预压量为 32mm 的部分 SCBRB 算例。后者支撑总长近似为前者的 2 倍（钢板支撑弹性段长度不变）。由图 3.30b 可知，当长支撑变形是短支撑变形的 2 倍时，二者内置支撑屈服段应变相同，故 BRB 部分的轴力相同，此时碟簧的轴力也相同，因此，两支撑的总承载力相等，而长支撑的耗能增大。

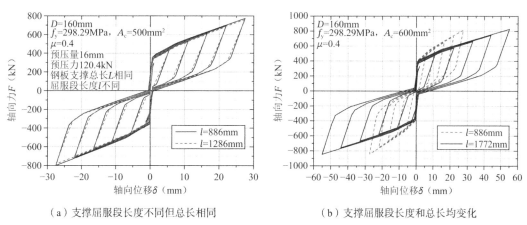

（a）支撑屈服段长度不同但总长相同　　　（b）支撑屈服段长度和总长均变化

图 3.30　变化支撑长度的 SCBRB 滞回曲线

（7）屈服应力的影响

因实际应用中钢材实测屈服应力的变化，取 A_c 和 f_y 分别为内置钢板支撑屈服段的横截面面积和屈服应力，基于屈服轴力 $A_c f_y$ 相等的原则，图 3.31 所示为屈服应力变化对

SCBRB 滞回性能的影响。分析可知，相同加载位移下，f_y 较低的 SCBRB 支撑承载力更高，但相差不大。由于自复位系统具有相同的初始预压力，钢板内芯屈服点降低后，对应 BRB 承载力提高，使得同级加载下 SCBRB 复位比率减小，复位效果变差，残余变形增大，但增大幅度很小。综上，可见不同钢板内芯屈服应力下，若其 BRB 的屈服轴力相等且复位力相同，则对应 SCBRB 的滞回性能近似相同。

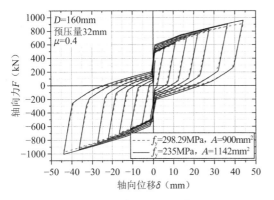
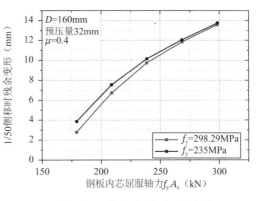

（a）支撑屈服应力不同但屈服轴力相同　　　　（b）支撑屈服轴力对残余变形的影响

图 3.31　变化支撑屈服应力对 SCBRB 滞回曲线和残余变形的影响

3.8.3　复位比率对残余变形影响分析

基于上述分析，依据不同复位比率取值对支撑残余变形的影响规律，来确定合理的复位比率取值范围。分析表明，相同轴向加载位移幅值下，支撑受压时的残余变形较大，故残余变形取值均基于支撑受压时所得。结合各算例复位系统的预压力和 1/50 加载侧移角下 BRB 的承载力，可算得复位比率 $\alpha_{sc}^{1/50}$。图 3.32 给出了不同复位比率 $\alpha_{sc}^{1/50}$ 下各支撑在 1/50 加载侧移角下的残余变形及残余侧移角 γ_r。残余侧移角的最大限值取 0.5%[15]，对应支撑的轴向残余变形为 5.5mm。由图 3.32 可知，随复位比率的增大，残余变形减小。复位比率过小时，支撑残余变形很大，达不到残余变形限值要求。当复位比率达到一定数值时，SCBRB 的残余侧移角小于 0.5%。此时，若继续增大复位比率，支撑的残余变形进一步减小甚至可忽略不计。但复位比率过大时，需自复位系统具备很高的预压力或者防屈曲支撑采用较小的截面，且过大的复位比率并不总能大幅减小残余变形（图 3.32）。自复位系统的预压量过大，其剩余后续可用的弹性变形能力相应减小，将使支撑的极限变形能力受限。同时应用中，相同设计轴力下复位系统部分预压力过大，还将导致防屈曲支撑部分的设计轴力大幅减小，将严重削弱支撑的耗能能力。综上，当复位比率大于 0.9 时，加载至 1/50 侧移角后卸载的残余侧移角小于 0.5%，若复位比率进一步增大到 1.1，支撑残余变形可忽略不计。总体上，当 $0.3 \leqslant \alpha_{sc}^{1/50} \leqslant 1.1$ 时，支撑残余侧移角与复位比率 $\alpha_{sc}^{1/50}$ 间呈线性关系，经线性回归，可得：$\gamma_r = -0.02\alpha_{sc}^{1/50} + 0.023$。可见，综合试验和数值模拟，若要控制 1/50 侧移角下结构的残余侧移不超过 0.5%，复位比率 $\alpha_{sc}^{1/50}$ 宜适当大于 0.9。当复位比率 $\alpha_{sc}^{1/50}$ 大于 1.1 时，其残余变形几乎消失。

考虑实际应用安全，将复位比率位于 0.3～1.1 间的回归曲线向上平移 2 倍的标准差，则得到的包络线为 $\gamma_r = -0.02\alpha_{sc}^{1/50} + 0.025$。若取所有数据的包络，则回归曲线向上平移得到包络线为 $\gamma_r = -0.02\alpha_{sc}^{1/50} + 0.026$。

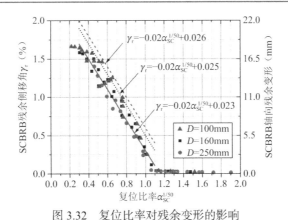

图 3.32 复位比率对残余变形的影响

3.9 考虑摩擦效应的复位系统的滞回模型探讨

SCBRB 由自复位系统及防屈曲支撑两部分并联组成，SCBRB 整体滞回模型可由两部分的滞回模型叠加得到。考虑摩擦力作用后，相同位移下，碟簧组合加载与卸载的承载力不同（图 2.2a）。基于第 2 章所给考虑无摩擦效应时自复位系统的恢复力模型，经过相应的承载力调整，可得自复位系统由受压开始并考虑摩擦效应后的恢复力模型，受拉时的承载力及位移均为正值（图 3.33）。

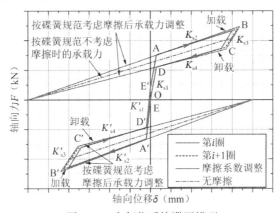

图 3.33 自复位系统滞回模型

由图 3.33 可知，在自复位系统拉、压每侧，根据刚度的不同，可各分为四个工作阶段，其中 K_{s1}（K'_{s1}）为自复位受拉（受压）时启动前的刚度，此时刚度主要与推拉杆、推拉块及导杆有关。自复位系统启动后，碟簧组合进一步被压缩，此时自复位系统的刚度主要与碟簧组合有关，故此阶段拉压两侧的刚度 K_{s2} 与 K'_{s2} 基本相等。当加载到某位移幅值后卸载，自复位系统的承载力急剧变化，此阶段刚度为 K_{s3}（K'_{s3}）。进入稳定卸载阶段时，自复位系统刚度趋于稳定，且此阶段刚度亦主要与碟簧组合刚度有关，拉压两侧刚度 K_{s4} 与 K'_{s4} 相等。经对算例分析结果的统计，自复位系统的刚度关系有如下近似关系：$K_{s3} \approx 2K_{s2}$，$K'_{s3} \approx 2K'_{s2}$，且 $K_{s3} \approx K'_{s3}$。

下面以单侧自复位系统受拉为例，阐述考虑摩擦力后自复位系统承载力的调整方法。由 2.2.1 节公式可得单片碟簧的承载力 F_d。不考虑摩擦时，自复位系统的承载力 $F_s = nF_d$，考虑摩擦效应后，基于变化摩擦系数的相关数值模型分析结果，并修正式(2.4)，得出考虑承载力修正及摩擦效应修正后单侧碟簧组合承载力 F_s 的计算公式：

$$F_s = \psi \cdot F_d \cdot \frac{n}{1 \pm f_M(n-1)} = \psi \cdot F_d \cdot \frac{n}{1 \pm (\mu/4)(n-1)} \quad (3.3)$$

式中，ψ 为承载力修正系数，其取值范围为 0.9～1.0，拉压两侧可根据需要选择不同的承载力修正系数；f_M 为《碟形弹簧　第 1 部分：计算》GB/T 1972.1—2023[45]中碟簧锥面间的摩擦系数；μ 为本章参数分析中碟簧叠合表面间的摩擦系数；f_M 与 μ 的换算关系为 $f_M = \mu/4$（图 3.34a～c）。

图 3.34a～c 给出了参数分析中不同摩擦系数下自复位系统（$D = 160mm$，初始压缩量为 40mm）的承载力与式(3.3)计算出的承载力的对比。图 3.34d、图 3.34e 给出了试验中 SC-1 试件的滞回模型计算结果（为和数值模拟统一，$\mu = 0.4$，则 $f_M = 0.1$；承载力修正系数受压侧取 0.98；受拉侧取 0.95），并分别与 SC-1 试件的模拟结果及试验结果进行了对比。此外，为考察上述 SC 滞回模型用于体现 SCBRB 滞回行为的有效性，将一定加载历程下由 SC 滞回模型计算出的承载力与相同加载位移历程下防屈曲支撑的承载力进行叠加，便可得到整个 SCBRB 的计算滞回曲线。防屈曲支撑部分的滞回模型采用 3.7.3 节中所述混合强化模型。图 3.34f 给出了由 SC 部分和防屈曲支撑部分进行叠加后的试件 SCBRB-3 的计算滞回曲线，并与其模拟结果进行了对比。经对比可看出，滞回模型的计算结果与模拟和试验结果吻合较好，表明本节基于碟簧标准，进行承载力及摩擦系数修正后给出的 SC 滞回模型（图 3.33）是合理的。

上述分析还表明，碟形弹簧国家标准[45]规定的 A 系列碟簧摩擦系数 f_M 的取值范围为 0.005～0.03 可能使 f_M 取值偏低，据此规定值并按式(2.4)计算，可能会低估组合碟簧叠合面间的摩擦效应。采用承载力修正系数 ψ 后，计算结果与模拟和试验结果更一致，总体上看，系数 ψ 接近 1.0，表明对于 A 系列碟簧，碟簧标准给出的承载力 F_d 的计算值与试验和模拟值均较接近。

对于自复位系统，综合第 2 章简化（即不考虑摩擦力）的恢复力模型和本章考虑摩擦力影响的滞回模型可知，当组合碟簧采用仅对合等摩擦作用较小的情况时，可直接采用简化的复位系统恢复力模型进行自复位支撑的设计。当叠合片数较多且摩擦作用较大时，建议采用本章考虑摩擦力影响的复位系统滞回模型进行自复位支撑的承载力和残余变形等方面的校核。

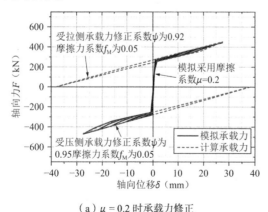

（a）$\mu = 0.2$ 时承载力修正

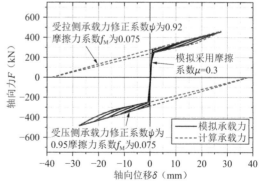

（b）$\mu = 0.3$ 时承载力修正

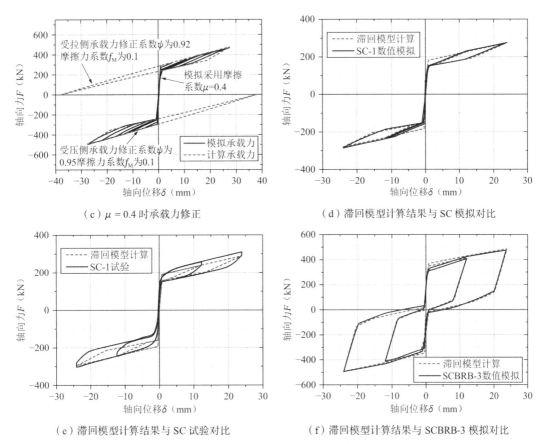

（c）$\mu = 0.4$ 时承载力修正

（d）滞回模型计算结果与 SC 模拟对比

（e）滞回模型计算结果与 SC 试验对比

（f）滞回模型计算结果与 SCBRB-3 模拟对比

图 3.34　滞回模型计算结果以及其与试验和模拟结果的对比

第4章　同轴组装组合碟簧自复位防屈曲支撑的试验、数值模拟和参数分析

4.1　引言

本章采用单串组合碟簧提供恢复力，探索组合碟簧内穿过防屈曲支撑的同轴组装新构造，尽可能实现防屈曲支撑和组合碟簧同心受力。实现碟簧内部空间的充分利用以及改进端部连接来尽量增长钢板支撑屈服段。同时，改变复位系统中拉杆的布置方案，使支撑拉压两侧启动前的刚度更均衡。

通过拟静力试验研究，考察了自复位系统的受力性能与 SCBRB 支撑的滞回特性，考察了不同复位比率对支撑残余变形控制效果以及耗能能力的影响。采用 ABAQUS 对试验试件进行数值模拟，并验证了模拟的可行性。在此基础上，建立了 SCBRB 的足尺模型，研究了构造参数的变化对支撑滞回性能的影响。给出 SCBRB 复位比率的合理取值建议。

4.2　同轴组装 SCBRB 的构造

同轴组装的 SCBRB 主要采用一个 BRB 部分（图 4.1 和图 4.2）来耗能，并采用一个装有组合碟簧的 SC 部分（图 4.3）来复位。SC 部分和 SCBRB 在往复轴向荷载下的工作原理见图 4.4。BRB 部分和 SC 部分通过两个端部连接部件并联工作（图 4.5）。

4.2.1　BRB 部分的构造

采用两种类型的 BRB 部分。每个 BRB 部分穿过一串组合碟簧的内圆周，且如果 BRB 部分受压失稳时 SC 部分的圆钢管可为其提供侧向约束。每个纯钢 BRB（图 4.1）采用 10.9 级 M10 高强度螺栓将一个内置钢板支撑和外部约束构件（由焊接矩形钢管的带孔钢板、填板和带孔的垫块组成）组装而成。为防止 BRB 部分整体失稳破坏，据屈服段实测横截面面积 $A_c = bt$ 和实测屈服应力 $f_y = 289.11\text{MPa}$，进一步算出计算长度为 L 的约束构件的屈曲承载力（$N_{cr} = (\pi^2 EI)/L^2$）和钢板支撑的实际屈服强度 $N_y = A_c f_y$。A_c 和 b 的实际尺寸（图 4.1 和图 4.2）见表 4.1，名义厚度为 10mm 的钢板支撑的实际厚度为 10.12mm。为简化计算，在计算绕钢板支撑弱轴的惯性矩 I 时，对于纯钢 BRB 部分和组合 BRB 部分均只考虑约束构件中的钢构件。钢构件的弹性模量 E 取 206000N/mm^2。计算可知，N_{cr}/N_y 大于 1.95，满足文献[1]中避免 BRB 整体失稳的要求。此外，轴压作用下 BRB 部分的最大承载力为 $N_{cmax} = \beta \omega N_y$。据采用类似无粘结处理的组装钢墙板或组合墙板内置无粘结钢板支撑的试验[78,79]，在层间侧移角约为 3.3%时，β 和 ω 的值分别约为 1.27 和 1.50。由于装有 BRB 部分的试验将在 3.5%的侧移角内进行，因此使用这些值来获得表 4.1 所示的 N_{cmax}。比值 N_{cr}/N_{cmax} 大于 1.0，再次表明 BRB 部分的整体稳定性可得到保证。需注意的是，虽然考虑约束构件的整体抗弯刚度满足了上述校核，但在

BRB 部分的约束构件外表面与 SC 部分的圆管内表面之间保留适当的间隙（图 4.5），以进一步获得圆管的潜在侧向约束，避免 BRB 部分发生局部弯曲等其他可能的破坏。

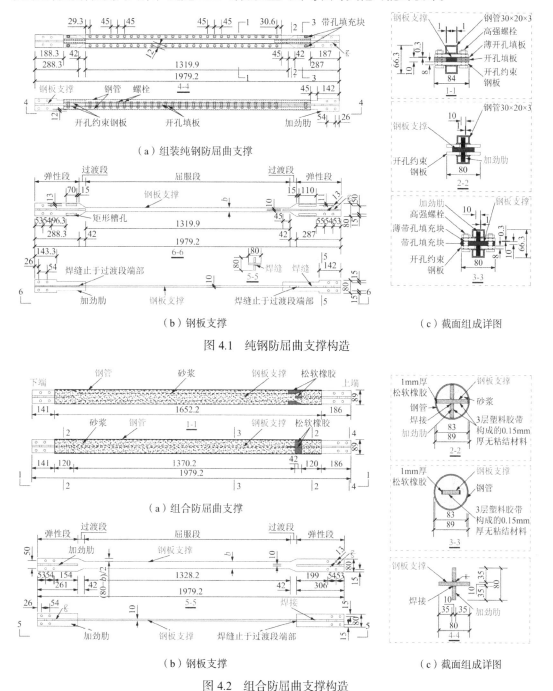

（a）组装纯钢防屈曲支撑

（b）钢板支撑

（c）截面组成详图

图 4.1　纯钢防屈曲支撑构造

（a）组合防屈曲支撑

（b）钢板支撑

（c）截面组成详图

图 4.2　组合防屈曲支撑构造

在制作过程中，沿钢板支撑厚度和宽度方向每侧的间隙分别为 0.15mm 和 1.0mm。在组合 BRB 部分分别用 3 层 0.05mm 厚的塑料胶带和 1mm 厚的软泡沫胶带（图 4.2）来留置这些间隙。纯钢 BRB 部分则通过开孔填板等留置空隙来实现。在约束构件与钢板支撑上端之间沿支撑长度方向留置 45mm 长的间隙（图 4.1）或粘贴 42mm 长的松软橡胶（图 4.2），以容许内置支撑的轴向变形。为减少摩擦作用，组装前在钢板支撑的表面涂刷一薄层润滑脂，每个组合 BRB 部分的外表面先涂润滑脂，然后穿过 SC 部分（图 4.5b）。在装配过程中，内置支撑的每端十字形截面弹性段（图 4.1 和图 4.2）通过 10.9 级 M12 高强度螺栓（图 4.5）直接连接到每个端部的四个角钢上。

BRB 部分的整体稳定性校核   表 4.1

BRB 部分的类型	试件名称	L（mm）	I（mm⁴）	N_{cr}（kN）	b（mm）	A_c（mm²）	N_y（kN）	N_{cr}/N_y	N_{cmax}（kN）	N_{cr}/N_{cmax}
钢	SCSBRB-1	1603.9	434235.3	343.2	24.82	251.2	72.6	4.73	138.30	2.48
	SCSBRB-2		433292.5	342.4	34.66	350.8	101.4	3.38	193.17	1.77
	SBRB				34.61	350.3	101.3	3.38	192.98	1.77
组合	SCCBRB-1	1652.2	750247.7	558.8	24.95	252.5	73.0	7.65	139.07	4.02
	SCCBRB-2				44.91	454.5	131.4	4.25	250.32	2.23
	CBRB				45.00	455.4	131.7	4.24	250.89	2.23

此外，由表 4.1、图 4.1 和图 4.2 可知，在 BRB 部分的轴向强度（N）-变形（δ_b）关系中（图 4.4f），钢板支撑屈服前后的轴向刚度分别表示为 K_{be} 和 K_{bp}。其中，$K_{be} = 1/(2/K_e + 2/K_t + 1/K_y)$。式中，$K_e$、$K_t$、$K_y$ 分别为钢板支撑弹性段、过渡段和屈服段的轴向弹性刚度。对于长度为 L 的每一段，代表性截面积为 A，其中过渡段取截面的平均值，因此轴向刚度为 EA/L。支撑屈服后，考虑屈服后超强，在图 4.4f 中轴向变形 δ_m 下，钢板支撑轴向受压和受拉承载力分别为 $\beta\omega N_y$ 和 ωN_y，基于超强可得到钢板支撑钢材的等效切向模量 E_t，从而简化 K_{bp} 的计算。例如，在 3.3%侧移角水平下，受压时 E_t 约为 $0.05E$，受拉时 E_t 约为 $0.03E$。因此，对于屈服段和过渡段的可能屈服部分采用 E_tA/L，对于其他弹性区段采用 EA/L，可以得到 K_{bp}。在图 4.4f 中，K'_{bp} 和 K_{bp} 分别表示受压和受拉屈服后的刚度。

4.2.2 SC 部分的构造

（1）组合碟簧的选用

根据轴向承载和变形能力的要求，SC 部分采用对合组合的组合碟簧（图 4.3），即每两片碟簧面对面或背靠背组合。综合考虑试件构造和试验加载装置的加载能力，单片碟簧的尺寸（图 4.3c）为 $D = 200$mm，$d = 104$mm，$t = 14$mm，$H_0 = 18.2$mm，$h_0 = 4.2$mm。在文献[45]中，对于上述尺寸的单片碟簧，轴向承载力 F_d 与变形 f 近似呈线性关系（此处 $h_0/t = 0.3 < 0.4$），为使碟簧处于弹性范围内，f 最大值为 $f_0 = 0.75h_0 = 3.15$mm。据文献[45]，考虑碟簧对合区域变形同步，无相对滑动，通常忽略对合区域的摩擦作用，因此一串 i 组对合碟的承载力 F_{dz} 与变形 f_z 见下式：

$$F_{dz} = F_d; \quad f_z = i \cdot f \tag{4.1}$$

碟簧实际厚度为 13.05mm，为确保足够的弹性变形能力，取 $i = 30$。由式(4.1)可知，最大变形能力 $f_z = i \cdot f_0 = 94.5$mm（图 4.6a）。为了保证整个支撑的复位力，在 i 组碟簧上施加轴向预压力 F_{s0}（图 4.6a 中 $F_{s0} = 122.51$kN，此时对应的预压变形 $\delta_0 = 36.93$mm）。因此，剩余可用的弹性变形能力约为 $i \cdot f_0 - \delta_0 = 57.57$mm（图 4.6a），近似对应最大水平侧移角 5.2%。

（2）SC 部分的构造和工作原理

在循环荷载作用下，始终保持碟簧处于受压状态，见图 4.3 和图 4.4。SC 部分包含 2 组拉杆，每组拉杆包含 6 个高强度拉杆，见图 4.3、图 4.4a 和 b。每个拉杆有螺纹并设置 3 个螺母，通过 2 个阶段传递拉力，包括第一阶段在 2 型和 3 型螺母间的区段施加预紧力，在第二阶段拉杆全长传递拉力。在装配过程中，首先，组合碟簧上的 F_{s0} 由总共 12 根拉杆的 2 型和 3 型螺母间的区段施加预拉力（图 4.4a）来实现（实际施压时可借助压力机施加到 F_{s0} 后紧固 2 型和 3 型螺母来辅助完成），这样，组合碟簧、12 根拉杆、两个推块形成自平衡系统。然后，将自平衡系统安装在上下推拉杆之间（图 4.3 和图 4.4a），并采用 1 型螺母连接形成 SC 部分。下推拉杆中的控制钢管为组合碟簧和推块提供导向作用，并穿入上推拉杆的钢管中，控制钢管与上述其他部件沿其横截面留置约 1.0mm 的空隙（图 4.3）。装配前在控制管外表面涂润滑脂来减少部件间可能的摩擦作用。据图 4.4a 所示的原理，当外部压、拉力超过 F_{s0} 时，碟簧会进一步压缩。外压力作用下，上、下推拉杆直接推动 2 个推块进一步压缩弹簧，所有拉杆都松动不受力。外拉力作用下，上、下推拉杆分别拉动每组 6 根拉杆以及下、上推块，进一步压缩碟簧（图 4.3 和图 4.4a）。碟簧的进一步压缩预示着 SC 部分自平衡系统的变化，称为启动点。受拉启动后，1 型和 3 型螺母之间的拉杆形成交错拉动（图 4.3 和图 4.4a）并进一步压缩碟簧。制作时，上、下推拉杆以及推块各自直接焊接制成，拉杆采用直径为 20mm 的 8.8 级高强度钢杆以避免屈服。上、下推拉杆在每端与端部连接部件采用螺栓连接（图 4.5）。

为考察每组拉杆轴向刚度对 SC 部分初始轴向刚度的影响，与上述采用每组 6 根杆的工作机制类似，从图 4.4a 和 b 中对称地去除 6 根拉杆，形成了另一种每组 3 根拉杆的配置，见图 4.4c。

此外，还考虑了一种与第 3 章研究中 SC 部件机制相似的构型，并对其进行理论分析比较，假设 SC 部件包含 3 组拉杆，每组采用沿整个构件轴线对称布置的 4 根拉杆，如图 4.4d 所示，在图 4.4a 中移除 SC 部分上的一些螺母。预压力 F_{s0} 由一组通过紧固 2 型和 3 型螺母（去除 1 型螺母）的 4 根杆施加（图 4.4d），形成新的自平衡系统，当组合碟簧进一步压缩时，这组杆不受力。另外 2 组均为去除 2 型螺母的 4 根拉杆（图 4.4d），SC 部分受拉启动后，它们用来形成交错拉动，其中一组对称分布的 4 根杆将上推拉杆与下部推块连起来，另一组将下推拉杆与上部推块连起来（图 4.4d），以传递支撑的拉力。可见，支撑受压且 SC 启动后，所有拉杆均不受力。

据图 4.4 中的配置，为获得试件 SC（或 S）仅含 SC 部分的轴向承载-变形关系，计算了第 i 个部件的轴向刚度 EA_i/L_i（表 4.2）。由于部件中的圆板、多边形板和端板沿支撑轴向刚度很大，不计其轴向刚度。因此，A_i 是第 i 部件中长度为 L_i 的细长部分的代表性横截面面积。E 取 206000N/mm²。对于自平衡系统的每种配置，施加预压力 F_{s0} 的拉杆的轴向刚度（K_5 或 K_9）远大于并联工作的组合碟簧的轴向刚度（K_8）（表 4.2），因此在启动点之前可忽略 K_8 的贡献。从图 4.4 和图 4.5 中可看出，仅含 SC 部分的试件，两端部件、自平衡系统和其他部件之间是通过串联来传递轴向荷载的（图 4.4e）。因此，考虑 $F_{s0} = 122.51$kN 时，仅含有 SC 部分的支撑的轴向荷载（F_s）-变形（δ_s）关系列于表 4.3 和表 4.4 中，试件 SC、S 和假设 SC 部分采用 3 组拉杆设置的支撑的轴向荷载（F_s）-变形（δ_s）关系分别见式(4.2)、式(4.3)和式(4.4)。负和正值分别代表受压和受拉。值得注意的是，支撑试件 S 的 F_s-δ_s 关系也可据表 4.3 并取 K_5、K_6 和 K_7 一半计算得出。式(4.2)中的 K_{s1} 和 K_{s2} 分别为 SC 在受拉启动前和启动后的轴向刚度，K'_{s1} 和 K'_{s2} 为 SC 在受压启动前和启动后的轴向刚度（图 4.4g）。

$$F_s(\text{kN}) = \begin{cases} K'_{s2}\delta_s - 121.61 = 3.07\delta_s - 121.61 & \delta_s < -\delta_{s0} \\ K'_{s1}\delta_s = 417.85\delta_s & -\delta_{s0} = -0.29\text{mm} \leqslant \delta_s \leqslant 0\text{mm} \\ K_{s1}\delta_s = 341.06\delta_s & 0\text{mm} \leqslant \delta_s \leqslant \delta_{s0} = 0.36\text{mm} \\ K_{s2}\delta_s + 121.42 = 3.04\delta_s + 121.42 & \delta_s > \delta_{s0} \end{cases} \tag{4.2}$$

$$F_{s}(kN) = \begin{cases} 3.07\delta_{s} - 121.32 & \delta_{s} < -0.39mm \\ 315.73\delta_{s} & -0.39mm \leqslant \delta_{s} \leqslant 0mm \\ 225.58\delta_{s} & 0mm \leqslant \delta_{s} \leqslant 0.54mm \\ 3.01\delta_{s} + 120.88 & \delta_{s} > 0.54mm \end{cases} \tag{4.3}$$

$$F_{s}(kN) = \begin{cases} 3.07\delta_{s} - 121.03 & \delta_{s} < -0.48mm \\ 253.69\delta_{s} & -0.48mm \leqslant \delta_{s} \leqslant 0mm \\ 108.25\delta_{s} & 0mm \leqslant \delta_{s} \leqslant 1.13mm \\ 3.03\delta_{s} + 119.09 & \delta_{s} > 1.13mm \end{cases} \tag{4.4}$$

式(4.2)~式(4.4)和表4.2表明,启动后仅含SC部分的试件刚度与组合碟簧刚度吻合较好,这反映了图4.4a和d的工作机理。还可发现,启动前,与SC相比,S和假设SC部分采用3组拉杆设置的支撑在拉压作用下的轴向刚度差异较大。总体上,采用3组拉杆的SC部分(图4.4d)的工作机理与第3章研究相似,SC部分受拉初始刚度低于受压初始刚度。因此,采用图4.3、图4.4b和图4.5所示的2组6根拉杆的配置可减小SC部分拉压两侧初始刚度的差异,因此本章所有SCBRB均采用此种配置。

此外,SC部分装配前,对图4.4a和b中的自平衡系统进行了3次轴压试验,图4.6b显示了轴压力和2个推块(图4.3、图4.5)中最靠近的两圆端板间的轴向相对位移曲线。由图4.6可知,总体上,据文献[45]预测的自平衡系统在轴力大于 $F_{s0} = 122.51kN$ 后的刚度与试验结果一致,这是因为自平衡系统启动后的轴向刚度与组合碟簧的轴向刚度基本吻合,这与图4.4a反映的实际机理一致。同时,由图4.6a可知,30片组合碟簧由自由高度加压后,轴压试验与文献[45]预测的刚度结果一致。由于文献[45]中不计对合碟簧之间的摩擦作用,文献[45]给出的预测加载和卸载曲线相互重合。实际上,试验表明,自平衡系统中各部件之间可能存在少量的摩擦作用,因此加载和卸载曲线略有差异(图4.6)。

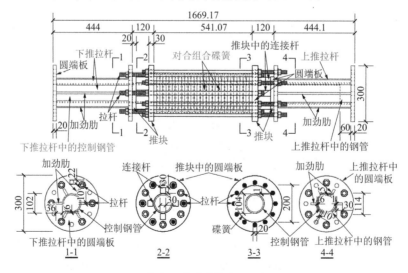

(a)SC部分的构造和尺寸

(b)SC部分的组成

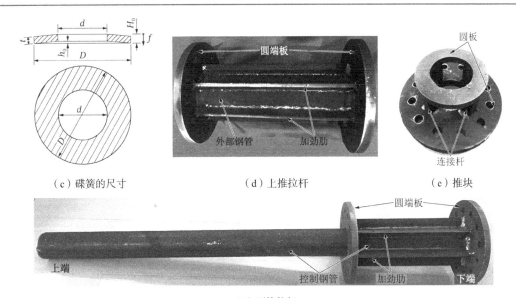

（c）碟簧的尺寸　　　　　　（d）上推拉杆　　　　　　（e）推块

（f）下推拉杆

图 4.3　SCBRB 和 SC 试件中自复位部分的构造

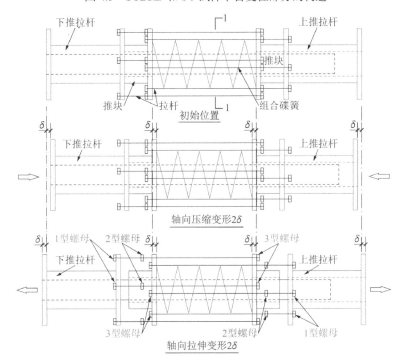

（a）试件 SCBRBs、SC 和 S 中采用 2 组拉杆的 SC 部分的工作机理

（b）试件 SC 和 SCBRB 采用 2 组拉杆的 SC 部分　　　（c）试件 S 中采用每组 3 根拉杆的 SC 部分

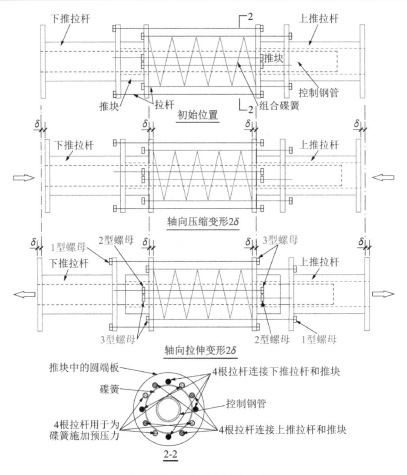

（d）假设采用 3 组拉杆的 SC 部分

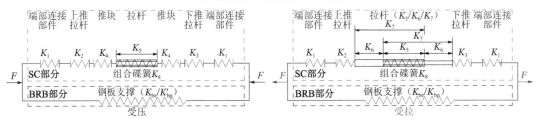

（e）拉、压作用下试件 SCBRB 的工作机制

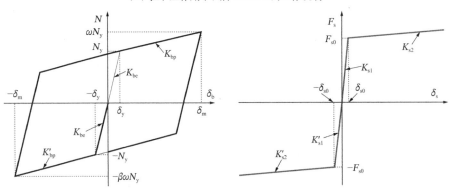

（f）BRB 部分的轴向承载力 N-变形 δ_b 关系　　（g）SC 部分的轴向承载力 F_s-变形 δ_s 关系

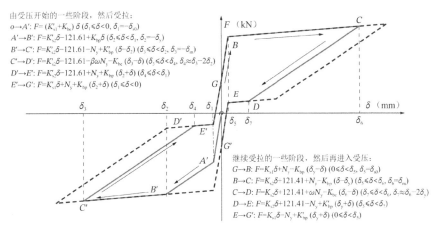

（h）SCBRB 的轴向承载力 F-变形 δ 关系

图 4.4　三种 SC 部分的简图、工作机制和 SCBRB 简化的荷载-位移曲线

SC 部分和端部部分的钢部件轴向刚度　　　　　　　表 4.2

参数	端部部分	上推拉杆	下推拉杆	推块	拉杆	组合碟簧
横截面积（mm^2）	3600.0	3512.2	3969.6	3600.0	3769.9a; 1468.8b; 1885.0c; 1256.6d; 1256.6e	—
长度（mm）	140	404.1	404	70	601.1a; 110b; 711.1c; 601.1d; 711.1e	546.0
轴向刚度（N/mm）	$K_1 = 25.71E$	$K_2 = 8.69E$	$K_3 = 9.83E$	$K_4 = 51.43E$	$K_5 = 6.27E$a; $K_6 = 13.35E$b; $K_7 = 2.65E$c; $K_9 = 2.09E$d; $K_{10} = 1.77E$e	$K_8 = 0.015E$

注：数值右上角标注的 a、b 和 c 分别对应 2 型和 3 型螺母间的 12 根拉杆区段、1 型和 2 型螺母间的 6 根拉杆区段和 1 型和 3 型螺母间的 6 根拉杆区段，见图 4.4a、b。数值右上角标注的 d 和 e 分别对应 2 型和 3 型螺母间的 4 根拉杆区段和 1 型和 3 型螺母间的 4 根拉杆区段（每组的 4 根拉杆连接上或下推拉杆与对应的推块），见图 4.4d。长度 546.0mm 为没有承受外力的组合碟簧的总自由高度。刚度 K_8 近似取图 4.6a 曲线斜率。

仅含有图 4.4a 两组拉杆 SC 部分的支撑试件 SC 的轴向承载力 F_s 和变形 δ_s 关系　　　　　　　表 4.3

荷载状态	启动前（$|F_s| \leqslant F_{s0}$）	启动后（$|F_s| > F_{s0}$）
受压	$\delta_s = \dfrac{2F_s}{K_1} + \dfrac{F_s}{K_2} + \dfrac{F_s}{K_3} + \dfrac{2F_s}{K_4} + \dfrac{F_s}{K_5} = 0.49\dfrac{F_s}{E}$	$\delta_s = \dfrac{2F_s}{K_1} + \dfrac{F_s}{K_2} + \dfrac{F_s}{K_3} + \dfrac{2F_s}{K_4} + \dfrac{F_s + F_{s0}}{K_8} - \dfrac{F_{s0}}{K_5}$ $= 67.00\dfrac{F_s}{E} + 66.51\dfrac{F_{s0}}{E}$
受拉	$\delta_s = \dfrac{2F_s}{K_1} + \dfrac{F_s}{K_2} + \dfrac{F_s}{K_3} + \dfrac{F_s}{K_5} + \dfrac{2F_s}{K_6} = 0.60\dfrac{F_s}{E}$	$\delta_s = \dfrac{2F_s}{K_1} + \dfrac{F_s}{K_2} + \dfrac{F_s}{K_3} + \dfrac{2(F_s - F_{s0})}{K_7} + \dfrac{F_{s0}}{K_5} + \dfrac{2F_{s0}}{K_6} + \dfrac{F_s - F_{s0}}{K_8}$ $= 67.72\dfrac{F_s}{E} - 67.11\dfrac{F_{s0}}{E}$

仅含有图 4.4d 三组拉杆 SC 部分的支撑试件的轴向承载力 F_s 和变形 δ_s 关系　　　　　　　表 4.4

荷载状态	启动前（$|F_s| \leqslant F_{s0}$）	启动后（$|F_s| > F_{s0}$）
受压	$\delta_s = \dfrac{2F_s}{K_1} + \dfrac{F_s}{K_2} + \dfrac{F_s}{K_3} + \dfrac{2F_s}{K_4} + \dfrac{F_s}{K_9} = 0.81\dfrac{F_s}{E}$	$\delta_s = \dfrac{2F_s}{K_1} + \dfrac{F_s}{K_2} + \dfrac{F_s}{K_3} + \dfrac{2F_s}{K_4} + \dfrac{F_s + F_{s0}}{K_8} - \dfrac{F_{s0}}{K_9}$ $= 67.00\dfrac{F_s}{E} + 66.19\dfrac{F_{s0}}{E}$
受拉	$\delta_s = \dfrac{2F_s}{K_1} + \dfrac{F_s}{K_2} + \dfrac{F_s}{K_3} + \dfrac{F_s}{K_9} + \dfrac{2F_s}{K_{10}} = 1.90\dfrac{F_s}{E}$	$\delta_s = \dfrac{2F_s}{K_1} + \dfrac{F_s}{K_2} + \dfrac{F_s}{K_3} + \dfrac{2F_s}{K_{10}} + \dfrac{F_{s0}}{K_9} + \dfrac{F_s - F_{s0}}{K_8}$ $= 68.09\dfrac{F_s}{E} - 66.19\dfrac{F_{s0}}{E}$

4.2.3　SCBRB 的构造

如图 4.5 所示，每个 SCBRB 试件包含一个可更换的 BRB 部分和采用 2 组拉杆的 SC 部分。组装 SCBRB 时，先组装每个 BRB 部分和 SC 部分（图 4.5b 和图 4.5c），然后将上端和下端连接部件定位并分别用角钢和圆端板与 BRB 部分和 SC 部分使用高强度螺栓连接（图 4.5c）。每个端部连接部件焊接形成（图 4.5），其中 4 个带开槽孔的角钢仅焊接在多边形板上。在并联装配过程中，先安装 SC 部分，然后对 BRB 部分进行组装，以防止 BRB 部分在测试前承受荷载（图 4.5）。纯钢 BRB 部分和组合 BRB 部分的横截面外周边与控制钢管内表面之间分别留置约 2.0mm 和 0.5mm 的空隙。

据图 4.5，带有纯钢 BRB 部分的 SCBRB 包括 2 个试件 SCSBRB-1 和 SCSBRB-2，带有组合 BRB 部分的 SCBRB 包括 2 个试件 SCCBRB-1 和 SCCBRB-2。如果没有 BRB 部分，仅采用图 4.4a 和 b 中 SC 部分的支撑试件记为 SC，对其进行了两次试验 SC-1 和 SC-2 来检查其性能的稳定性，仅采用图 4.4a 和 c 中 SC 部分的支撑试件记为 S。保留上、下推拉杆，去掉组合碟簧、推块和拉杆组成的自平衡系统后，仅保留纯钢 BRB 部分或组合 BRB 部分的支撑试件分别记为 SBRB 或 CBRB。仅用上端和下端连接部件连接上、下推拉杆的试件记为 T，以考察上、下推拉杆间的相互作用。综上，共进行 10 个试验，依次为 SCCBRB-1、SCCBRB-2、SC-1、SCSBRB-1、SCSBRB-2、SC-2、S、CBRB、SBRB 和 T。SCSBRB-1 和 SCCBRB-1 中钢板支撑屈服段名义宽度 b（图 4.1 和图 4.2）为 25mm，SCSBRB-2 和 SBRB 中 b 为 35mm，SCCBRB-2 和 CBRB 中 b 为 45mm。实际宽度 b 见表 4.1。

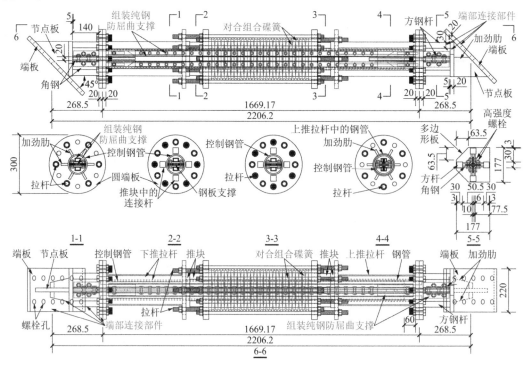

（a）装入组装纯钢防屈曲支撑的碟簧自复位支撑的构造和尺寸

（b）组合防屈曲支撑表面涂润滑脂然后穿入自复位系统

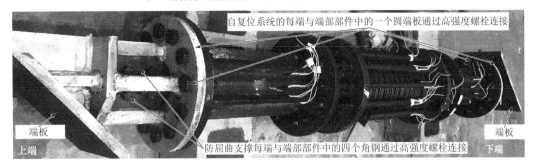

（c）自复位系统和防屈曲支撑部分与两端连接部件通过高强度螺栓连接

图 4.5　装有纯钢或组合防屈曲支撑的碟簧自复位支撑的构造

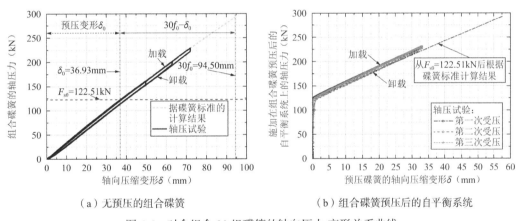

（a）无预压的组合碟簧　　　　　　（b）组合碟簧预压后的自平衡系统

图 4.6　对合组合 30 组碟簧的轴向压力-变形关系曲线

通过改变内置钢板支撑屈服段截面积，探讨复位比率 α_{sc} 对 4 个 SCBRB 试件抗震性能的影响。在设计阶段，比值 α_{sc} 定义为 F_{s0} 除以 N_{cmax}（$N_{cmax} = \beta\omega N_y$）。$\alpha_{sc}$ 的实际值将在试验后进一步计算。

此外，四个 SCBRB 试件中 BRB 和 SC 部分的并联工作原理见图 4.4e，考虑支撑由受压开始试验，其在循环轴向荷载下工作机制见图 4.4h。考虑 BRB 屈服前后荷载-位移曲线基本呈线性关系以及对合组合碟簧摩擦作用较小，图 4.4h 中并联的 BRB 和 SC 部分承载力叠加采用 BRB 和 SC 部分的简化双线性轴向承载-变形曲线分别见图 4.4f 和 g。

4.2.4　材料性能

根据厂家提供的材料证明，碟簧的材质为 60Si2MnA 钢，屈服应力为 1477MPa，极限应力为 1647MPa。试件中其他钢构件主要由 Q235B 钢制成。通过拉伸试验实测，Q235B 钢板支撑的屈服应力和极限应力分别为 289.11MPa 和 432.56MPa，弹性模量 E 为 1.85×10^5MPa，泊松比为 0.28。组合 BRB 试件内砂浆的平均抗压强度为 54.49MPa。

4.3 试验装置和加载制度

4.3.1 试验装置

加载用的梁柱铰接钢框架与第 3 章的相同，安装了 SCBRB 试件的加载装置如图 4.7a 和 b 所示。在加载梁两侧设置侧撑防止梁（图 4.7）面外移动，并用 LVDT 测量每个试件的水平位移。此外，为了考察约束构件，上、下推拉杆和拉杆等是否保持弹性，在这些部件上粘贴了应变片。

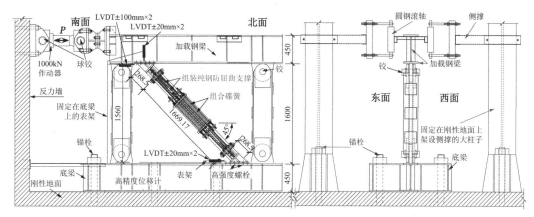

（a）装有一个 SCBRB 试件的试验加载装置示意图

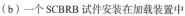

（b）一个 SCBRB 试件安装在加载装置中　　　　　（c）试件 SBRB 的试验

图 4.7　低周往复水平加载试验装置

4.3.2 加载制度

如图 4.8 所示，采用水平位移幅值 Δ 逐渐增大的加载方案，BRB 部分屈服后每级加载位移增量为 1 倍屈服位移 Δ_y。考虑到每个试件的垂直高度为 1560mm（图 4.7a），得到了各水平加载位移幅值对应的侧移角（图 4.8）。根据 SCBRB 和 BRB 内钢板支撑的屈服位移，加载历程包括两个阶段。总体上，第一阶段多数加载级试件处于弹性，每级一个循环。加载幅值依次为 ±0.35mm、±0.71mm、±1.06mm、±1.41mm、±1.77mm、±2.12mm、±2.47mm。

支撑屈服后进入第二阶段，每级 2 个循环，据图 4.1 和图 4.2 支撑长度尺寸并结合实测屈服应力近似估计的水平屈服位移增量 $\Delta_y = 2.828\text{mm}$。对合碟簧预压后的剩余轴向弹性变形能力约为 57.57mm（图 4.6），近似对应 5.2% 的水平侧移角。为保持关键部件的完整并在多次试验中重复使用，试验中峰值水平侧移角约为 3.5%，近似对应 $\Delta = \pm 54.6\text{mm}$（图 4.8），并对应纯钢 BRB 和组合 BRB 部件内钢板支撑屈服段轴向应变幅值分别为 0.0293 和 0.0291（图 4.1 和图 4.2）。根据文献[3]，试验测试中 BRB 的预期轴向变形至少需达到 2% 的层间侧移角。此外，研究[88]还表明，采用 SCBRB 的钢框架结构比采用 BRB 的钢框架结构的层间位移更大，因此建议幅值渐增的加载历程中最大侧移角分别达到 4.0% 和 3.5%，且最大侧移加载级仅采用一个循环。总体上，本试验采用的水平加载位移幅值基本呈线性增加至侧移角约 3.5%，且每级采用两个循环（图 4.8），这足以满足 BRB 部件累积非弹性变形能力的要求。由于其他无钢板支撑试件基本在弹性范围内工作，故采用与上述相同幅值的加载历程，但每级仅采用一个循环。

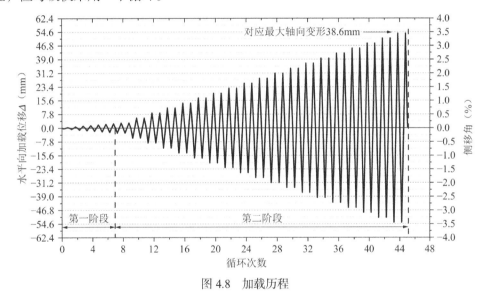

图 4.8　加载历程

4.4　试验结果

4.4.1　试件破坏现象

尽管 SC 部分在几次试验中重复使用，其部件仍保持完好。在 SCBRB 和 BRB 中，钢板支撑屈服段在经历了较大的塑性变形后局部受拉断裂破坏，断裂位置在过渡段附近（图 4.1、图 4.2、图 4.9）。图 4.9 所示为 SCSBRB-1、SCSBRB-2、SBRB 和 SCCBRB-2 中钢板支撑局部断裂情况。除了钢板支撑（图 4.9），试验中重复使用的其他部件在试验结束后均保持完整。钢管内填砂浆的组合约束构件也保持完整。但因组合构件一体制成，不能被重复利用。总体上，SCSBRB 和 SCCBRB 的滞回曲线和破坏现象类似（图 4.9 和图 4.10），表明组合和纯钢 BRB 部分均有好的受力性能。

在最大加载侧移角 3.5% 范围内，试件 SCSBRB-1、SCSBRB-2、SBRB、SCCBRB-1、SCCBRB-2、CBRB 的钢板内撑受拉断裂分别发生在峰值加载位移约 48.0mm、47.9mm、

48.2mm、51.2mm、50.3mm、48.4mm（图 4.10）下，对应的侧移角 3.1%～3.3%。因约束构件与内置支撑间留置空隙，导致受压钢板支撑发生微幅多波弯曲失稳。又因制作中沿钢板宽度方向空隙较大，故内置支撑沿其自身强轴的弯曲变形更明显（图 4.9）。

需注意的是，从图 4.10 中支撑断裂后受力性能可见，在超过 3% 的侧移角时，因 SC 部分保持完好，故钢板支撑的受拉断裂破坏并不是 SCBRB 的最终破坏。断裂的支撑在进一步受压时，除了 SC 部分提供抗力外，已断开的两段钢板支撑之间在断口闭合接触会使大位移下的抗压承载力有明显的恢复（图 4.10a），因此当受压承载力陡然恢复时，适时停止试验以避免约束构件和其他构件的意外破坏，从而确保可重复使用这些处于弹性的部件。作为尝试，对 SCCBRB-2 进行了支撑断裂后更多循环压缩试验（图 4.10a）。总体上，因约束能力足够，钢板支撑受压承载力陡然恢复阶段没有引发非预期的破坏。在进一步受拉时，上述断口接触作用消失，SCSBRB 和 SCCBRB 内钢板支撑受拉断裂后的滞回曲线总体上与 SC-1（或 SC-2）的滞回曲线一致（图 4.10a、图 4.11a）。组合碟簧具有稳定的变形能力，保证了 SC 部分的良好复位能力和整个自复位支撑的剩余承载力，有利于提高支撑的抗震性能。

（a）SCSBRB-1 中钢板支撑绕其强轴的多波弯曲失稳变形

（b）SCSBRB-2 中钢板支撑绕其强轴的多波弯曲失稳变形

（c）SBRB 中钢板支撑绕其强轴的多波弯曲失稳变形

（d）SCCBRB-2 中钢板支撑绕其强轴的多波弯曲失稳变形

图 4.9　试验后内置钢板支撑的残余变形

4.4.2　*P-Δ* 滞回曲线和曲线分离

图 4.10 和图 4.11 为各试件的水平荷载 *P*（负向受压和正向受拉）和水平位移 *Δ* 滞回曲线。图 4.10a、图 4.11a 和 c 中，SC、S 和 SCBRB 的滞回曲线均呈稳定的旗形，BRB 的滞回曲线如图 4.10b 所示。总体上，试件 T 在加卸载过程中的 *P-Δ* 曲线关系近似为线性关系（图 4.11b）。在钢板支撑屈服后和断裂前的每级两个循环加载中，各 SCBRB 或 BRB 试件的滞回曲线基本重合。

由图 4.11a 可见，SC-1 和 SC-2 两次试验的曲线基本相同，表明 SC 部分的工作性能稳定。与第 3 章做法类似，假设所有试件中 SC 部分的实际工作性能与 SC-1 和 SC-2 的工作性能大致相似，对 SCBRB 的滞回曲线分离来获得 BRB 部分的响应（图 4.12、图 4.13）。除 SCSBRB-2 外，其余 3 个 SCBRB 中的 SC 部分，根据相应 SCBRB 的位移历程，按图 4.11a 中 SC-1 曲线的力匹配，即可获得其各 SCBRB 中的水平力。考虑到 SC-1 和 SC-2 的滞回曲线差异不大，且 SC-2 的试验顺序在 SCSBRB-2 的试验之后进行，因此将 SCSBRB-2 的 SC 部分的滞回曲线与 SC-2 进行匹配，如图 4.11a 所示。例如，SCSBRB-1 中 SC 部分匹配出的曲线，如图 4.11d 所示，它与 SC-1 的滞回曲线基本吻合，表明上述匹配做法是合适的。将 SCSBRB-1、SCSBRB-2、SCCBRB-1 和 SCCBRB-2 中 SC 部分构建的曲线分别记为 SC-s1、SC-s2、SC-c1 和 SC-c2（图 4.11d 和图 4.13），对于相应的 BRB 部分，分别记为 SBRB-1、SBRB-2、CBRB-1 和 CBRB-2，通过从 SCBRB 的总水平力中减去相应 SC 部分匹配获得的水平力，可以得到对应 BRB 部分的水平力及其滞回曲线（图 4.12a～d）。同样，假设每个试件中上、下推拉杆中的两个穿插钢管与 T 试件中的两个穿插钢管的受力性能近似相似，据 T 试件的滞回曲线，匹配出 BRB 位移历程下的水平力，便可得到每个 BRB 中上、下推拉杆中的两个穿插钢管的滞回曲线。例如，SBRB 中两个穿插钢管的滞回曲线，记为 ST，见图 4.11b。因此，对于每个 BRB 试件中的 BRB 部分（SBRB 和 CBRB 分别记为 SB 和 CB），通过从 BRB 的总水平力中减去两个穿插钢管所抵抗的水平力，便可得到相应 BRB 部分的水平力及其滞回曲线，见图 4.12e、f。可发现，对于钢板支撑名义宽度相同的两个试件 BRB 和 SCBRB，通过上述匹配过程获取的 BRB 部分滞回曲线较接近（图 4.12e、f），表明上述匹配过程是合理的。同样，将 SC-1、SC-2 和 S 滞回曲线扣除两个穿插钢管的滞回曲线，所得的 SC 部分的滞回曲线分别记为 SC-01、SC-02 和 S-0，见图 4.14a、b。

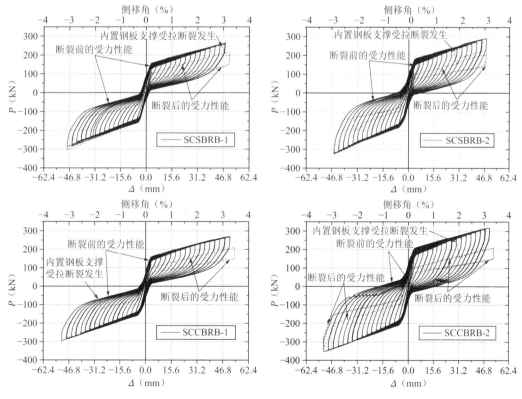

（a）SCBRB 试件的滞回曲线

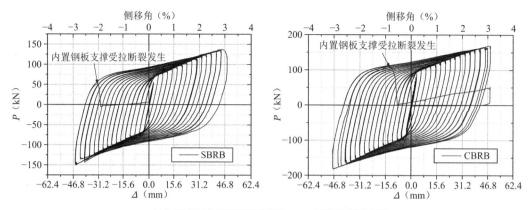

（b）带有两个穿插钢管作用的 BRB 试件的滞回曲线

图 4.10　试件的水平力-位移滞回曲线

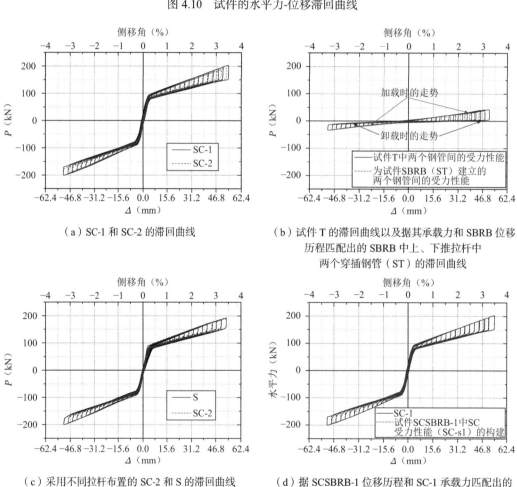

（a）SC-1 和 SC-2 的滞回曲线

（b）试件 T 的滞回曲线以及据其承载力和 SBRB 位移
历程匹配出的 SBRB 中上、下推拉杆中
两个穿插钢管（ST）的滞回曲线

（c）采用不同拉杆布置的 SC-2 和 S 的滞回曲线

（d）据 SCSBRB-1 位移历程和 SC-1 承载力匹配出的
SCSBRB-1 中 SC 部分的滞回曲线

图 4.11　一些试件中 SC 部分的水平力-位移滞回曲线

SCCBRB-2 的滞回曲线（图 4.10a 和图 4.12d）上存在局部荷载的小幅下降后又回升的现象，这是 BRB 部件端部与端部角钢之间的螺栓连接（图 4.5）产生的小滑动导致的。总体上，这对支撑工作性能的影响较小，且试验中未观察到明显的滑动。这种现象没有出现在具有几乎相同

钢板支撑截面的 CBRB 上（图 4.10b 和图 4.12f），表明应进一步提高使用四个角钢的螺栓连接的装配质量。实际上，从图 4.5 的构造可见，为便于将十字截面钢板支撑弹性段与每端四个角钢配合，十字截面钢板支撑弹性段与角钢之间不可避免地会存在间隙。同时，在保证十字形段制作质量的同时，制作中对角钢的定位还应保证尽可能减小间隙，从而确保高强度螺栓的装配质量，这提高了对制造和装配质量的要求，表明 BRB 部分的端部连接构造还需进一步探索。

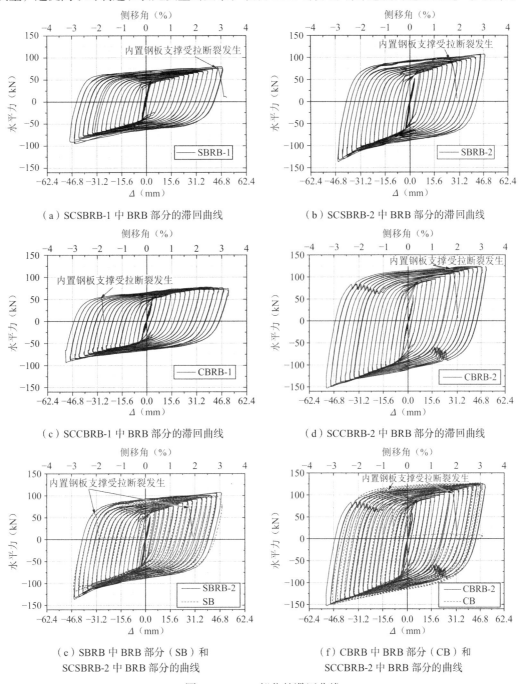

（a）SCSBRB-1 中 BRB 部分的滞回曲线　　　　（b）SCSBRB-2 中 BRB 部分的滞回曲线

（c）SCCBRB-1 中 BRB 部分的滞回曲线　　　　（d）SCCBRB-2 中 BRB 部分的滞回曲线

（e）SBRB 中 BRB 部分（SB）和
SCSBRB-2 中 BRB 部分的曲线

（f）CBRB 中 BRB 部分（CB）和
SCCBRB-2 中 BRB 部分的曲线

图 4.12　BRB 部分的滞回曲线

图 4.13 和图 4.14 是试件以及试件内 BRB 和 SC 部分的骨架曲线。总体上，骨架曲线

呈双折线。BRB 屈服使骨架曲线出现明显的拐点，屈服前后，BRB 部分的骨架曲线都近似呈线性。据图 4.13e，表 4.5 列出了钢板支撑的实际屈服位移。由于 BRB 部分内部约束构件与内置支撑间的摩擦作用以及钢板支撑应变硬化等效应，其极限承载能力大幅超过了初始屈服承载力（图 4.12 和图 4.13e）。对每个 SCBRB，为进一步分析 BRB 和 SC 部分对水平承载力的贡献，计算了承载力占比 P_{BRB}/P_{SCBRB} 和 P_{SC}/P_{SCBRB}，见图 4.13f。其中 P_{SCBRB}、P_{BRB} 和 P_{SC} 分别表示 SCBRB、BRB 部分和 SC 部分在相同位移下的水平承载力。计算表明，在 2%～3.5%侧移角范围内的 4 个 SCBRB 试件，P_{BRB}/P_{SCBRB} 和 P_{SC}/P_{SCBRB} 分别约为 27%～44%和 56%～73%，表明各 SCBRB 的承载力主要来自 SC 部件。

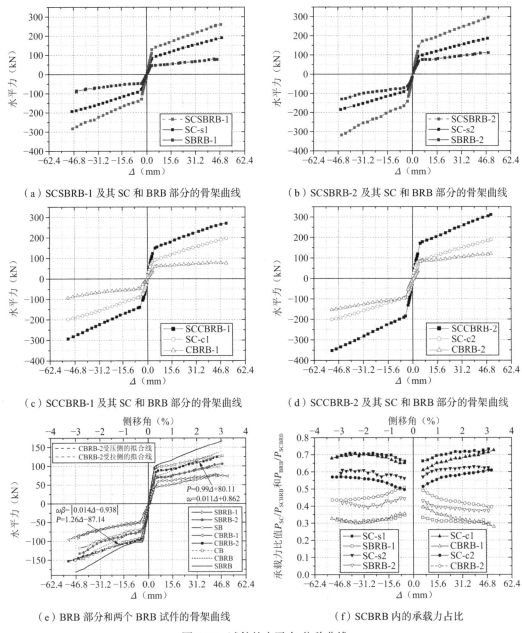

（a）SCSBRB-1 及其 SC 和 BRB 部分的骨架曲线

（b）SCSBRB-2 及其 SC 和 BRB 部分的骨架曲线

（c）SCCBRB-1 及其 SC 和 BRB 部分的骨架曲线

（d）SCCBRB-2 及其 SC 和 BRB 部分的骨架曲线

（e）BRB 部分和两个 BRB 试件的骨架曲线

（f）SCBRB 内的承载力占比

图 4.13　试件的水平力-位移曲线

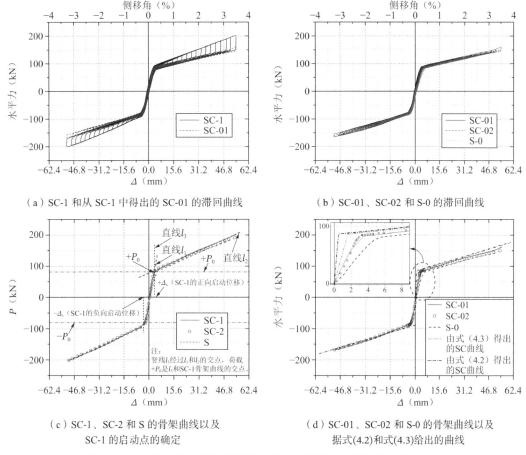

（a）SC-1 和从 SC-1 中得出的 SC-01 的滞回曲线　　（b）SC-01、SC-02 和 S-0 的滞回曲线

（c）SC-1、SC-2 和 S 的骨架曲线以及　　　　（d）SC-01、SC-02 和 S-0 的骨架曲线以及
　　　SC-1 的启动点的确定　　　　　　　　　　　　据式(4.2)和式(4.3)给出的曲线

图 4.14　SC 部分和扣除钢管受力外的 SC 部分的骨架曲线和滞回曲线

SC-1、SC-2 和 S 试验中，当加载位移接近启动位移时（图 4.14c），图 4.11 和图 4.14 试件刚度发生了明显变化，表明预压碟簧被进一步压缩。此外，图 4.14c 骨架曲线在启动位移前后都近似呈线性趋势，与第 3 章的方法类似，可用两条直线 l_1 和 l_2 来拟合骨架曲线（图 4.14c）。这样，便可获得启动位移 $+\Delta_s$（或 $-\Delta_s$）和相应的启动力 $+P_0$（或 $-P_0$）。以 SC-1 为例，图 4.14c 给出了启动点的确定过程，S 和 SC-2 的启动点确定也类似。启动力和位移见表 4.6。

4.5　试验结果分析

4.5.1　实际复位比率的确定

与第 3 章类似，某侧移角时，由 SCBRB 试验得到 BRB 部分轴向受压承载力（$N_{cmax} = \beta\omega N_y$）和 SC 部分启动力（$F_0$）后，便可确定该侧移角下实际复位比率 $\alpha_{sc} = F_0/\beta\omega N_y$。

首先，从图 4.13 a～e 曲线中考虑 BRB 部分屈服后的超强可得实际轴向力 $N_{cmax} = \beta\omega N_y$。考虑到钢板支撑屈服后的水平承载力与位移之间存在近似线性关系，为了高效地获取各 BRB 部分的轴向承载力和便于应用，表 4.5 中列出了两个线性拟合公式来计算 β 和 ω。例如，SCCBRB-2 中 BRB 部分（CBRB-2）的拟合公式见图 4.13e。表 4.5 还列出了 1/50

侧移角下的 β 和 ω，分别记为 $\beta_{1/50}$ 和 $\omega_{1/50}$。此外，根据支撑倾角将水平力转化为支撑轴力，还可从骨架曲线（图 4.13a~d）中直接获取相关侧移角下轴向受压承载力 $N_{cmax} = \beta\omega N_y$ 和受拉承载力 $N_{tmax} = \omega N_y$。此外，由前述各 SCBRB 中钢板支撑的实际横截面面积 A_c 和实际屈服应力 f_y 可得其轴向屈服轴力 $N_y = A_c f_y$，见表 4.1。

其次，因所有试件倾斜 45°（图 4.7a），可由 $F_0 = \sqrt{2}P_0$ 来确定 F_0。由图 4.14c 可见，据各试验曲线所获得的启动力 $+P_0$ 与 $-P_0$ 的大小接近（表 4.6），证实了为使 SC-1 或 SC-2 中组合碟簧启动所需施加的外部荷载几乎相同。因 $+P_0$ 和 $|-P_0|$ 值相差较小，因此基于 SC-1 和 SC-2，每个 SCBRB 的实际水平启动力 P_0 可以近似取 $+P_0$ 和 $|-P_0|$ 的平均值（表 4.6），即 P_0 实际取为 83.71kN。

试验获取的 BRB 部分的屈服位移等参数 表 4.5

BRB 部分	$-\Delta_y$（mm）	$+\Delta_y$（mm）	$\omega_{1/50}$	$\beta_{1/50}$	$\alpha_{sc}^{1/50}$	受拉（$\Delta > +\Delta_y$）	受压（$|\Delta| > |-\Delta_y|$）
SBRB-1	−3.20	3.25	1.29	1.07	1.184	$\omega = 0.016\Delta + 0.791$	$\omega\beta = |0.019\Delta - 0.784|$
SBRB-2	−3.41	3.61	1.32	1.14	0.779	$\omega = 0.013\Delta + 0.912$	$\omega\beta = |0.020\Delta - 0.874|$
SB	−3.93	3.70	1.26	1.10	—	$\omega = 0.011\Delta + 0.918$	$\omega\beta = |0.017\Delta - 0.856|$
CBRB-1	−4.74	4.89	1.40	0.99	1.168	$\omega = 0.010\Delta + 1.091$	$\omega\beta = |0.017\Delta - 0.858|$
CBRB-2	−4.56	4.75	1.21	1.14	0.655	$\omega = 0.011\Delta + 0.862$	$\omega\beta = |0.014\Delta - 0.938|$
CB	−3.91	4.02	1.26	1.08	—	$\omega = 0.008\Delta + 1.009$	$\omega\beta = |0.015\Delta - 0.894|$

注：表中所列的 6 个 BRB 部分分别按顺序来自表 4.1 所列的试件。屈服位移 $-\Delta_y$ 和 $+\Delta_y$ 表示两个水平方向的实测值。

最后，便可得到实际比值 α_{sc} 与水平位移 Δ 的关系，见图 4.15a，据此可确定相应侧移角下 α_{sc} 的值。可见，随水平侧移角的增加，BRB 部分承载力因超强而逐渐增大，导致 α_{sc} 减小。在侧移角 1/50 下，α_{sc} 表示为 $\alpha_{sc}^{1/50}$，见表 4.5。

试件 SC 和 S 的水平向启动力和启动位移 表 4.6

试验	$-\Delta_s$（mm）	$+\Delta_s$（mm）	$|-P_0|$（kN）	$+P_0$（kN）
SC-1	−3.25	3.27	82.74	84.24
SC-2	−2.85	2.97	82.40	85.47
S	−3.03	4.68	82.58	80.49

4.5.2 残余变形的变化规律

与 BRB 试件不同，四个 SCBRB 试件均能很好地控制残余变形 $\Delta_r = 1560\gamma_r$（图 4.15b），其中，1560mm 为支撑高度，γ_r 为残余侧移角。总体上，相同水平侧移角下，随 SCBRB 实际复位比率 α_{sc} 的增大，残余变形量减小（图 4.15a），且 α_{sc} 最小的 SCCBRB-2 的残余变形量在 4 个 SCBRB 中最大。侧移角 2% 时，$\alpha_{sc}^{1/50}$ 为 0.655 的 SCCBRB-2 的 γ_r 接近 0.5%（图 4.15b），$\alpha_{sc}^{1/50}$ 不小于 0.779 的其他 3 个 SCBRB 的 γ_r 在 0.26% 以内（图 4.15b）。而侧移角 2% 时，SBRB 和 CBRB 的 γ_r 为 1.65%~1.74%，对应 25.76~27.09mm（图 4.15b），远大于 SCCBRB-2 的残余变形量，表明 SCBRB 中采用 SC 部分对残余侧移的控制是有效的。图 4.15a 中拟合的指数公式 $\gamma_r^{1/50} = 0.0015e^{0.12/(\alpha_{sc}^{1/50} - 0.56)}$ 可近似反映 1/50 侧移角下 $\gamma_r^{1/50}$ 与

$\alpha_{sc}^{1/50}$ 复位比率在 0.655～1.184 范围内的关系。

由该公式可知，$\alpha_{sc}^{1/50}$ 大于 0.660 时，$\gamma_r^{1/50}$ 的侧移角小于 0.5%。当 $\alpha_{sc}^{1/50}$ 比值大于 0.977 时，$\gamma_r^{1/50}$ 近似在 0.20% 以内，接近表 4.6 中 SC-1 和 SC-2 的启动位移，表明 $\alpha_{sc}^{1/50}$ 取 1.0 左右的 SCBRB 有望消除残余变形。

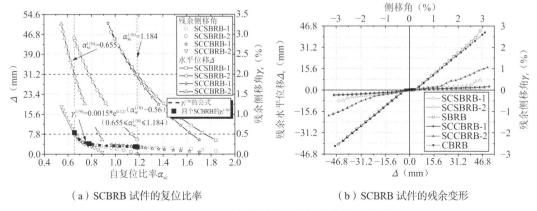

（a）SCBRB 试件的复位比率　　　　　（b）SCBRB 试件的残余变形

图 4.15　SCBRB 试件的残余变形随复位比率的变化

4.5.3　推拉杆的两钢管间相互作用对 SC 部件受力性能的影响

在 SCBRB、SC-1 和 SC-2 的试验后，对保留 6 根拉杆的试件 S 进行试验来考察拉杆布置对 SC 部分抗拉刚度的影响（图 4.4c）。由图 4.11 和图 4.14c 可知，在启动前，与 SC-1 和 SC-2 相比，S 试件的初始受拉刚度较低，这是因 S 试件两组拉杆的轴向刚度（图 4.14c）均是 SC-1 和 SC-2 中轴向刚度的一半。启动前，SC-1 和 SC-2 的初始受拉刚度接近初始受压刚度，这有利于 SCBRB 的应用，表明 SC-1 和 SC-2 采用的拉杆配置（图 4.4a 和 b）更有利于减小拉压两侧刚度的差异。SC 部分受拉启动后，S 和 SC-1（或 SC-2）的轴向刚度主要取决于组合碟簧，因此受拉刚度几乎相同（图 4.14c）。

在水平往复荷载作用下，SC 部分下推拉杆的控制钢管和上推拉杆的钢管（图 4.3～图 4.5）的接触会使钢管间承受弯矩和剪力，并由垂直于管长的接触力而产生沿钢管长度方向的摩擦作用。垂直于支撑长度的剪力和沿支撑长度的摩擦作用都将为 SC-1、SC-2 和 S 提供额外的水平承载力（图 4.11b）。值得注意的是，轴向荷载（图 4.6b）作用下 SC 部分两钢管的相互作用与水平荷载（图 4.11a～c）作用下两钢管的相互作用是不同的，因为前者没有垂直于管长的接触力，几乎无任何轴向抗力，而后者确实可为 SC 部分提供水平向承载力（图 4.11b）。

总体上，由式(4.2)和式(4.3)的计算也可以反映出拉杆的布置对初始受拉刚度的影响。实际上，式(4.2)和式(4.3)的预测仅考虑 SC 部分承受轴向荷载，这与试验中 SC-1、SC-2 和 S 承受水平荷载不同。如前所述，据试件 T 中两管相互作用的水平向加载试验结果（图 4.11b），得到 SC-1、SC-2 和 S 试验中除去钢管相互作用后的滞回曲线，分别记为 SC-01、SC-02 和 S-0，见图 4.14a 和 b。SC-01、SC-02 和 S-0 的骨架曲线见图 4.14d。在排除两管之间的相互作用后，用式(4.2)、式(4.3)预测了轴向力与轴向变形的关系，转化为水平方向并与试验结果对比，见图 4.14d。试验和预测结果都表明，与 SC-01 和 SC-02 相比，S-0 的初始受拉刚度因 S 中拉杆的配置而降低（图 4.4c），再次表明应用中应优先选用 SC-1 和 SC-2 中的拉杆配置方案。此外，由于潜在的间隙、制造和装配误差等实际情况的影响，SC-01、

SC-02 和 S-0 初始受拉和受压刚度的理论预测结果均大于试验结果。这表明，应结合实际情况对公式进行进一步修改，从而更准确地预测仅含 SC 部件的试件的实际初始刚度和启动位移。总体上，预测得到的启动力和启动后的刚度与试验结果吻合较好（图 4.14d），表明试验中采用的构造和装配工艺能够较好地保证 SC 部件的工作性能。

此外，在排除 SC-1、SC-2 和 S 两钢管之间的相互作用后，由图 4.14a 和 b 中 SC-01、SC-02 和 S-0 的滞回曲线可见，对合组合碟簧的能量耗散几乎可忽略，这与图 4.6b 中组合碟簧的受力性能一致。例如，对比 SC-1 和 SC-01 的滞回曲线（图 4.14a）可以发现，虽然 SC 部分控制钢管主要是为组合碟簧提供潜在的横向约束，但实际上两钢管之间的相互作用为 SC 部分提供了额外的水平承载力和耗能能力（图 4.11b 和图 4.14a）。因此，进一步的研究中，可明确相互作用从而有效利用这一相互作用，或者改进构造避免这一相互作用从而简化 SC 部分在水平荷载作用下的工作机制。

4.5.4　承载力和延性

对于 SCBRB 和 BRB，基于图 4.10、图 4.12 和图 4.13 的一些结果见表 4.7。因 BRB 部件内钢板支撑的屈服使水平荷载作用下 SCBRB 和 BRB 有明显的屈服现象（图 4.12、图 4.13a～e），因此 SCBRB 和 BRB 的屈服位移（$\pm\Delta_y$）和屈服强度（$\pm P_y$）直接由图 4.13 a～e 曲线得出，分别列于表 4.5 和表 4.7 中。$\pm\Delta_u$ 和 $\pm P_u$ 为图 4.10 中钢板支撑受拉断裂前的最大值，表 4.7 的延性为两个加载方向上 Δ_u/Δ_y 的平均值。此外，采用文献[83]的方法计算了各试件钢板支撑的累计非弹性轴向变形（η）（表 4.7）。结果表明，各试件的 BRB 部分所获得的 η 值均满足文献[3]规定的最小值 200。

此外，若在支撑钢框架中使用 SCBRB，类似于使用 BRB 的支撑钢框架结构采用的能力设计[3,18,23,81]，与 SCBRB 连接的被撑框架构件和连接的设计也需考虑 SCBRB 在相关位移下的预期承载力。对于每个 SCBRB，SC 部分保持弹性且其承载力几乎呈线性增长（图 4.13a～d），SCBRB 的强度 $\pm P_u$ 除了 SC 部分的贡献外，还包括 BRB 部分屈服后超强的贡献。因此，为便于计算 BRB 部分的预期承载力，表 4.5 中列出了用于反映文献[3]中超强来源的系数 ω 和 β，从而考虑它们对每个 BRB 部分的承载力贡献。分析可知，各试件 BRB 部分的 $\pm P_u$ 都远大于 $\pm P_y$（表 4.7）。为综合考察试件的超强，还可由图 4.13a～e 计算出各侧移角下两个加载方向上的平均强度与屈服强度 $\pm P_y$ 之比。例如，表 4.7 中列出了两侧移幅值 $\pm\Delta_u$ 和 31.2mm（对应侧移角为 1/50）下 P_u/P_y 和 $P_{1/50}/P_y$ 的比值。

试验结果　　　　　　　　　　　表 4.7

试件编号	$-P_y$ (kN)	$+P_y$ (kN)	$-P_{1/50}$ (kN)	$+P_{1/50}$ (kN)	$-P_u$ (kN)	$+P_u$ (kN)	$-\Delta_u$ (mm)	$+\Delta_u$ (mm)	Δ_u/Δ_y	$P_{1/50}/P_y$	P_u/P_y	η
SCSBRB-1	−130.29	128.48	−223.88	214.45	−284.11	262.30	−48.18	48.00	14.91	1.69	2.11	894.9
SCSBRB-2	−144.49	140.55	−255.87	240.66	−324.05	290.90	−45.40	47.88	13.29	1.74	2.16	754.5
SBRB	−77.63	73.29	−117.15	116.69	−150.18	136.85	−45.60	48.17	12.31	1.55	1.90	668.3
SCCBRB-1	−141.37	148.33	−226.43	226.03	−295.75	269.96	−51.16	51.17	10.63	1.56	1.96	620.9
SCCBRB-2	−184.14	175.24	−284.59	263.74	−353.18	317.68	−51.58	50.33	10.95	1.53	1.87	655.2
CBRB	−102.50	100.54	−146.79	145.89	−182.15	169.00	−47.60	48.38	12.10	1.44	1.73	651.2

注：比值 Δ_u/Δ_y，$P_{1/50}/P_y$ 和 P_u/P_y 均为两个受力方向的平均值。

4.5.5　耗能能力

以 SCSBRB-2 和 SCCBRB-2 为例，图 4.16a 和 b 给出了内置钢板支撑受拉断裂前的累积耗能能力。需注意的是，在每级加载侧移角下，取第二循环结束时刻计算累积耗能。可见，每个 SCBRB 的耗能主要来自 BRB 部分。据钢板支撑的配置可知，因每对 BRB 部分（SBRB-1 和 CBRB-1、SB 和 SBRB-2 或 CB 和 CBRB-2）的屈服段截面几乎相同（表 4.1 和表 4.5），因此每对 BRB 部分在相同侧移角水平下的累积能量也几乎相同（图 4.16c）。特别是，SBRB-1 和 CBRB-1 的耗能比较进一步表明，在 BRB 部分中既可使用钢管内填砂浆的组合约束构件，也可使用钢制约束构件。

从图 4.15a 和图 4.16a、b 可见，因采用相同的 SC 部分，随加载侧移角的增加，每个 SCBRB 的耗能能力增加，α_{sc} 比值减小。为进一步量化每个 SCBRB 的 SC 部分和 BRB 部分的耗能能力，定义了耗能比值 E_{SC}/E_{SCBRB} 和 E_{BRB}/E_{SCBRB}，见图 4.16d，其中 E_{SCBRB}、E_{SC} 和 E_{BRB} 分别代表 SCBRB、SC 部分和 BRB 部分的耗能。结果表明，在 2%～3.5% 的侧移角范围内，约 82%～92% 的耗能来自 BRB 部分，约 13%～21% 的耗能来自 SC 部分。由图 4.11a、b 和图 4.14b 可知，除 BRB 部分外，SCBRB 的额外耗能主要来自上下推拉杆两钢管之间的相互作用，以及 SC 部分其他部件之间的摩擦作用。

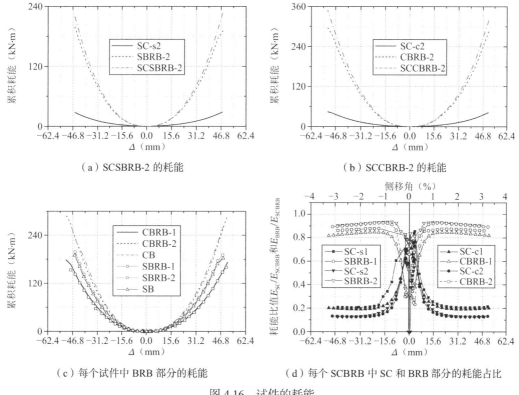

（a）SCSBRB-2 的耗能　　　　　　　　（b）SCCBRB-2 的耗能

（c）每个试件中 BRB 部分的耗能　　　（d）每个 SCBRB 中 SC 和 BRB 部分的耗能占比

图 4.16　试件的耗能

4.6　试验小结

通过对不同构造的同轴组装 SCBRB 试件的试验研究，主要结论和建议如下：

（1）试验表明，组合碟簧能很好地提供复位力和轴向弹性变形能力，带有纯钢或组合 BRB 部件的 SCBRB 在钢板支撑断裂前表现出稳定的旗形滞回曲线。在钢板支撑断裂后，碟簧良好的变形能力仍能保持 SC 部分的承载力，进而维持 SCBRB 的剩余承载能力，有利于 SCBRB 的抗震性能。因此，试验中 SCBRB 的构造可供实际应用参考。钢板支撑屈服后超强和弹性 SC 部分的强度几乎呈线性增长，导致整体 SCBRB 在支撑屈服后承载力增幅明显。总体上，SC 部分启动位移与 BRB 部分的屈服位移接近，因此 SCBRB、BRB 和 SC 试件的骨架曲线均呈双折线。在 2% 的侧移角下，若将残余侧移角限制在 0.5% 以内，建议 SCBRB 的复位比率 $\alpha_{sc}^{1/50}$ 应大于 0.66；$\alpha_{sc}^{1/50}$ 取约 1.0 时，可将残余变形限制在 SC 部分的启动位移范围内，几乎消除残余侧移角。

（2）公式预测结果表明，与采用 3 组拉杆的 SC 部分相比，采用 2 组 6 根拉杆的 SC 部分在受拉时的启动位移（或初始刚度）更接近于受压时的启动位移（或初始刚度），其受力性能更对称，有利于 SC 部分的应用。此外，试验表明，虽然 SC 部分中控制钢管主要为组合碟簧提供导向作用，但两钢管间的相互作用为 SC 部分提供了水平向承载力和耗能。在后续研究中，可进一步研究并有效地利用这种相互作用，或改进构造来避免这种相互作用，从而简化 SC 部分在水平往复荷载作用下的工作机制。

（3）试验表明，具有相同 SC 部件的 SCBRB 耗能主要来自 BRB 部分。同时，SCBRB 的水平向承载力主要来自 SC 部分。总体上，4 个 SCBRB 在 2%～3.5% 侧移角范围内，13%～21% 的能量耗散来自 SC 部分，表明 SC 部分除了提供复位力外，还可为整个 SCBRB 提供额外的耗能能力。BRB 部分和 SC 部分的水平向承载力占比分别为 27%～44% 和 56%～73%。

（4）组合和纯钢 BRB 部分的约束构件均未破坏。与整体浇筑制成的组合 BRB 部分相比，实际应用中组装纯钢 BRB 部分易于重复利用约束构件和检修内置钢板支撑。可进一步探索 BRB 部分的端部连接构造，以便于制作和组装。

4.7　试验的数值模拟分析

采用 ABAQUS 建模，依据试验的位移加载幅值，模拟中采用水平向加载，每级循环一圈。

4.7.1　组合碟簧的有限元模型和分析

组合碟簧、上下推拉杆、上下推块以及上下端部连接部件的组成板件、内置钢板支撑均采用 S4R 壳单元模拟。组合碟簧的建模与第 3 章类似。模拟发现，单元数量对荷载-位移曲线模拟结果的影响很小。图 4.17 所示的三种网格数量下最大应力分别为 1167MPa、1171MPa、1172MPa，随着网格数量的增加略有增大，均低于碟簧材料的屈服应力，表明受压碟簧始终处于弹性。为提高计算效率，后续建模中均采用 336 个单元模拟单片碟簧，由于采用单片对合的组合碟簧，碟簧支承面间摩擦作用甚微，为提高模型的收敛性与计算效率，碟簧间相互作用关系采用锥形面边缘耦合沿支撑轴向自由度的方法建立。

因拉杆在支撑受压状态下退出工作，为模拟拉杆只受拉、不受压的工作机理，采用索单元模拟拉杆，按试验中螺杆两端螺母的实际间距 686mm 建立 T3D2 桁架单元。由于 1 根螺杆有 3 个受力点，因此需将拉杆在 2 型螺母处分割，便于对该处施加相互作用。分割后，螺杆短段长度为 115mm，长段长度为 571mm。螺杆的弹性模量 $E = 2.06 \times 10^5 \text{MPa}$，泊松比取 0.3。

考虑 2 型螺母在组合碟簧受力超过预压力后会与推块端板分离，整根拉杆受力状态一致。为便于模拟此受力机理，加入环状的 20mm 厚拉杆挡板部件。该部件与本侧的 6 根拉杆中部分割点完全耦合，挡板的作用就如同固定在拉杆上的 2 型螺母，即拉杆挡板相当于 6 个 2 型螺母，虽然建模中为了便利采用一整块挡板式代替 6 个螺母，但作用是相同的。为便于对拉杆挡板施加相互作用，在拉杆挡板对应螺母位置处划分扇形区域。同时，为对组合碟簧合理施加预压力，额外引入碟簧挡板部件并将其划分为相应区域用于后续相互作用的施加，见图 4.18。需特别指出的是，拉杆挡板是用于模拟 2 型螺母的作用，而碟簧挡板是用于对碟簧组合施加预压力的部件。

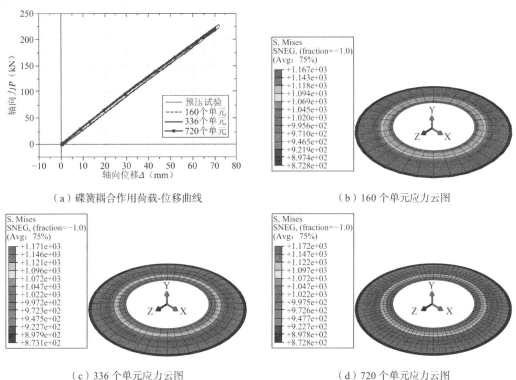

（a）碟簧耦合作用荷载-位移曲线　　　　（b）160 个单元应力云图

（c）336 个单元应力云图　　　　（d）720 个单元应力云图

图 4.17　碟簧耦合作用模拟结果

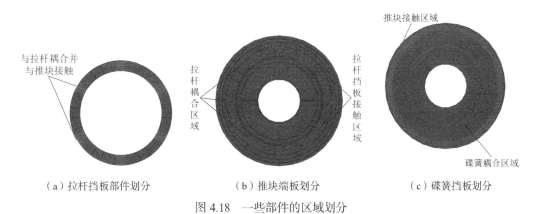

（a）拉杆挡板部件划分　　（b）推块端板划分　　（c）碟簧挡板划分

图 4.18　一些部件的区域划分

2 组拉杆（高强度的螺杆）中每组 6 根，以图 4.19 中连接上推拉杆与下部推块的拉杆组合为例，说明拉杆相互作用的建立方式。拉杆组合上下端分别连接至上推拉杆下端板与下部推块上端板，可将每根拉杆的上下端直接与板件对应区域施加 MPC 多点约束。同时，拉杆中部 2 型螺母对应位置处分割点与对应挡板扇形区域耦合所有自由度。同时，拉杆挡板相应区域与上部推块端板建立面面接触，这样，挡板一方面与拉杆的连接，另一方面在碟簧所受压力超过预压力时也可与推块端板分离，可模拟出 2 型螺母的受力机理。另一组螺杆组合的相互作用建立方法同理。

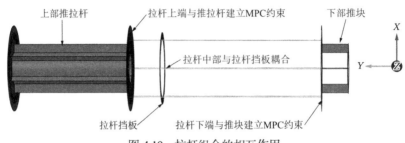

图 4.19 拉杆组合的相互作用

引入碟簧挡板部件对组合碟簧施加预压力，见图 4.20。上端碟簧的锥面外边缘与碟簧挡板相应区域以碟簧锥面外边缘圆心为参考点，耦合沿支撑轴向自由度，使碟簧挡板向下移动时均匀压缩各碟簧。同时，需在碟簧挡板与推块端板之间预留 40mm（碟簧组合预压量）间距。在分析步 Step-1 中，将碟簧挡板向下压缩 40mm，此时碟簧挡板与上部推块下端板位置重合。在分析步 Step-2 中，碟簧挡板与上部推块下端板位置重合，建立二者间的面面接触。碟簧挡板与推块端板产生接触，碟簧回弹后带动碟簧挡板向上移动压紧推块端板，推块端板向上移动压紧与拉杆组合完全耦合的拉杆挡板，从而使得拉杆组合受拉并与组合碟簧形成自平衡系统。

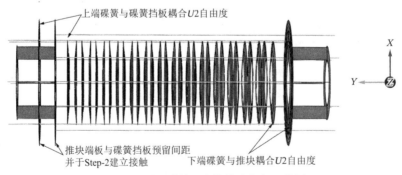

图 4.20 预压碟簧组合的装配与相互作用

对上述自平衡系统进行轴向加卸载，下部推块下端在各分析步中始终固定（约束所有自由度），上部推块仅容许轴向自由移动。试验和分析曲线见图 4.21。可见，试验中碟簧支承面间可能有一定的摩擦作用而产生少量耗能，而有限元建模中对合的碟簧间采用耦合方式建立相互作用，几乎不产生耗能，但总体上，二者荷载-位移曲线较一致。有限元分析可较好地模拟出预压组合碟簧的启动力与启动位移，以及不同阶段的刚度与承载力，这表明前述建模方法可行。

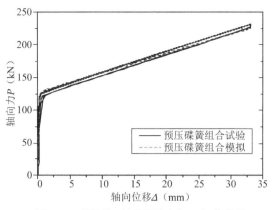

图 4.21 预压组合碟簧轴向加、卸载曲线

4.7.2 纯自复位支撑的有限元模型和分析

因支撑倾斜 45°承受水平向加载，纯自复位支撑内部具有明显的面内弯曲效应，需建立合理的相互作用以模拟支撑的受力机理。

（1）端部连接部件与复位系统的连接

上下端部连接部件所有组成板件均采用壳单元按试验实际尺寸（忽略螺孔）建立。试件中上下端部连接部件与自复位系统采用 12 根 M20 螺栓进行连接，试验中螺栓连接紧密无破坏。因此，简化模拟中将端部连接部件端板与推拉杆端板在螺孔对应位置施加 Tie 连接，见图 4.22。

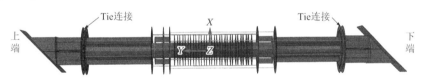

图 4.22 装有 SC 系统的纯自复位支撑

（2）组合碟簧与控制钢管的相互作用

因支撑在加载过程中控制钢管与上部推拉杆的钢管间接触产生弯曲，碟簧除随支撑轴向拉压而产生沿支撑轴向位移（Y 方向）外，还会因支撑弯曲而发生平面内的支撑横向（X 方向）位移。合理模拟这一作用，需将控制钢管在对应各碟簧高度中面位置进行拆分，并将此环线沿 Z 方向（垂直支撑轴向且沿平面外方向）拆分成两部分。以碟簧沿高度中面环线圆心为参考点，将控制钢管 Z 方向上两点与碟簧 Z 方向上两点耦合 $U1$ 自由度，见图 4.23。这样控制钢管发生弯曲产生横向变形时，对应位置的碟簧也会发生相应的横向位移。对于相邻碟簧间的参考点与碟簧挡板、上下推块等部件，均可采用此方法与控制钢管进行耦合。

图 4.23 碟簧与控制钢管的相互作用

（3）内外套管间的接触作用

建立控制钢管伸入上部推拉杆的钢管内部部分与上部钢管之间的接触。以上部钢管内表面为主面，控制钢管外表面为从面，接触法向属性定义为"硬接触"，切向摩擦系数分别选取 0.05、0.1、0.2。研究套管作用时，移除推块、碟簧组合、碟簧挡板、上下挡板、螺杆组合等部件。上下推拉杆与连接端部相连后，对下部连接端部施加固定约束，通过上部的加载点对其施加水平加载。由图 4.24 可见，套管间的耗能能力随摩擦系数的增加而增大。总体上，当摩擦系数取为 0.1 时，模拟和试验结果较一致。受拉侧加载阶段模拟获得的承载力较低，卸载阶段与试验较一致，受压侧加载阶段模拟结果与试验结果吻合较好，卸载阶段模拟获得的承载力较低。这可能是因试验加载前，控制钢管与上部推拉杆的钢管间有间隙且并非严格同心所致，导致试验曲线关于坐标原点不对称。后续模拟分析中接触面摩擦系数均采用 0.1。

（4）自复位支撑有限元模型验证

对纯自复位支撑进行水平加载，支撑倾斜 45°。以 SC-1 试验为例，模拟与试验所得滞回曲线见图 4.25，模拟可较好地反映出复位系统的启动力与启动后刚度。但是因试验中不可避免存在组装间隙和安装误差，导致模拟的启动位移比试验值较小，即启动前刚度大于试验结果。且由于建模过程中未考虑碟簧支承面之间的摩擦效应等影响，导致模拟的耗能能力小于试验结果。但总体上，模拟曲线和试验曲线走势较一致。

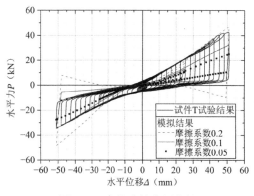

图 4.24　套管摩擦作用分析

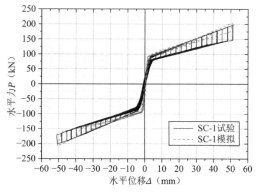

图 4.25　自复位系统模拟结果对比

4.7.3　纯防屈曲支撑的有限元模型和分析

防屈曲支撑的建模与第 3 章类似。因防屈曲支撑的约束构件抗弯刚度足够，未发生破坏，为简化建模，略去约束构件的建模，仅建立内置钢板支撑。约束内置支撑 U3 和 UR3 自由度来防止其整体失稳，实现内置支撑承受轴力而不失稳的工作特性。因支撑倾斜，通过加载点对防屈曲支撑施加水平往复位移进行加载。以试验中的试件 SBRB 为例，试验中为避免 BRB 发生整体失稳，将 BRB 装入上下部推拉杆进行加载。模拟中也建立了上下部推拉杆及二者间的接触作用，摩擦系数取 0.1。钢板支撑采用 Tie 连接方式与上下端部连接部件相连，实现防屈曲支撑与复位系统并联受力。内置钢板支撑钢材采用混合强化模型。经试算调整，各参数取值为：$C = 2000\text{MPa}$，$\gamma = 37$，$Q_\infty = 10\text{MPa}$，$b = 5$。

模拟与试验结果对比见图 4.26，模拟所得耗能能力略有降低，但可较好地模拟出防屈曲支撑刚度与承载力的变化。与试验相比，模拟在受压侧的承载力略有减小，这是因模拟中未建立外围约束构件且未考虑钢板支撑与约束构件间的摩擦作用。

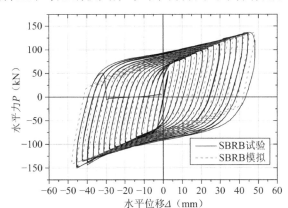

图 4.26　纯钢 SBRB 试件的模拟和试验结果对比

4.7.4　自复位防屈曲支撑的有限元模型和分析

以纯钢防屈曲支撑为例，图 4.27 为试验中两个自复位防屈曲支撑试件模拟与试验所得的滞回曲线。可见，模拟与试验的滞回曲线均呈现典型的旗帜形。因钢板支撑屈服位移和复位系统启动位移较接近，所以正、负向加载过程中的水平向荷载-位移曲线呈现明显的双折线。分析表明，与试验结果相比，模拟所得整个支撑在复位系统启动前的刚度较大，这可能是由于试验中试件装配存在稍许间隙，导致实际刚度偏低，而模拟中各部件连接紧密，未能考虑潜在的间隙等影响，使启动前刚度偏高。同时，模拟给出的耗能能力比试验稍低，这是由于为了改善计算的收敛性，简化建模中，没有完全考虑部件间可能存在的摩擦作用。总体上，复位系统不变时，随内置钢板支撑截面增大，相同水平加载位移下，支撑的残余变形更大，模拟与试验所得承载力-位移曲线吻合较好，表明分析模型是合理的。

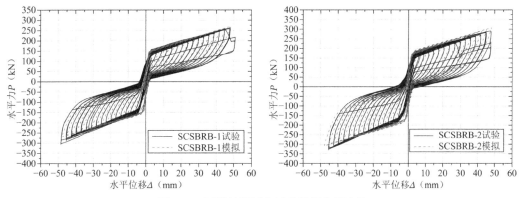

图 4.27　试件的模拟和试验滞回曲线比较

4.8　自复位支撑的构造参数分析

采用上述建模方法，考察内置钢板支撑屈服段长度 l、屈服段截面面积 A_c 和屈服应力 f_y、碟簧规格、组合碟簧的预压量 h、拉杆截面面积 A 以及控制钢管厚度 t_c 等关键构造参数对 SCBRB 滞回性能的影响。

分析采用足尺模型，自复位支撑总长为 4525.5mm，倾角为 45°，除了变化屈服段长度的算例，钢板支撑屈服段长度 l 和总长分别为 2640mm 和 3958.4mm，厚度均为 10mm。有支承面碟簧采用三种尺寸，分别为：1）$D = 200$mm，$d = 104$mm，$t' = 13.05$mm；2）$D = 250$mm、$d = 127$mm，$t' = 17.3$mm；3）$D = 300$mm、$d = 152$mm、$t' = 18.3$mm。其中 D 表示碟簧外径，d 表示碟簧内径，t' 表示有支承面碟簧中部锥面区域的实际厚度。与试验试件构造类似，各碟簧组合均采用单片对合方式，对合组数分别为 80、46、40，且对应采用外径分别为 102mm、127mm 和 152mm 的控制钢管（需说明的是，由前述建模可知，碟簧与控制钢管耦合在一起进行分析，而非接触。此处简化分析，对于外径 127mm 和 152mm 的控制钢管，取其外径等于碟簧内径。实际制作中需考虑装配，应减小控制钢管的外径）。整个自复位防屈曲支撑在对应钢板支撑屈服时的水平位移约为 Δ_y，循环加载中，水平加载位移依次约为 $\pm 2\Delta_y$、$\pm 4\Delta_y$、$\pm 6\Delta_y$、$\pm 8\Delta_y$、2%侧移角、2.5%侧移角和 3.3%侧移角（分别对应的水平位移为 ± 12.8mm、± 25.6mm、± 38.4mm、± 51.2mm、± 64mm、± 80mm 和 ± 106mm），每级加载循环一圈。

4.8.1 构造对滞回性能的影响分析

（1）碟簧预压量的影响

通过改变组合碟簧的初始压缩量 h 来调节组合碟簧的预压力。由图 4.28 可见，保持其他参数不变，相同加载位移幅值下 SCBRB 承载能力随预压量 h 的增加而提高。随预压量的增大，SCBRB 的复位比率增大，支撑的残余变形减小。其他碟簧规格下影响规律与此类似。

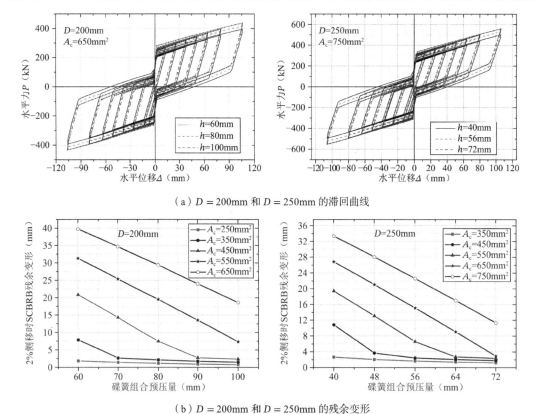

（a）$D = 200$mm 和 $D = 250$mm 的滞回曲线

（b）$D = 200$mm 和 $D = 250$mm 的残余变形

图 4.28　变化碟簧预压量的 SCBRB 滞回曲线和残余变形

（2）钢板支撑屈服段截面的影响

以 $D = 200mm$ 的组合碟簧为例，由图 4.29 可见，保持其他参数不变，钢板支撑屈服段截面 A_c 增大后，相同加载位移下，随钢板支撑屈服后承载力的增大，在组合碟簧预压力不变时，复位比率减小，支撑耗能能力增大，残余变形增大。其他碟簧规格下的影响规律与此类似。

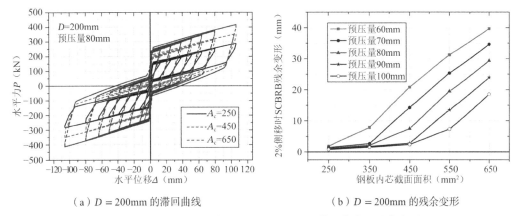

（a）$D = 200mm$ 的滞回曲线　　　　　　（b）$D = 200mm$ 的残余变形

图 4.29　变化屈服段截面面积的 SCBRB 滞回曲线和残余变形

（3）钢板支撑屈服段长度的影响

其他构造不变，且保持内置钢板支撑总长（包括弹性段长度和屈服段长度 l）不变时，由图 4.30a 可见，随钢板支撑屈服段缩短，相同加载位移下，支撑的应变增大，屈服后强化程度增强，导致整个 SCBRB 承载能力增大。但钢板支撑屈服轴力的增大导致复位比率减小，进而导致支撑残余变形略有增加。同时，屈服段较短将易导致支撑较早产生低周疲劳断裂[84,85]，因此应尽量采用长屈服段。

（4）钢板支撑屈服应力的影响

改变钢板支撑钢材屈服应力时，保持钢板支撑的屈服轴力和其他参数不变。因此，钢板支撑屈服应力减小时，应相应增大支撑屈服段的横截面。分析表明，钢板支撑屈服轴力相同的前提下，随支撑钢板屈服应力的降低，支撑屈服位移减小，使支撑屈服后加载侧移相同时，钢板支撑的应变增大，进而导致钢板支撑屈服后承载力增大。同理，支撑屈服后承载力的增大导致复位比率减小，进而导致支撑残余变形略有增加（图 4.30b）。

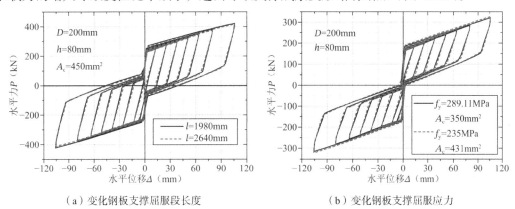

（a）变化钢板支撑屈服段长度　　　　　　（b）变化钢板支撑屈服应力

图 4.30　变化钢板支撑屈服段长度和屈服应力的 SCBRB 滞回曲线

（5）拉杆截面的影响

结合试验和实际应用考虑，拉杆的基准截面采用 8.8 级 M20 的高强拉杆，即基准截面为 $A_0 = 314mm^2$，拉杆的屈服应力为 640MPa。结合图 4.31a 分析表明，拉杆截面 A 增至 $5A_0$ 时，支撑仅在复位系统启动前的刚度和承载力略有增大，残余变形略有减小，但上述变化均很小。当截面由 $5A_0$ 增至 $10A_0$ 时，滞回曲线几乎无变化。这表明，过多增加拉杆截面面积对受力性能无影响，还将不经济。然而，分析还表明，拉杆截面过小，将导致复位系统启动前支撑的受拉刚度明显降低，导致启动位移增大，使整个自复位防屈曲支撑拉压两侧受力性能差异程度加大，不利于支撑的受力。综合第 3 章和本节分析结果，建议控制拉杆最大拉应力与其屈服应力之比为 0.2～0.5，且采用 8.8 级的高强拉杆。

（6）控制钢管壁厚的影响

由试验加载可知，支撑倾斜设置且水平加载侧移时，上部推拉杆的钢管和插入的控制钢管上部会相互接触挤压，控制钢管承受加载平面内的剪力和弯矩。控制钢管外径为 102mm 时，由图 4.31b 可知，保持其他构造参数不变而仅变化控制钢管壁厚的分析表明，相同侧移下，因复位系统其他部分的承载力和防屈曲支撑的承载力均不变，随壁厚 t_c 的增大，控制钢管对支撑的抗侧承载力贡献增大，管壁间的接触挤压力和支撑的总水平承载力均增大。管壁间的摩擦作用也随之增大，相同侧移下，支撑的耗能能力和残余变形略有增大。因此，壁厚不宜过大，外径与壁厚之比可取 20 左右。

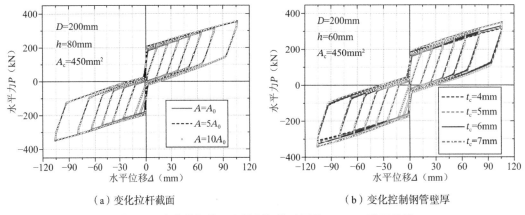

（a）变化拉杆截面　　　　　　　　（b）变化控制钢管壁厚

图 4.31　变化拉杆截面和控制钢管壁厚的 SCBRB 滞回曲线

4.8.2　复位比率对支撑残余变形和耗能的影响分析

（1）残余变形的分析

根据上述分析可知，复位比率增大可减小残余变形，考虑罕遇地震下的层间侧移角限值为 1/50。基于上述分析，可获得上述算例在加载侧移角 2%、2.5%、3.3%下的复位比率和残余侧移角，见图 4.32。例如，以加载侧移角 2%为例，当复位比率在 0.35～0.75 内时，复位比率的提升可高效地降低残余变形。在 $\alpha_{sc} = 0.75$ 前后，复位比率 α_{sc} 与残余侧移角 γ_r 均呈线性关系，经回归分析，可得到二者间的线性关系式（图 4.32a）：

$$\gamma_r = \begin{cases} -0.02724\alpha_{sc} + 0.02108 & 0.35 \leqslant \alpha_{sc} < 0.75 \\ -0.00086\alpha_{sc} + 0.00130 & 0.75 \leqslant \alpha_{sc} < 1.5 \end{cases}$$

为了应用中安全，将上述 $\alpha_{sc} = 0.75$ 前回归直线向上平移 2 倍标准差，所得的包络线为（图 4.32a）：

$$\gamma_r = -0.02724\alpha_{sc} + 0.02235 \quad 0.35 \leqslant \alpha_{sc} \leqslant 0.8$$

同理，加载侧移角 2.5%、3.3% 下的回归直线和包络线对应的关系式见图 4.32b、c。

由加载侧移角 2% 下的残余侧移角和复位比率的包络线可知，若要控制层间残余角不超过 0.5%[15]，则对应的复位比率应不低于 0.65。

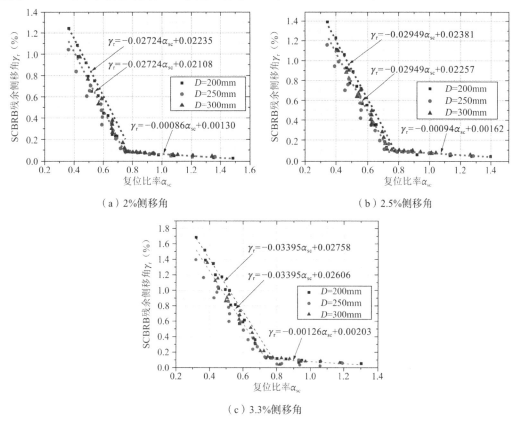

（a）2% 侧移角　　　　　　　　　　　　（b）2.5% 侧移角

（c）3.3% 侧移角

图 4.32　不同加载侧移角下的复位比率和对应的残余侧移角

（2）耗能能力的分析

试验中，SCSBRB-1 与 SCSBRB-2 中自复位系统所提供的承载力达到支撑整体承载力的 60%～70%。因此，与耗能的 BRB 部分相比，SCBRB 的承载力主要源自自复位系统。不难预见，当一根 SCBRB 支撑与一根纯 BRB 支撑具有相同承载力时，由于自复位系统耗能能力有限，与 BRB 相比，SCBRB 的耗能能力较低。考虑实际工程应用时，某根支撑的设计轴力相对恒定，而可选用的支撑形式是多样的。例如，支撑设计轴力一样时，可以选用纯 BRB 支撑也可以选用 SCBRB 支撑。作为探索，下面将考察在相同最大承载力条件下（初始屈服承载力也较接近），引入自复位系统对防屈曲支撑耗能能力的减弱作用。针对 $D = 200\text{mm}$ 的一系列 SCBRB 模型建立了最大承载力相等的纯 BRB 支撑模型，见图 4.33。图 4.33 中，模型编号 DISC200-80mm-450 表示碟簧外径为 200mm，碟簧组合预压量为 80mm，钢板支撑屈服段截面面积为 450mm² 的 SCBRB 模型，模型编号 BRB-1038 表示钢板支撑屈服段截面面积为 1038mm² 的防屈曲支撑模型。

定义 SCBRB 耗能比率 λ 为：

$$\lambda = \frac{E_{\text{SCBRB}}}{E_{\text{BRB}}} \tag{4.5}$$

式中，E_{SCBRB} 和 E_{BRB} 分别表示所有加载循环结束后 SCBRB 和具有相同承载力的 BRB 的累积耗能。由图 4.34 可见，总体上，耗能比率随复位比率的增大而减小。这是由于当最大承载力一定时，自复位系统的预压力随复位比率的增大而增大，继而导致自复位系统承载力增大，此时仅需更小截面的钢板支撑即可达到相同承载力。而钢板支撑为 SCBRB 的主要耗能构件，因此复位比率的增大会导致 SCBRB 支撑耗能能力的降低。

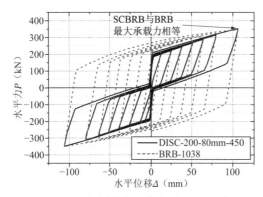

图 4.33　相同最高承载力下 SCBRB 与 BRB 滞回曲线对比

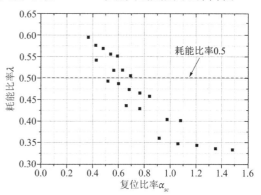

图 4.34　SCBRB 耗能占比与复位比率关系

据图 4.32a，如果以 0.5% 为支撑最大允许残余层间侧移角，则建议最小的复位比率取值为 0.65。但复位比率也不宜取值过大，因为随复位比率的增大，钢板支撑耗能能力降低，建议复位比率的最大值取包络线的拐点（图 4.32a），即 0.80。因此，加载侧移角 2% 下的合理复位比率取值范围为 0.65～0.80。

4.9　自复位系统钢管间作用的滞回模型

SCBRB 在水平加载情况下（支撑轴线与水平面夹角为 45°），由于控制钢管与上部推拉杆的钢管（以下简称"内套管"与"外套管"）间接触且产生相互错动，从而使得套管间产生摩擦效应。同时，内套管弯曲后产生弯矩和剪力。为更真实地给出自复位系统的滞回模型，需在 4.2.2 节给出的轴向加载的自复位系统滞回模型的基础上，加入考虑套管弯曲与摩擦效应的滞回模型。

由于控制钢管外露段为内外套管间刚度最小区域，因此简化分析中，可先考虑将支撑其余区域视为刚体。下面以套管受压加载为例，分析内外套管间的相互作用。由于内套管在 2.5% 加载侧移角范围内始终保持弹性，为简化分析，视仅含套管的支撑分析模型中各部件均保持弹性。

当支撑受压加载时，内套管与外套管接触区域集中于内套管最上端（上接触点）以及接触区域最下端（下接触点），接触点及受力如图 4.35a 所示。需说明的是，因上述接触区域较集中，简化计算中将接触区域简化为接触点来考虑。其中 V_1 表示内套管的上接触点所受接触力，V_2 表示内套管的下接触点所受接触力，f_1 与 f_2 分别对应该位置处所受摩擦力。截取 I-I 截面（对应内套管外露段中部截面），取上部进行横向受力分析（图 4.35b）可得：

$$V_1 \cdot a = V_3 \cdot \frac{L_t}{2} \tag{4.6}$$

式中，L_t 为内套管外露段最下端至下接触点长度，a 为内套管两接触点之间的长度。

$$V_1 + V_3 = V_2 \tag{4.7}$$

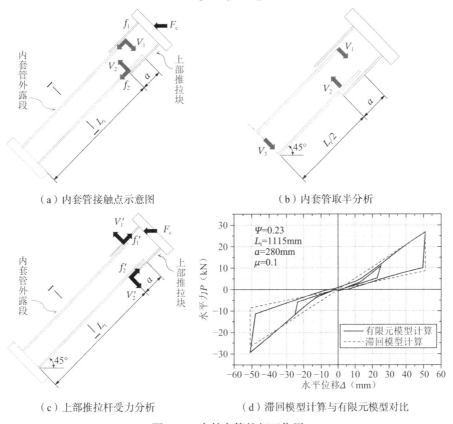

（a）内套管接触点示意图　　　　　　　　　　（b）内套管取半分析

（c）上部推拉杆受力分析　　　　　　（d）滞回模型计算与有限元模型对比

图 4.35　内外套管的相互作用

试验过程中，内套管伸入外套管长度为 354mm，且内外套管总间隙仅为 2mm，因此，可近似将内套管外露段视为两端固支的梁，则 I-I 截面所受剪力 V_3 为：

$$V_3 = \frac{12EI_t \varDelta \sin 45°}{L_t^3} \tag{4.8}$$

式中，E 为钢材的弹性模量，I_t 为内套管的截面惯性矩，$\varDelta$ 为支撑的水平位移。结合式(4.6)～式(4.8)可得：

$$V_1 = V_3 \cdot \frac{L_t}{2a} \tag{4.9}$$

$$V_2 = V_3 \cdot \left(1 + \frac{L_t}{2a}\right) \tag{4.10}$$

那么，两接触点所受摩擦力分别为：

$$f_1 = \mu V_1 \tag{4.11}$$

$$f_2 = \mu V_2 \tag{4.12}$$

式中，μ 为内外套管间的摩擦系数。

对上部推拉杆进行受力分析（图 4.35c），可得：

$$F_c = (V_2' - V_1')\sin 45° + (f_1' + f_2')\cos 45° \tag{4.13}$$

式中，f_1' 为外套管上接触点摩擦力，f_2' 为外套管下接触点摩擦力，V_1' 为外套管上接触点接触力，V_2' 为外套管下接触点接触力。根据作用力与反作用力原理，有 $f_1' = f_1$，$f_2' = f_2$，$V_1' = V_1$，$V_2' = V_2$，那么支撑水平承载力 F_c 为：

$$F_c = \frac{6EI_t\varDelta}{L_t^3}\left[1 + \left(1 + \frac{L_t}{a}\right)\mu\right] \tag{4.14}$$

对于受拉加载状态，其受力状态与受压加载类似，不作赘述。考虑每级加载至最大水平位移后卸载时，摩擦力方向改变而剪力方向不变。因此，综合考虑加、卸载阶段，可得到仅内外套管相互作用时，支撑水平承载力的计算公式为：

$$F_c = \frac{6EI_t\varDelta}{L_t^3}\left[1 \pm \left(1 + \frac{L_t}{a}\right)\mu\right] \tag{4.15}$$

式中，正、负号分别表示加、卸载阶段的摩擦效应。

除内套管外露段外，再考虑支撑其余部分的组成部件（上、下部连接端部及上下部推拉杆等）并非刚体，每个组成部件两端均具有相对侧移，各个部件的相对侧移的总和为支撑整体的相对侧移。因此，内套管外露段的水平侧移仅为支撑整体水平侧移的一部分。此外，考虑内外套管间存在间隙以及内套管外露段端部截面也并非没有转动等因素，应对外露段抗侧刚度进行折减。综合考虑上述因素，对式(4.15)进行修正，可得：

$$F_c = \left(\psi_1\frac{6EI_t}{L_t^3}\right)(\psi_2\varDelta)\left[1 \pm \left(1 + \frac{L_t}{a}\right)\mu\right] = \psi\frac{6EI_t\varDelta}{L_t^3}\left[1 \pm \left(1 + \frac{L_t}{a}\right)\mu\right] \tag{4.16}$$

式中，ψ_1 为考虑内外套管间隙、内套管外露段端部局部可能受弯屈服及外露段端部截面转角的外露段抗侧刚度折减系数；ψ_2 为外露段两端水平相对侧移在支撑总水平侧移 $\varDelta$ 中的占比；ψ 为外露段抗侧承载力折减系数，其取值为 $\psi_1 \cdot \psi_2$。本章建立了 $L_t = 1115\text{mm}$、$a = 280\text{mm}$、$\mu = 0.1$ 的套管相互作用模型（即依据 4.2 节的试验试件 T 建模），经与有限元结果比对，以加载侧移角 1.6% 及 3.3% 时（图 4.35d）为例，当 ψ 取为 0.23（对应的 ψ_1 为 0.34，ψ_2 为 0.67）时，采用式(4.16)计算所得荷载-位移曲线与有限元所得荷载-位移曲线吻合较好。在得到内外套管的滞回模型后，与 4.2 节所得自复位系统（不包括套管作用）的恢复力模型（需转化为水平向力-位移关系）叠加，即可得到仅含自复位系统（包括套管作用）的支撑在倾斜位置时水平向加、卸载的滞回模型。

可见，水平力作用下，当支撑两端固接时，套管间的相互作用使控制钢管具有抗侧能力，此相互作用直接影响复位系统的受力性能。如果支撑两端销接时，内外套管仅沿轴向相互穿插，几乎无抗侧能力。此时，控制钢管可更好地为组合碟簧提供导向作用，不会因参与抗侧力而发生弯曲变形，可简化复位系统的受力性能。

第5章　端部销接轴向长度可调节碟簧自复位防屈曲支撑的试验、数值模拟和参数分析

5.1　引言

本书第 4 章的自复位支撑构造中，防屈曲支撑端部十字形截面穿入端部连接部件的 4 个带长槽孔的角钢间留置的间隙后，再通过高强度螺栓与角钢连接。为了确保顺利安装，角钢间的间隙必然大于十字形截面的板厚，这导致螺栓较难拧紧，加之采用长槽孔来便于组装中轴向长度调节，也降低了端部螺栓连接的抗剪承载力，这也是试验中个别试件在此出现螺栓与角钢间滑移的原因。另外，考虑实际工程应用中，支撑两端可通过铰接或刚接与钢框架连接，但目前对支撑两端连接形式不同的自复位支撑滞回性能的研究缺乏探讨。

针对以上问题，本章简化了端部连接构造，设计了变化组合碟簧的组合方式构成的两种自复位系统，以及铰接和刚接两种端部连接形式的组合碟簧自复位防屈曲支撑（SBRB），并对其滞回性能展开试验研究和理论分析。

5.2　试验研究

5.2.1　试件设计

（1）自复位系统的组成和工作原理

单片碟簧的尺寸见图 2.1。依据试验设计，选取 A 系列的碟簧，组合碟簧的轴向力-变形关系接近线性。采用两种规格的碟簧和组合碟簧，见表 5.1。

碟簧尺寸和组合　　　　　　　　　　　　　表 5.1

复位系统	组合编号	碟簧规格	单片碟簧尺寸（mm）	组合形式
DS1	C1	d1	$D = 200$，$d = 104$，$t' = 10.3$，$h_0' = 4.7$	$n = 2$，$i = 22$
DS2	C2	d2	$D = 200$，$d = 104$，$t' = 13.05$，$h_0' = 4.55$	$n = 1$，$i = 30$

注：n 表示叠合的片数，i 表示对合的组数。

自复位系统的构造形式与第 4 章相同，由上下部推拉块、上下部预压块、螺杆组合、组合碟簧组成，碟簧采用 C1 组合方式的复位系统见图 5.1，长度单位为 mm。各部件由螺杆组合连成整体，每根螺杆上布置 3 处螺母，分别位于上下部预压块端板和推拉块内端板处。螺杆受拉分两阶段，第一阶段为组合碟簧施加预压力，第二阶段为支撑受拉时传递拉力。第一阶段中 12 根螺杆通过 Ⅱ、Ⅲ 类螺母之间螺杆与组合碟簧形成自平衡体系，此时

Ⅰ、Ⅱ类螺母之间螺杆不受力。当支撑受压变形 2δ 时，下部推拉块推动下部预压块，上部推拉块推动上部预压块，二者相向运动 2δ，使组合碟簧产生 2δ 的压缩量；当支撑受拉变形 2δ 时，下部推拉块通过Ⅰ、Ⅲ类螺母拉动上部预压块，上部推拉块通过Ⅰ、Ⅲ类螺母拉动下部预压块，使上、下部预压块仍相向运动 2δ，组合碟簧仍然产生 2δ 的压缩量。从而实现支撑无论受压还是受拉，组合碟簧均进一步受压，可为支撑提供复位力。

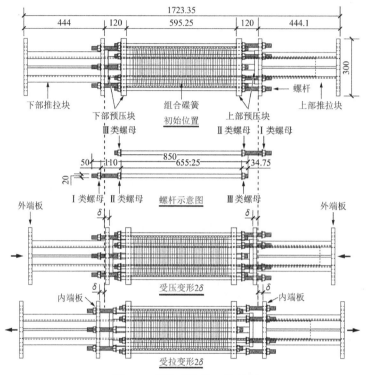

图 5.1　复位系统的工作机制

为形成自复位系统，组合碟簧预压力的施加在压力机上完成，具体步骤见图 5.2。将下部推拉块竖直放置于压力机底板上，保证下部推拉块中心与压力机底板十字线对齐，为减小控制钢管与其他各部件间的摩擦，沿全长涂抹润滑脂。然后，将下部预压块、组合碟簧、上部预压块、上部推拉块依次沿控制钢管放入，保证各端板孔心严格对齐。严格就位后，随后放置 12 根螺杆，螺杆均松动。对上部推拉块顶施加轴压力，适时量测组合碟簧的轴向压缩变形和轴压力，当压力达到预定的启动力值时，持荷等待并将 12 根螺杆的Ⅱ、Ⅲ类螺母处通过双螺母均匀拧紧初步固定（为了弥补螺杆组合回弹导致的预压力损失，应对预压力进行适当的放大）。然后卸载，并重新加载至组合碟簧启动（即螺杆均再次松动，对应的轴压力为启动力），记录组合碟簧的受压荷载-位移曲线，并查验启动力值。若发现启动力偏高或偏低，则压缩碟簧来松动Ⅱ、Ⅲ类螺母以调整启动力值并重新初步固定和查验启动力值。初步固定后，重复至少加、卸载 3 次，若所得的加、卸载下的荷载-位移曲线均重合且启动力值满足要求，则通过进一步紧固双螺母的外侧螺母来最终固定Ⅱ、Ⅲ类螺母。这样，两预压块、12 根螺杆和组合碟簧形成自平衡体系（12 根螺杆均受拉）。之后，再将每端 6 根螺杆通过Ⅰ类双螺母与推拉块的内端板连接，Ⅰ类螺母仅做就位固定，确保 6 根螺杆区段基本不受预拉力。

（a）下部推拉块与　　　（b）放入下部预　　　（c）放入上部预压块　　（d）定位螺杆组合　　（e）完成预压后
　　压力机底板对中　　　压块和组合碟簧　　　和上部推拉块　　　　并初拧螺母　　　　终拧螺母

图 5.2　自复位系统的组装过程

随后，对自复位系统进行 3 次压缩试验，每次加载均从自平衡的初始状态压缩至指定位移后再卸载至初始状态，其荷载-位移曲线见图 5.3。2 个自复位系统均具有稳定恢复性能和一定的耗能能力。DS1 的耗能能力较明显，表明碟簧叠合面间的摩擦耗能较多。DS2 也具有一定的耗能能力，表明对合组合碟簧中也存在摩擦作用。

图 5.3 中曲线的拐点对应为自复位系统的启动点，荷载和位移分别为启动力和启动位移，由于组合碟簧摩擦效应的影响，自复位系统荷载-位移曲线在加、卸载阶段均存在拐点，选取第一次预压试验的加、卸载曲线来确定自复位系统的启动力和启动位移。

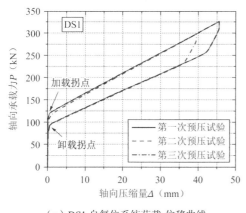 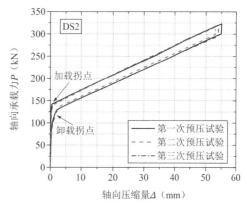

（a）DS1 自复位系统荷载-位移曲线　　　　　　（b）DS2 自复位系统荷载-位移曲线

图 5.3　自复位系统压缩试验所得荷载-位移曲线

对于具有明显拐点的曲线可直接得到对应的启动力和启动位移，对于拐点不明显的曲线可对启动前后稳定的数据点进行线性拟合，两条线性拟合直线的交点对应位移即为启动位移，该位移在荷载-位移曲线上对应的承载力即为启动力。其中 DS1 加载阶段的启动力为 119.16kN，启动位移为 0.535mm；在卸载阶段的启动力为 91.48kN，启动位移为 0.555mm。

DS2 在加载阶段的启动力为 141.82kN，启动位移为 0.525mm；在卸载阶段的启动力为 112.95kN，启动位移为 1.15mm。考虑到自复位系统减小残余变形的过程发生在卸载阶段，因此，复位系统的启动力和启动位移取卸载阶段的力和位移值。

本章设计 2 个自复位系统的目的主要是探索变化组合方式下的组合碟簧刚度和承载特性对支撑性能的影响，从图 5.3 中可以看出，2 个自复位系统的启动力和启动后刚度均不同。

（2）防屈曲支撑组成

防屈曲支撑由内部钢板支撑和由高强度螺栓连接的开孔钢板、开孔填板、开孔薄铁皮等外部约束构件组成，钢管与开孔钢板采用角焊缝连接。以支撑屈服段截面为 35mm×10mm 的防屈曲支撑为例，见图 5.4。

钢板支撑作为耗能构件，分为弹性段和屈服段，弹性段两端设置带螺杆的圆形端板，用于与连接端部进行连接。矩形钢管、开孔钢板为钢板支撑提供厚度方向的约束；开孔填板为钢板支撑提供宽度方向的约束，并留置沿宽度方向上的间隙；开孔薄铁皮为钢板支撑留置沿厚度方向上的间隙。沿钢板支撑厚度和宽度方向每侧分别留置 0.15mm 和 1mm 的空隙。与第 4 章的构造不同，本章不设置钢板支撑截面变化的过渡段，整块钢板支撑截面等宽，可避免加工制作中支撑屈服段端部因铣边刀具切削转换导致的截面局部削弱。

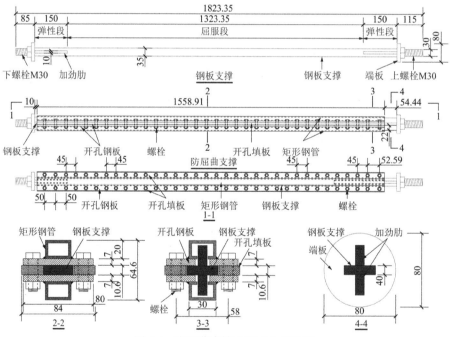

图 5.4　防屈曲支撑（BRB）的构造

（3）自复位防屈曲支撑组成

整个自复位支撑由复位系统、防屈曲支撑、连接端部组成，有端部铰接和刚接两种形式，见图 5.5。连接端部中的上、下并联板使复位系统和防屈曲支撑并联受力，见图 5.5a。

以下连接端部为例，其上部由 2 块上耳板与下并联板焊接而成，下部由填板、下耳板、下连接端板焊接而成，铰接连接时将上下两部分用销轴连接，刚接连接时采用角焊缝连接，见图 5.5b。上、下并联板与上、下部推拉块外端板各用 12 个 M20 高强度螺栓相连；并联板采用高强度螺母与防屈曲支撑端板预先焊接的 M30 高强度螺栓相连。上端 M30 螺杆铰长，且上并联板内外各采用一个高强度螺母以实现防屈曲支撑轴向安装长度可调节，避免因各部件制作和装配误差使防屈曲支撑承受轴向初始力。

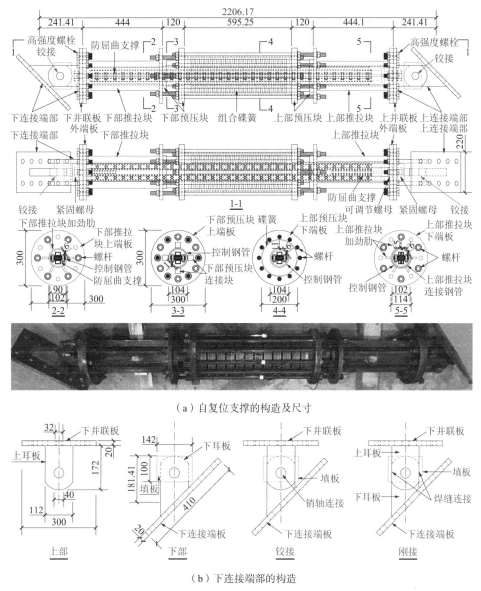

（a）自复位支撑的构造及尺寸

（b）下连接端部的构造

图 5.5　自复位防屈曲支撑（SBRB）的构造

　　上、下连接端部以及复位系统和防屈曲支撑各自制作和组装完成后，先将防屈曲支撑沿轴向穿过控制钢管就位，并将防屈曲支撑与复位系统的下部与下并联板精确就位。之后，通过 12 个高强度螺栓将复位系统下推拉块端板与下并联板连接固定，通过下并联板外一个紧固螺母（图 5.5a）将防屈曲支撑的下螺栓（图 5.4）与下并联板也连接固定。然后，调节防屈曲支撑上螺栓上的用于上并联板内部一侧的可调节螺母（图 5.5a）的位置，使该螺母外边缘与上部推拉块端板外边缘在一个平面内。进而，将上连接端部精确就位，并通过 12 个高强度螺栓将复位系统上推拉块端板与上并联板连接固定，通过上并联板外侧的一个紧固螺母将防屈曲支撑的上螺栓与上并联板也连接固定。这样就完成了整个支撑的组装。

此外，由图 5.5a、图 5.1 和图 5.6 可知，当支撑上、下端相对水平侧移后，支撑端部铰接时，下部推拉块的控制钢管和上部推拉块的连接钢管间可沿轴向自由相对错动而基本无其他相互作用；而支撑端部刚接时，二者除了轴向相对错动还会在垂直轴向有相互接触作用使控制钢管通过抗剪和轴向摩擦作用来为整个支撑提供额外的抗侧力作用。

试验的 9 个试件见表 5.2。钢板支撑实测厚度为 10.12mm。根据图 5.5 所示构造，当复位系统和防屈曲支撑均设置时，根据连接端部和组合碟簧的不同，包括 4 个自复位支撑 SBRB。如果去除防屈曲支撑部分，仅有复位系统时，根据连接端部和组合碟簧的不同，包括 3 个纯自复位支撑 DS。如果去除复位系统（或仅保留复位系统中的上、下推拉块），带有防屈曲支撑时，根据连接端部的不同，包括 2 个纯防屈曲支撑 BRB。除了表 5.2 所列试件，还测验了 2 个连接端部不同的仅有上、下推拉块的试件 T（包括 TJ 和 TG）来考察水平往复加载下上、下推拉块套管间的相互作用提供的水平抗侧能力。试件名中 J 和 G 分别表示连接端部为铰接和刚接。

	试件的组成		表 5.2
试件	复位系统	屈服段实测宽度（mm）	端部连接
DSJ1	DS1	—	铰接
DSJ2	DS2	—	铰接
DSG	DS1	—	刚接
BRBJ	—	34.72	铰接
BRBG	—	34.75	刚接
SBRBJ1	DS1	34.68	铰接
SBRBJ2	DS2	34.70	铰接
SBRBG	DS1	34.94	刚接
SBRBJ3	DS1	24.80	铰接

钢板支撑采用 Q235B 钢，通过标准材性试件的单调拉伸试验获得的实测屈服强度和抗拉强度分别为 314.12MPa 和 455.64MPa，弹性模量和泊松比分别为 1.92×10^5MPa 和 0.28，伸长率为 26.8%。碟形弹簧采用 60Si2MnA 钢，厂家提供的屈服应力和极限应力分别为 1477MPa 和 1647MPa。

5.2.2 试验加载和量测方案

加载装置由铰接框架、侧撑和作动器组成，见图 5.6a 和 b。安装时，将支撑试件上、下连接端部与框架的加载梁和底梁用 M20 高强度螺栓连接。

试验采用两阶段加载。依据文献[3]和[82]，试验第一加载阶段采用位移幅值渐增的加载制度。为进一步考察自复位支撑构件的最终破坏模式和极限累积非弹性变形性能等，还通过第二加载阶段附加了两个恒定位移幅值下的额外加载。考虑本节第一阶段位移幅值基本呈线性增长，且最大位移幅值下加载两圈，因此对 SBRB 和纯 BRB 试件均取最大加载侧移角约为 0.035（因支撑高 1560mm，图 5.6a），对应水平加载位移约 ±55.15mm，见图 5.6c。

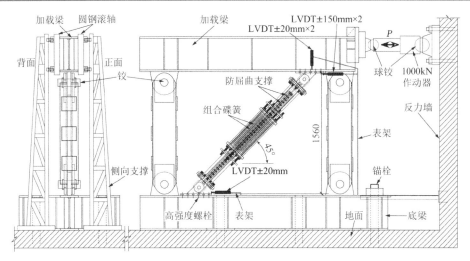

（a）装有自复位支撑的加载装置示意图

（b）试验图片

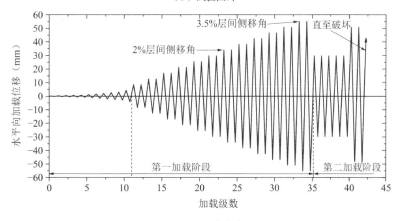

（c）SBRB 的加载制度

图 5.6　装有自复位支撑（SBRB）的加载装置和加载制度

以支撑上、下端相对水平位移作为控制位移进行加载。对于 SBRB 和 BRB 试件，依据钢板支撑材性实测值和支撑几何尺寸，水平向加载制度中近似取屈服位移 $\Delta_y = 4.24\text{m}$。第一阶段，在位移 ±Δ_y 之前，每级加载一圈。之后，因防屈曲支撑明显屈服，每级位移增量为 Δ_y，每级加载两圈，直至约±55.15mm（±13Δ_y）。若防屈曲支撑未破坏，进入第二加载阶段，先在 ±29.70mm（±7Δ_y）下循环 5 圈，若还未破坏，再进行 ±50.91mm（±12Δ_y）下若干圈循环加载直至钢板支撑受拉断裂，加载制度详见图 5.6c。对于 DS 试件，因基本处于弹性，每级加载仅循环一圈，起初采用小的位移增量，从 ±4.24mm 起，每级位移增量约为 2Δ_y，直至 ±63.64mm（±15Δ_y，对应加载侧移角约为 0.041）。加载位移负值和正值分别表示推出和拉回作动器，即支撑分别受压和受拉。需说明的是，考虑支撑端部销轴间隙可能影响水平位移量测的准确性，还同时量测了每个支撑两端并联板间的轴向相对位移。

5.2.3 试验结果

（1）试件的破坏模式

3 个 DS 试件无破坏。2 个 BRB 试件和 4 个 SBRB 试件均在第二加载阶段的 ±12Δ_y 循环中均发生了钢板支撑屈服段低周疲劳受拉断裂破坏。SBRBJ1、SBRBJ2、SBRBG 和 SBRBJ3 分别在第 7 圈、第 21 圈、第 4 圈和第 1 圈中受拉断裂，BRBJ 和 BRBG 分别在第 6 圈和第 2 圈中受拉断裂。除了内置钢板支撑断裂，其他部件均保持完好。需注意的是，BRBJ 试件初次加载中，未附加复位系统中的任何部件（图 5.7a），水平向位移幅值 38.18mm 第 1 圈受压加载至 −13.46mm 时，试件发生端部弯曲破坏（图 5.7b），此时支撑对应的轴向承载力为 −134.51kN。这一方面是由于防屈曲支撑整体抗弯刚度较弱导致的，经过计算可得约束构件的截面惯性矩 $I_r = 373986.01\text{mm}^4$，其欧拉失稳临界荷载为 $P_{cr} = 181.64\text{kN}$，考虑约束钢管实际厚度可能小于名义尺寸3mm，且在加载过程中会产生一定的弯曲变形；另一方面，端部防屈曲支撑的钢板支撑外露段局部抗弯能力较小，虽然支撑两端销接，但大轴压下销轴和孔壁间的摩擦力以及销轴在销孔内的弯曲均可能导致支撑端部也有一定的弯矩作用，易导致 BRB 从端部抗弯能力较弱的钢板支撑外露段局部弯曲破坏。试件局部弯曲破坏后立即停止试验，将钢板支撑拆下送至工厂矫直后，与约束构件重新组装成防屈曲支撑，并在 BRB 外部附加复位系统中的上下推拉块，即将 BRB 穿入复位系统的钢管后继续按照设计方案进行加载（图 5.7c）。之后，BRBJ 试件经历水平向最大位移幅值 55.15mm（3.5%侧移角）后进入循环加载阶段。可见，将 BRB 穿入复位系统的钢管，在二者间留置适宜间隙且涂抹润滑脂，可以尽可能减小二者间复杂的轴向分载作用，还可以利用套管为 BRB 提供所需的侧向约束，有效预防 BRB 的侧向弯曲破坏。这也表明同轴组装 SBRB 的构造是合理的。

（a）第一次加载中未带套管 （b）第一次加载钢板支撑上端 （c）第二次加载中带有套管的 BRBJ
  BRBJ 弯曲变形   局部弯曲变形

图 5.7　BRBJ 的两次加载

复位系统的部件基本处于弹性，实现了重复利用。试验后，拆除约束构件取出内置的钢板支撑，钢板均发生屈服段断裂，其断裂和变形见图 5.8。SBRBG 断裂位置位于钢板支撑上端弹性段和屈服段的交界处，其余各试件的断裂位置均在屈服段范围内，表明端部刚接情况下屈服段断裂既可能出现在屈服段内部，也可能出现在端部。

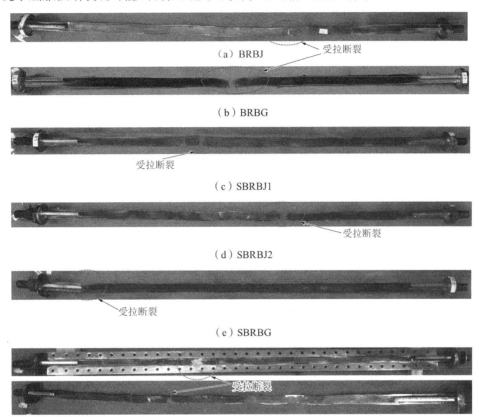

（a）BRBJ

（b）BRBG

（c）SBRBJ1

（d）SBRBJ2

（e）SBRBG

（f）SBRBJ3

图 5.8　内置钢板支撑的断裂

同时，第 3 章和第 4 章提及钢板支撑设置过渡段时，制作中过渡段与屈服段的交界处易出现屈服段局部截面削弱，加之端部刚接，局部截面削弱更易导致较早断裂。可见本章不设置过渡段的等宽钢板支撑构造有利于避免制作缺陷。因钢板支撑与约束构件间设置间隙，支撑发生了多波弯曲变形（图 5.8），又因沿钢板宽度方向间隙较大，变形也较明显。可见，本章采用螺栓组装支撑，当用于支撑钢框架结构中时，震后仅需检修或更换钢板支撑，其余部件均有望重复利用。

（2）荷载-位移曲线

试件的水平力-位移滞回曲线见图 5.9～图 5.11。因实际加载控制有误差，第一加载阶段最大加载侧移角范围约为 0.033～0.041。可见，DS 和 SBRB 试件都呈稳定的旗帜形滞回曲线，相对于每级加载最大位移，卸载到零荷载 SBRB 的残余变形得到大幅削减，表明设置复位系统有效控制了防屈曲支撑的残余变形。由图 5.10 可见，SBRB 试件直至钢板支撑断裂前滞回曲线较稳定。支撑断裂后，因为复位系统的存在以及多波弯曲变形的内置钢支撑与约束构件间存在摩擦力，循环加载中仍表现出一定的耗能能力。特别是与 SBRBG 相比，SBRBJ1 和 SBRBJ2 支撑在出现断裂的那圈加载中受拉断裂较早（图 5.10c 和 f），很可能导致多波弯曲变形没有被很好地拉直（图 5.8），支撑与约束构件间的摩擦作用较强，曲线加卸载所包围的面积较大。还需说明的是，因加载中受支撑端部销轴间隙和滑移影响，适时调整了 SBRBJ2 水平控制位移，使正负向位移出现较多差异（图 5.10d～f）。还需注意的是，图 5.11 中的承载力是 BRB 支撑和套管共同提供的。总体上，带有上下推拉块的套管后，BRB 试件的滞回曲线较饱满稳定，因整个支撑的承载力主要来自 BRB 部分，相同加载位移幅值下，受压侧的承载力高于受拉侧的承载力。TJ 试件的滞回曲线表明，其承载力和耗能能力甚微（图 5.12a），这是因端部铰接时套管不具备抗侧承载力。加载框架与侧撑之间、框架销轴等位置存在摩擦效应使 TJ 试件有轻微的承载力和耗能能力。TG 试件因控制钢管和上部推拉块之间相互作用使其具有一定的抗侧能力（图 5.12b）。

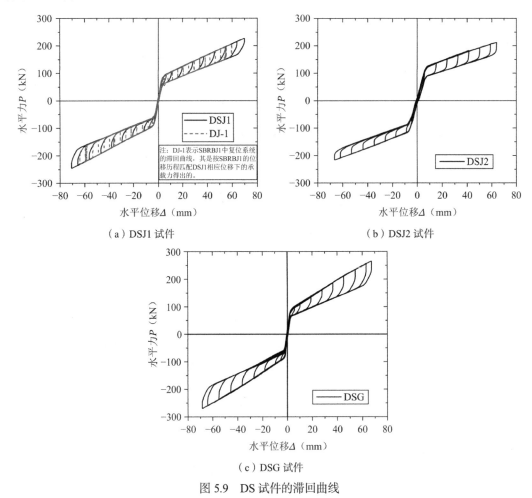

（a）DSJ1 试件　　　　　　　　　　　　（b）DSJ2 试件

（c）DSG 试件

图 5.9　DS 试件的滞回曲线

因 3 个 DS 试件工作稳定（图 5.9），为了考察每个 SBRB 中复位系统和防屈曲支撑部分各自的承载力和耗能等情况，假定复位系统在 SBRB 试件中仍表现出类似图 5.9a～c 中的曲线。这样对于复位系统和端部连接相同的两试件 DS 和 SBRB，可根据 SBRB 的位移加载历程来匹配出相应位移下 DS 的承载力，进而获得这个 SBRB 中复位系统的滞回曲线。

然后，将相同位移下 SBRB 的承载力和配出的复位系统（DS）部分的承载力做差，便可得到这个 SBRB 中防屈曲支撑（BRB）部分的滞回曲线。SBRBJ1、SBRBJ2、SBRBG 和 SBRBJ3 中匹配出的 DS 部分分别记为 DJ-1、DJ-2、DG 和 DJ-3；做差获得的 BRB 部分分别记为 BJ-1、BJ-2、BG 和 BJ-3。以 SBRBJ1 为例，匹配出其内部复位系统 DJ-1 的滞回曲线见图 5.9a，BJ-1 的滞回曲线见图 5.13a。每个 SBRB 试件及其内部的 DS 部分和 BRB 部分的骨架曲线分析表明，DS 部分和 BRB 部分的骨架曲线均呈双折线，拐点处的位移分别对应启动位移 Δ_s 和屈服位移 Δ_y，又因二者差别不大，所以总体上 SBRB 的骨架曲线也呈双折线。以 SBRBJ1 为例，骨架曲线见图 5.13b。

由图 5.14a 可见，因每个 DS 试件启动前、后的荷载-位移关系基本呈线性，为了确定其启动力和启动位移，可对其拉压两侧启动前、后的骨架曲线进行线性拟合，得到两条直线 l_1（l_3）和 l_2（l_4），见图 5.14b，两条直线的交点对应位移即为启动位移 Δ_s，在骨架曲线上此位移对应的荷载即为启动力 P_0。由图 5.9a～c 可见，因组合碟簧内以及控制钢管和上部推拉块连接钢管等复位系统内的部件间存在摩擦效应，且加、卸载阶段摩擦力方向相反，导致其加载阶段和卸载阶段的荷载-位移曲线不重合，即 DS 试件加载和卸载时的启动力不同。据此，可以按类似图 5.14b 的做法分别获得加卸载阶段的 $-P_0$ 和 $+P_0$，而加、卸载阶段的启动位移 Δ_s 几乎相同，见表 5.3。由表 5.3 中各 DS 试件的启动位移 Δ_s 和启动力 P_0 可见，与 DSJ1 相比，DSJ2 启动前刚度较低，但其启动力较大，导致实测启动位移较大（图 5.14a）。

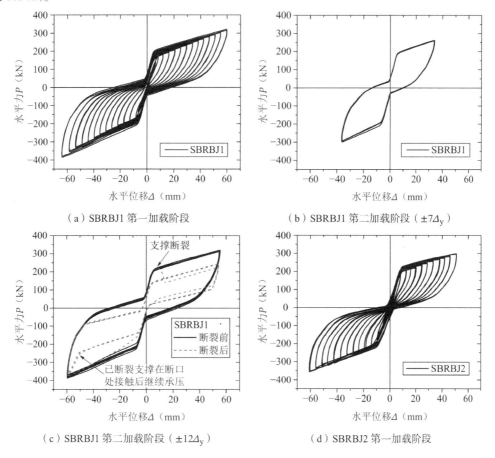

（a）SBRBJ1 第一加载阶段

（b）SBRBJ1 第二加载阶段（±7Δ_y）

（c）SBRBJ1 第二加载阶段（±12Δ_y）

（d）SBRBJ2 第一加载阶段

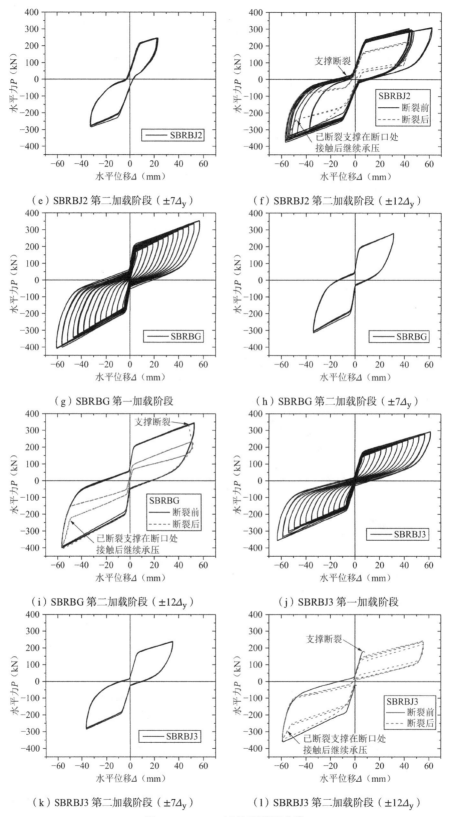

（e）SBRBJ2 第二加载阶段（±7Δ_y）　　　　（f）SBRBJ2 第二加载阶段（±12Δ_y）

（g）SBRBG 第一加载阶段　　　　（h）SBRBG 第二加载阶段（±7Δ_y）

（i）SBRBG 第二加载阶段（±12Δ_y）　　　　（j）SBRBJ3 第一加载阶段

（k）SBRBJ3 第二加载阶段（±7Δ_y）　　　　（l）SBRBJ3 第二加载阶段（±12Δ_y）

图 5.10　SBRB 试件的滞回曲线

　　需说明的是，按理想状态，启动前，组合碟簧与 12 根螺杆并联，螺杆的轴向刚度远大于组合碟簧的刚度。因此，理论上 DSJ1 和 DSJ2 启动前刚度基本相同。但由于试验中支撑端部销轴间隙和滑移的影响且其影响对各试件可能不同。虽然在水平力 P 接近 0kN 时，间隙导致的明显滑移已从滞回曲线上消去，但因部分间隙的影响随受力变化而夹杂在滞回曲线中，难于完全从滞回曲线上消除其影响，导致实测的 DSJ2 启动前刚度稍低。又因 DSJ2 启动力大，因此启动位移也较大。而刚接时，因上部推拉块连接钢管和下部推拉块的控制钢管间额外的相互作用参与抗侧力，故 DSG 的刚度略大于 DSJ1，启动位移较小。

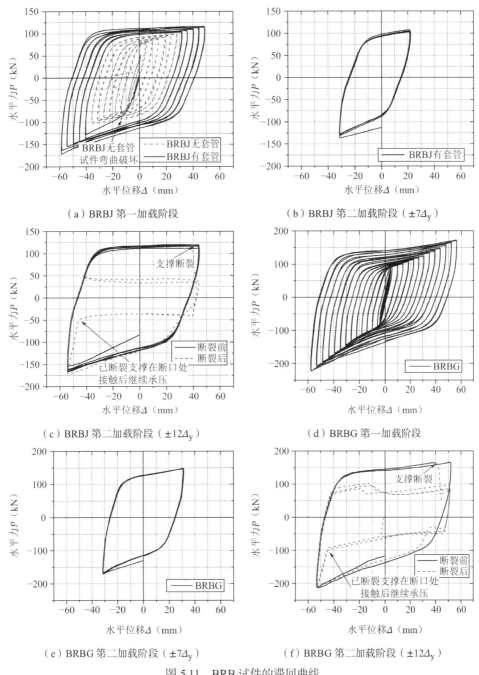

（a）BRBJ 第一加载阶段　　　　　　　　　　（b）BRBJ 第二加载阶段（±7Δ_y）

（c）BRBJ 第二加载阶段（±12Δ_y）　　　　　（d）BRBG 第一加载阶段

（e）BRBG 第二加载阶段（±7Δ_y）　　　　　（f）BRBG 第二加载阶段（±12Δ_y）

图 5.11　BRB 试件的滞回曲线

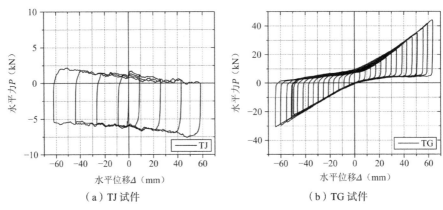

（a）TJ 试件　　　　　　　　　　（b）TG 试件

图 5.12　T 试件的滞回曲线

BRBJ 和各 SBRB 试件内的 BRB 部分在屈服后因钢材应变硬化和受压时钢板支撑与约束构件间的摩擦效应，导致支撑屈服后随侧移角的增大其承载力进一步增大，通过定义受拉承载力调整系数（$\omega = +P_u/P_{yc}$）和受压承载力调整系数（$\beta = |-P_u/+P_u|$）来分别考虑受拉和受压承载力的提高。其中，$+P_u$ 和 $-P_u$ 分别为试验实测水平方向受拉、受压峰值荷载，P_{yc} 为钢板支撑由实测的屈服应力和截面尺寸计算所得的水平向屈服承载力。考虑 BRB 部分的骨架曲线基本呈双折线，为了应用方便，对 BRB 部分屈服后骨架曲线进行线性回归（图 5.14c），便可计算出 ω 和 β 随加载位移变化的表达式，见表 5.4。各 BRB 部分在侧移角 1/50 时受压承载力调整系数 $\beta_{1/50}$ 均小于 1.5，满足文献[3]的要求。

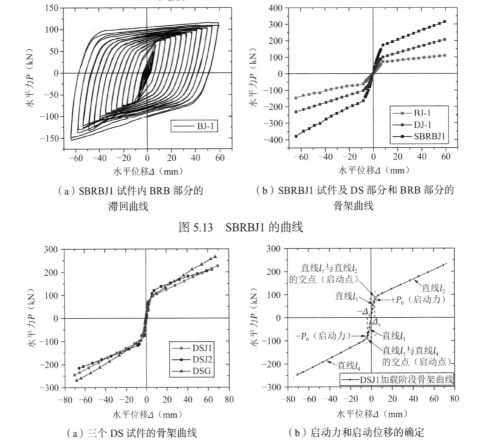

（a）SBRBJ1 试件内 BRB 部分的　　　　　（b）SBRBJ1 试件及 DS 部分和 BRB 部分的
　　　　滞回曲线　　　　　　　　　　　　　　　骨架曲线

图 5.13　SBRBJ1 的曲线

（a）三个 DS 试件的骨架曲线　　　　　　　　（b）启动力和启动位移的确定

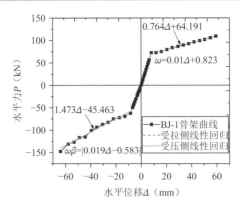

（c）屈服后强化参数的确定

图 5.14　骨架曲线和参数的确定

5.2.4　试验结果分析

（1）复位比率对残余变形的影响

由图 5.10、图 5.11 和图 5.13a 比较可见，与纯 BRB 支撑和 BRB 部分相比，复位系统并入后形成 SBRB 试件可有效降低相同加载位移幅值卸载后支撑的残余变形。内置钢板支撑屈服后，提取 4 个 SBRB 试件及 2 个 BRB 试件在每级第一圈加载位移幅值下对应的残余位移，见图 5.15a。随加载位移增大，2 个 BRB 试件的残余位移基本呈线性增大，相同加载侧移下，二者的残余位移较接近，BRBG 的稍大。在加载侧移角 1/50 下，BRBJ 和 BRBG 试件受拉（压）侧的残余侧移角分别为 +1.55%（−1.64%）和 +1.59%（−1.66%），远大于文献[15]中 0.5%的限值；而 SBRBJ1、SBRBJ2、SBRBG 和 SBRBJ3 受拉（压）侧的残余侧移角分别为 +0.4%（−0.43%）、+0.1%（−0.16%）、+0.37%（−0.49%）和 +0.08%（−0.1%），均小于 0.5%的限值，表明复位效果良好。其中 SBRBJ2 的残余变形 Δ_r 为 +1.56mm（−2.50mm），均小于对应 DSJ2 试件的启动位移（表 5.3），几乎完全消除了残余变形。

启动位移和启动力　　　　　　　　　　　　　表 5.3

试件	$-\Delta_\mathrm{s}$（mm）	$+\Delta_\mathrm{s}$（mm）	$-P_0$ 加载（kN）	$-P_0$ 卸载（kN）	$+P_0$ 加载（kN）	$+P_0$ 卸载（kN）
DSJ1	−3.53	3.35	−80.17	−61.44	80.31	59.50
DSJ2	−7.11	7.00	−112.81	−81.37	115.13	83.30
DSG	−2.06	2.52	−80.85	−60.57	81.69	60.84

BRBJ 和 BRB 部分的强化参数　　　　　　　　表 5.4

名称	P_yc（kN）	$\omega_{1/50}$	$\beta_{1/50}$	调整系数 ω 和 β（$|\Delta| > \Delta_y$）
BRBJ	78.04	1.28	0.93	$\omega = 0.01\Delta + 0.972$ $\omega\beta = |0.010\Delta - 0.88|$
BJ-1	77.95	1.13	1.04	$\omega = 0.010\Delta + 0.823$ $\omega\beta = |0.019\Delta - 0.583|$
BJ-2	78.00	1.10	1.23	$\omega = 0.010\Delta + 0.798$ $\omega\beta = |0.018\Delta - 0.800|$
BG	78.54	1.15	1.18	$\omega = 0.008\Delta + 0.898$ $\omega\beta = |0.018\Delta - 0.805|$
BJ-3	55.75	1.12	1.14	$\omega = 0.011\Delta + 0.786$ $\omega\beta = |0.02\Delta - 0.643|$

注：$\omega_{1/50}$ 和 $\beta_{1/50}$ 表示加载侧移角 1/50 下的数值。

因相同位移幅值下受压侧残余变形较大，故按受压侧的 DS 部分启动力和 BRB 部分的屈服后承载力计算整个自复位支撑复位比率 $\alpha_{sc} = |-P_0/(\omega\beta P_{yc})|$。再考虑拉压作用下均是 DS 部分卸载阶段的力来控制 BRB 部分的残余变形的，因此，复位比率计算中统一采用表 5.3 受压卸载阶段的启动力。

由图 5.15b 可知，因防屈曲支撑屈服后承载力随着加载位移增大而增加，4 个 SBRB 试件复位比率 α_{sc} 均随加载位移幅值的增大而减小。1/50 侧移角下，SBRBJ1、SBRBJ2、SBRBG 和 SBRBJ3 的复位比率分别约为 0.7、0.8、0.6 和 0.9。各试件残余位移随复位比率的变化见图 5.15c。可见，随 α_{sc} 增加，Δ_r 减小，$\alpha_{sc} < 0.9$ 时，随 α_{sc} 增加 Δ_r 减幅明显；当 $\alpha_{sc} > 0.9$ 时，Δ_r 减幅趋缓；当 $\alpha_{sc} > 1.2$ 后，随 α_{sc} 的增加 Δ_r 减幅甚微。以 0.5% 作为残余变形角的限值，当 $\alpha_{sc} > 0.7$ 时可满足要求。而当 $\alpha_{sc} > 0.9$ 时 Δ_r 已经极小（残余变形角小于 0.1%）。考虑复位比率过大不会再明显减小残余变形，还将提高对 DS 部分的设计要求，故建议加载侧移角 1/50 下的复位比率宜取 0.7～0.9。实际设计中，在获得整根支撑总设计轴力后，因复位系统和防屈曲支撑并联受力和分配总轴力，在预估了防屈曲支撑拟采用的屈服轴力以及相应的调整系数 ω 和 β 后，组合碟簧的预压力可根据复位比率在上述合理范围内取值的原则确定，进而确定碟簧的组合方式、防屈曲支撑的截面组成等。

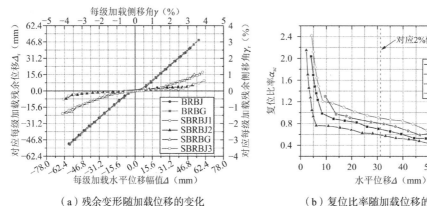

（a）残余变形随加载位移的变化　　　　（b）复位比率随加载位移的变化

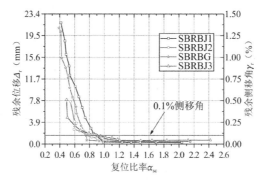

（c）残余变形随复位比率的变化

图 5.15　残余变形和复位比率

由图 5.15a 可见，其他构造基本相同时，SBRBJ1 和 SBRBG 对比表明，相同受压加载位移下，刚接试件残余变形稍大，但总体上，端部连接形式对残余变形影响不大。SBRBJ1 和 SBRBJ2 相比，前者组合碟簧的刚度更大，导致 DS 部分启动后承载力增幅较多

（图 5.14a），而 SBRBJ2 的启动力更大（表 5.3），进而相同位移下复位比率更大（图 5.15b），使大的加载侧移下支撑残余位移更小（图 5.15a 和 c）。

（2）承载力、延性和耗能

相同加载位移下，每个 SBRB 试件中 DS 部分和 BRB 部分的承载力和整个支撑的承载力的比值见图 5.16a。可见，DS 部分承载力占比高于 BRB 部分，是 SBRB 试件承载力的主要来源。在大位移幅值下，各部分承载力占比趋于稳定，DS 部分和 BRB 部分占比分别约为 57%～72% 和 28%～43%。

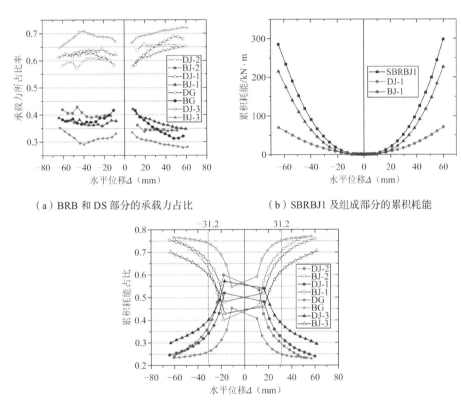

（a）BRB 和 DS 部分的承载力占比　　（b）SBRBJ1 及组成部分的累积耗能

（c）BRB 和 DS 部分的耗能占比

图 5.16　第一加载阶段的承载力和累积耗能

以 SBRBJ1 为例，第一加载阶段的累积耗能见图 5.16b。可见，耗能主要源自 BRB 部分，因两推拉块钢管间的相互作用、组合碟簧内部以及其他部件之间的摩擦作用，DS 部分也有一定的耗能能力。由图 5.16c 可见，加载位移 31.2mm（对应 1/50 侧移角）后，BRB 部分和 DS 部分耗能占比分别约为 60%～77% 和 23%～40%。各 SBRB 在支撑受拉断裂导致承载力下降前的总累积耗能 E_p 见表 5.5，可见其他构造相同时，因端部铰接更有利于支撑轴心受力，与 SBRBG 相比，铰接的 SBRBJ1 耗能能力更大，而端部刚接会在钢板支撑中产生附加弯矩，易使钢板支撑较早断裂。

表 5.5 的水平力和位移中正、负号分别表示受拉和受压，Δ_y 和 P_y 为 BRB 试件以及 BRB 部分屈服时刻 SBRB 试件的屈服位移和屈服承载力，Δ_y 和 P_y 取 BRB 部分骨架曲线拐点处对应的位移和相应的荷载，Δ_u 和 P_u 分别为最大加载位移和最大承载力，$P_{1/50}$ 为侧移角 1/50 下的承载力。BRB 部分的累积非弹性变形的系数 η 按文献[83]计算，见表 5.5，且 η 值远大

105

于文献[3]要求 BRB 的 η 至少为 200 的要求，表明支撑延性较好。

试验结果　　　　　　　　　　　　　　　　　　表 5.5

试件	$-\Delta_y$（mm）	$+\Delta_y$（mm）	$-\Delta_u$（mm）	$+\Delta_u$（mm）	$-P_y$（kN）	$+P_y$（kN）
BRBJ	−6.21	4.85	−58.23	48.78	−73.20	79.71
BRBG	−5.65	5.03	−57.26	56.22	−95.53	101.35
SBRBJ1	−8.34	8.12	−64.07	59.30	−165.37（−62.35）	172.60（72.71）
SBRBJ2	−9.56	7.99	−60.68	50.77	−181.87（−62.45）	180.35（55.10）
SBRBG	−6.08	6.08	−60.59	56.76	−177.68（−79.30）	178.05（80.84）
SBRBJ3	−8.60	7.36	−63.27	61.10	−154.70（−51.05）	147.63（49.41）

试件	$-P_{1/50}$（kN）	$+P_{1/50}$（kN）	$-P_u$（kN）	$+P_u$（kN）	$-E_p$（kNm）	η
BRBJ	−94.10	103.47	−163.42	114.26	368.77	676.78
BRBG	−145.98	124.67	−220.74	170.30	417.47	659.17
SBRBJ1	−244.18（−88.44）	236.94（88.32）	−379.07（−147.49）	314.91（109.55）	524.64（417.17）	555.54
SBRBJ2	−259.24（−101.44）	251.67（86.54）	−356.15（−149.53）	294.81（100.98）	676.89（553.88）	671.49
SBRBG	−275.31（−102.81）	262.12（91.11）	−405.36（−154.88）	354.66（113.64）	468.68（368.36）	658.89
SBRBJ3	−223.91（−68.17）	211.46（62.81）	−354.89（−125.09）	290.65（81.59）	308.81（228.11）	435.25

注：括号内的数值表示对应 SBRB 内的 BRB 部分的贡献。

（3）试验小结

通过对 SBRB 的试验研究，得到如下结论：

1）SBRB 中钢板支撑断裂位置不总出现在屈服段端部，表明不设置过渡段的等宽钢板支撑更有利于避免制作中屈服段局部截面削弱。与端部刚接时钢板支撑更早断裂相比，端部铰接更有利于实现支撑轴力受力，支撑的累积耗能能力更好。

2）SBRB 的主要承载和耗能能力分别来自 DS 和 BRB 部分，在侧移角接近 1/50 及更大时，占比分别为 57%～72% 和 60%～77%。因组合碟簧间的摩擦作用等因素，DS 部分也具有一定的耗能能力。

3）总体上，SBRB 残余变形 Δ_r 随复位比率的增加而逐渐减小。若以 0.5% 作为残余变形角限值，建议加载侧移角 1/50 下的复位比率宜取 0.7～0.9。总体上，端部连接形式对残余变形影响不大。

5.3　试件的数值模拟

5.3.1　纯自复位支撑的数值建模

（1）组合碟簧有限元模型验证

采用 ABAQUS 建模，组合碟簧的建模方法与第 3 章和第 4 章相同，本节不再赘述。

模拟结果与试验结果的对比见图 5.17。对于 C1 组合方式，因叠合面之间的摩擦效应，其加卸载曲线不重合。当模拟中叠合面间摩擦系数取 0.3 时，与试验结果相比其摩擦效应偏小，这是因模拟时叠合面间摩擦系数取值是根据单组碟簧压缩试验结果确定的，而在进行组合碟簧压缩试验时在组合碟簧与导杆之间也可能存在一定的摩擦效应，故而试验结果表现出更大的摩擦效应。试算表明，若将模拟时碟簧叠合面间摩擦系数进行适当放大（$f_M = 0.4$），模拟结果可与试验结果吻合更好（图 5.17a），但考虑试验中潜在的摩擦区域较多且额外的摩擦并非由叠合面间摩擦产生，为了更真实反映叠合面之间的摩擦作用，后续模拟中叠合面间摩擦系数仍然取 0.3。对于 C2 组合方式，因采用对合组合形式，模拟时未建立任何接触作用，其加卸载曲线重合。试验时对合面间摩擦作用较小，在碟簧与导杆间以及端部碟簧与垫片间仍可能存在一定的摩擦效应（图 5.17b），故试验结果表现出轻微的耗能效应，整体上模拟结果与试验结果吻合较好。

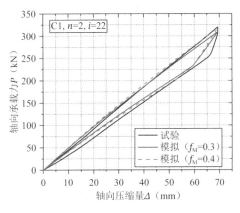

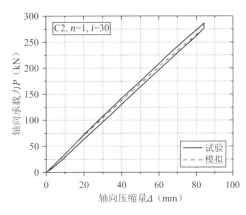

（a）C1 组合碟簧荷载-位移曲线对比　　　　　（b）C2 组合碟簧荷载-位移曲线对比

图 5.17　组合碟簧荷载-位移曲线试验与模拟对比

（2）自复位系统有限元模型验证

自复位系统建模方法与第 4 章相同，本节不再赘述。结合图 5.3 自复位系统的压缩试验，图 5.18 给出了 DS1 和 DS2 自复位系统压缩试验结果与模拟结果的对比。DS1 模型可较好地体现组合碟簧摩擦效应引起的耗能性能，与试验结果吻合较好。DS2 模型采用耦合作用建立对合面之间的相互作用，其加卸载曲线重合不表现出耗能能力，而试验时因端部碟簧与垫片间、对合组合碟簧与导杆之间以及上下部预压块、上部推拉块与导杆之间均可能存在摩擦作用，故表现出一定的耗能能力（图 5.18b），且由于螺杆组合中的预紧力使得各部件间的相互作用增强，其耗能相比未施加预压力时组合碟簧压缩试验结果（图 5.17b）更大。此外，模拟给出 DS1 和 DS2 的启动力与启动位移也均与试验较吻合。

（3）纯自复位支撑的建模

1）连接端部的建模

连接端部分为刚接和铰接两种，由连接端板、下耳板、上耳板、填板、并联板组成（图 5.5）。在建模时，连接端部的所有板件均采用 S4R 壳单元建立，并赋予各板件实际的厚度。装配完成后，对于铰接的构造形式，采用 MPC 铰接建立相互作用，具体的操作方式为：在上耳板和下耳板的孔心处分别建立两个参考点 RP-1 与 RP-2，并且保证两个参考点位置重合，将 RP-1 与上耳板耦合所有自由度，RP-2 与下耳板耦合所有自由度，再将 RP-1

与 RP-2 采用 MPC 铰接的方式连接在一起；对于刚接的构造形式，在上下耳板上拆分出的公共区域采用 Tie 连接，使二者变形协调一致。连接端部有限元模型见图 5.19。

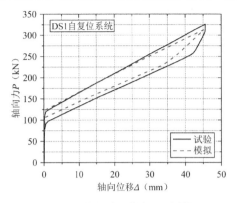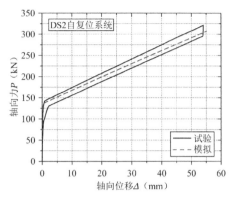

（a）DS1 压缩荷载-位移曲线试验与模拟对比　　　（b）DS2 压缩荷载-位移曲线试验与模拟对比

图 5.18　自复位系统压缩荷载-位移曲线试验与模拟对比

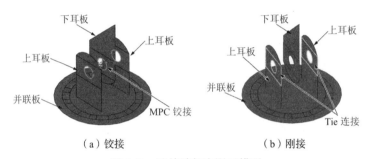

（a）铰接　　　　　　　　　　　（b）刚接

图 5.19　连接端部有限元模型

2）相互作用的建模

连接端部与自复位系统相互作用的建模中，为确保支撑整体长度为 2206mm，装配时在连接端部并联板与推拉块之间预留 20mm 间距以考虑壳元实际厚度。因螺栓连接无破坏，为简化模拟螺栓紧固作用，在连接端部并联板螺孔位置处拆分出 12 个扇形区域，与推拉块相应区域采用 Tie 连接，实现连接端部与推拉块之间的刚性连接，见图 5.20。整体支撑试件装配完成后，Y 轴正向为支撑轴向上端，为便于后续对支撑试件施加水平方向位移荷载，在上连接端部上建立局部坐标系，将上连接端部下耳板所有自由度在局部坐标系下与参考点 RP 进行耦合，以此参考点作为控制点对支撑施加水平方向位移荷载。

图 5.20　纯自复位支撑装配

试验水平加载过程中，组合碟簧以及上下部预压块除了产生支撑轴向的位移之外，还会随着控制钢管沿着垂直支撑轴向的方向进行平动。因此，模拟中需使控制钢管与各部件协调变形。组合碟簧与控制钢管相互作用建模与第 4 章相同。另外，试验中相同构造的铰接试件和刚接试件在承载力和耗能能力上有所不同，这是因刚接试件的套管间存在相互作用，其建模与第 4 章相同。当摩擦系数取值 0.15 时，模拟结果与试验结果吻合较好，见图 5.21。因此，控制钢管与上部推拉块连接钢管之间摩擦系数均取 0.15。与第 4 章比较可知，虽然采用相同的上下部推拉块，但由于试验过程中在管壁接触面涂刷润滑脂等操作的不同，可能导致摩擦效应不同。

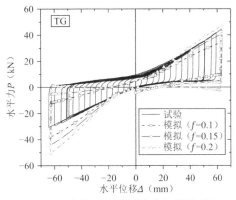

图 5.21　套管相互作用试验与模拟对比

（4）纯自复位支撑模拟验证

由前述试验可知，试验中支撑两端存在销轴间隙的影响，会导致测量水平位移较支撑实际位移偏大，模拟时不存在这种影响。试验中除了量测支撑上下端相对水平位移（此相对位移包括销轴间隙导致的滑移），还测了支撑两端并联板间的轴向相对位移（此相对位移不受销轴间隙的影响）。因此，图 5.22 中各支撑试件试验结果的水平位移均由实测轴向位移的 $\sqrt{2}$ 倍换算而来。其他支撑试验的结果对比也作相同处理。由图 5.22 对比可见，模拟与试验滞回曲线均呈旗帜形，能较好地反映出启动前、后的刚度和耗能能力。因模拟中摩擦效应考虑偏小，其耗能能力略微小于试验结果。因刚接套管间存在相互作用，DSG 比DSJ1 表现出更大的承载力和耗能能力。

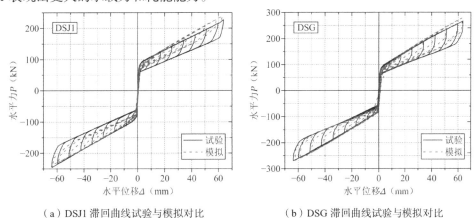

（a）DSJ1 滞回曲线试验与模拟对比　　　（b）DSG 滞回曲线试验与模拟对比

图 5.22　纯自复位支撑滞回曲线试验与模拟对比

5.3.2　纯防屈曲支撑的模拟分析

为避免防屈曲支撑发生弯曲破坏，试验中保留了复位系统中的上、下部推拉块（即带有控制钢管），加载时防屈曲支撑内置于控制钢管和上部推拉块的连接钢管中，这些外部套管可为防屈曲支撑提供侧向约束，由于端部刚接时套管之间也存在相互作用，模拟时应考虑其影响。又因试验中约束构件保持完好，故防屈曲支撑建模做一定简化，不考虑约束构件，仅建立钢板支撑作为主要耗能构件，约束其 U3 和 UR3 自由度。钢板支撑选用 Q235B 钢材，模拟中采用试验的实测材性数据。采用混合强化模型来考虑钢板支撑屈服后的强化效应。经试算调整，混合强化模型各参数取值为：$C = 4000\text{MPa}$，$\gamma = 37$，$Q_\infty = 120\text{MPa}$，$b = 5$。在钢板支撑两端与连接端部并联板建立 Tie 约束实现二者的刚性连接，通过上连接端部对防屈曲支撑施加水平方向位移进行加载。

图 5.23 的对比表明，受压侧模拟所得承载力和耗能能力相比试验结果均偏小，原因在于简化模型未建立约束构件，而试验中钢板支撑受压发生多波屈曲后与外围约束构件产生的摩擦作用会导致承载力增加。总体上，采用的简化建模方式基本可行。

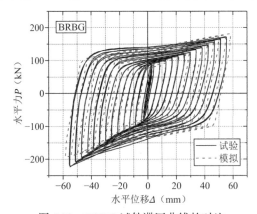

图 5.23　BRBG 试件滞回曲线的对比

5.3.3　自复位防屈曲支撑的模拟分析

基于纯自复位支撑的建模，将钢板支撑与上下连接端部并联板采用 Tie 连接，即形成了自复位防屈曲支撑。由图 5.24 可知，与试验曲线一致，4 个 SBRB 模型所得滞回曲线也均呈旗帜形。尽管预压力相差不大，但 SBRBJ1 与 SBRBJ2 模型因组合碟簧刚度不同，大侧移下 SBRBJ1 的承载力更大。随钢板支撑截面面积的减小，SBRBJ3 的残余变形比 SBRBJ1 模拟结果更小，且前者的耗能能力也大幅减小。端部刚接的 SBRBG 模型比端部铰接的 SBRBJ1 模型有更大的承载力和耗能能力，这与试验结果一致。总体上，各试件模拟与试验结果较一致，表明 SBRB 的建模是合理的。

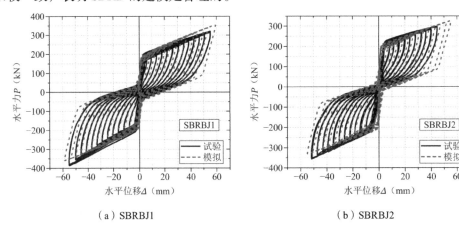

（a）SBRBJ1　　　　　　　　　　　　　（b）SBRBJ2

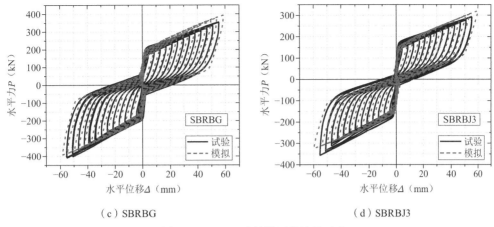

（c）SBRBG　　　　　　　　　　　　　　　（d）SBRBJ3

图 5.24　SBRB 试件滞回曲线的对比

5.4　自复位防屈曲支撑滞回性能参数分析

5.4.1　基准模型和分析方案

　　为考察组合碟簧刚度、预压量 h、钢板支撑面积 A_c 和端部连接形式等关键构造对 SBRB 滞回性能的影响，本分析采用试验时所用的 2 种碟簧规格 d1 和 d2（表 5.1）建立基准模型。2 种碟簧规格通过不同的组合方式组成 6 种自复位系统，见表 5.6。对于叠合组合碟簧（$n >$ 1），碟簧叠合面之间摩擦系数均取 0.3。各模型中，无特殊注明，端部连接形式均为铰接，内外套管间摩擦系数均取 0.15，支撑总长均为 2206mm，钢板支撑长度为 1623.35mm，其中屈服段长 1323.35mm。钢板支撑厚度为 10mm，屈服强度取 $f_y = 314.12$MPa，各混合强化参数与前述试件模拟相同。支撑各级水平加载位移幅值分别为：±6mm（2 倍屈服位移）、±12mm（4 倍屈服位移）、±18mm（6 倍屈服位移）、±24mm（8 倍屈服位移）、±31.2mm（2%侧移角）、±46.8mm（3%侧移角）、±62.4mm（4%侧移角），每级循环一圈。在各基准模型基础上等间距地改变各构造参数，以此来分析各参数对 SBRB 滞回性能的影响。

各自复位系统相关参数　　　　　　　　表 5.6

自复位系统	碟簧规格和组合方式	组合碟簧刚度	预压量（mm）	水平向预压力 P_0（kN）
D1	d1，$n = 2$，$i = 30$	K_1	22.5	49.03
			31.5	67.36
			40.5	85.65
D2	d1，$n = 2$，$i = 20$	$1.5K_1$	15	49.03
			21	67.36
			27	85.65
D3	d1，$n = 3$，$i = 20$	$2.25K_1$	10	49.03
			14	67.36
			18	85.65

续表

自复位系统	碟簧规格和组合方式	组合碟簧刚度	预压量（mm）	水平向预压力 P_0（kN）
D4	d2，$n=1$，$i=45$	K_2	31.5	52.27
			45	73.87
			58.5	95.07
D5	d2，$n=1$，$i=30$	$1.5K_2$	21	52.27
			30	73.87
			39	95.07
D6	d2，$n=1$，$i=20$	$2.25K_2$	14	52.27
			20	73.87
			26	95.07

注：K_1 为 D1 自复位系统组合碟簧的刚度，$K_1 = 3.02$kN/mm；K_2 为 D4 自复位系统组合碟簧的刚度，$K_2 = 2.19$kN/mm。表中预压量为各组合碟簧的轴向压缩量，由于各模型滞回曲线及各参数值均是按水平方向给出的，故表中预压力是经换算后的支撑水平方向预压力，即轴向预压力是水平预压力的 $\sqrt{2}$ 倍。

5.4.2　参数影响分析

（1）组合碟簧刚度

由自复位系统受力特性可知，组合碟簧的刚度对自复位系统的启动后刚度起决定性作用，并直接影响着 SBRB 的最大承载力。图 5.25 表明，在不同组合碟簧刚度下，当预压力 P_0 相同时，随着组合碟簧刚度增大，相同位移幅值下 SBRB 的承载力随之增大。由于预压力以及钢板支撑截面面积相同，各 SBRB 的残余变形和耗能能力基本相同。

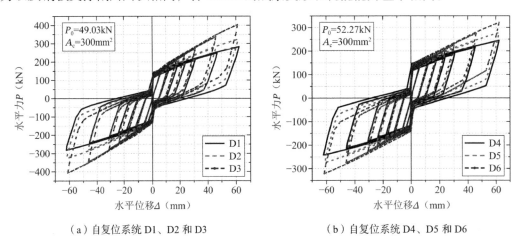

（a）自复位系统 D1、D2 和 D3　　　　　（b）自复位系统 D4、D5 和 D6

图 5.25　不同组合碟簧刚度下 SBRB 滞回曲线

为更直观反映组合碟簧刚度对支撑性能的影响程度，以水平向预压力 $P_0 = 85.65$kN 为例，图 5.26 给出了由 D1～D3 自复位系统构成的 SBRB 最大承载力和 2% 侧移下残余变形随组合碟簧刚度的变化情况。可见，SBRB 最大承载力随着组合碟簧刚度的增加呈近似线性的增加，残余变形有轻微的下降趋势。这是因为，虽然与螺杆轴向刚度相比，组合碟簧刚度对启动前复位系统轴向刚度的影响较小，但启动后大的水平位移下，组合碟簧刚度大的复位系统卸载后在相同位移下复位力更大，钢板支撑截面不变时，复位效果增强，残余变形随之减小。但应注意，残余变形的减小幅度受复位比率取值范围的影响。例如，如果相同复位力时，钢板支撑截面较小的算例的复位比率已够大，此时若碟簧刚度低的算例已基本无残余变形，即使再增大碟簧刚度，残余变形也减幅甚微（图 5.26b）。

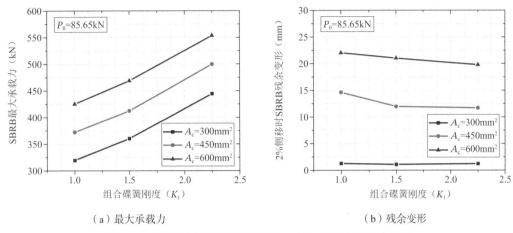

（a）最大承载力　　　　　　　　　（b）残余变形

图 5.26　不同组合碟簧刚度下 SBRB 最大承载力与残余变形

实际 SBRB 构件设计中，承载力并非越大越好。如果 SBRB 中组合碟簧刚度过大，会导致相同变形时支撑承载力过高，从而当自复位支撑用于钢框架中时，将对梁柱和节点连接提出更高的设计要求。当组合碟簧刚度过小时，相同预压力下的预压量过大，可能会使启动后碟簧的弹性变形能力受到影响。所以，在满足支撑设计变形和承载力需求的前提下，建议适当减小组合碟簧的刚度。

（2）组合碟簧预压量

在其他参数不变时，组合碟簧的预压量直接决定着自复位防屈曲支撑的复位比率，对残余变形有很大影响。图 5.27 为不同预压量下的 SBRB 滞回曲线。可见，随预压量的增加，SBRB 的残余变形随之减小，耗能能力基本不变，相同位移下 SBRB 的承载力随之增加。这是因为钢板支撑截面面积保持不变时，预压量增加直接使自复位系统预压力增加，复位比率变大，从而导致承载力的增加和残余变形的减小。

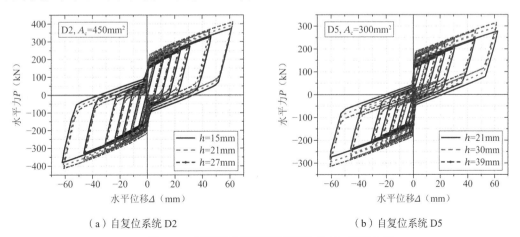

（a）自复位系统 D2　　　　　　　　（b）自复位系统 D5

图 5.27　不同组合碟簧预压量下 SBRB 滞回曲线

以 D4 和 D6 自复位系统构成的 SBRB 为例, 图 5.28 为 2%侧移角下的残余变形随组合碟簧初始预压量的变化情况。可见, 钢板支撑截面一定时随着初始预压量的增加残余变形随之减小。但各 SBRB 残余变形随预压量的变化关系并不是呈完全线性的, 这表明复位比率在不同取值范围时对支撑残余变形的削减程度不同。

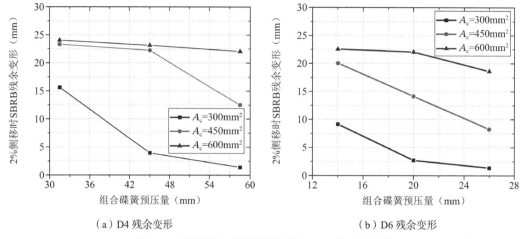

（a）D4 残余变形 　　　　　　（b）D6 残余变形

图 5.28　不同组合碟簧预压量下 SBRB 的残余变形

（3）钢板支撑截面面积

钢板支撑作为主要耗能构件, 其截面面积直接影响着支撑的承载力、耗能能力与残余变形。其他参数不变时, 图 5.29 为不同钢板支撑截面面积的 SBRB 滞回曲线对比。可见, 随截面面积增大, SBRB 的承载力和耗能能力显著增加, 由于自复位系统预压力相同, 对应相同侧移角下复位比率减小, 残余变形增加。

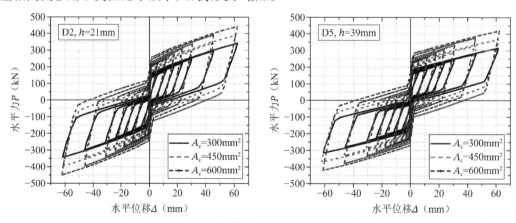

图 5.29　不同钢板支撑截面面积下 SBRB 的滞回曲线

以 D1 和 D3 自复位系统构成的 SBRB 为例, 图 5.30 为 2%侧移角下的残余变形随钢板支撑截面面积的变化, 初始预压量相同时随着钢板支撑截面面积的增加, 残余变形明显增加, 复位效果下降, 这与前述试验结果趋势相同。因复位比率在不同取值范围时对残余变形的控制效果不同, 各 SBRB 的残余变形随钢板支撑截面面积的变化趋势也不相同。

（4）端部连接形式的影响

目前自复位支撑的试验研究中, 采用轴向加载[26,28,31]不能充分体现两端连接形式对自复位支撑性能的影响。由于目前大多数自复位支撑均采用内外管相互错动的原理来实现复位功能，在将支撑用于钢框架中时必定会存在内外管之间的相互作用。因本章所采用的构造也存在内外套管间的相互作用，本节设计了一系列其他参数相同情况下的算例，来考察端部连接形式对自复位支撑滞回性能的影响。

图 5.31 给出了其他参数相同情况下，铰接和刚接 SBRB 滞回曲线的对比。可见，与铰接相比，刚接的承载力和耗能能力均较高，残余变形也稍大一些，但差别不大，这与前述试验结果一致。这是因为端部连接形式为铰接时，内外套管可自由变形，不存在相互作用；当端部连接形式为刚接时，内外套管相互作用产生弯曲变形及摩擦效应，使支撑的承载力和耗能能力提高。由于在自复位防屈曲支撑中，防屈曲支撑为主要耗能构件，通过钢材的塑性变形产生耗能，端部连接形式为刚接时会使钢板支撑中产生弯矩，压弯或拉弯区段相比轴心受力区段会产生更大的塑性变形，加速了钢板支撑局部塑性变形的累积。试验表明，与铰接相比，刚接时钢板支撑较早断裂，使累积耗能能力降低，因此本章建议采用铰接的端部连接形式。

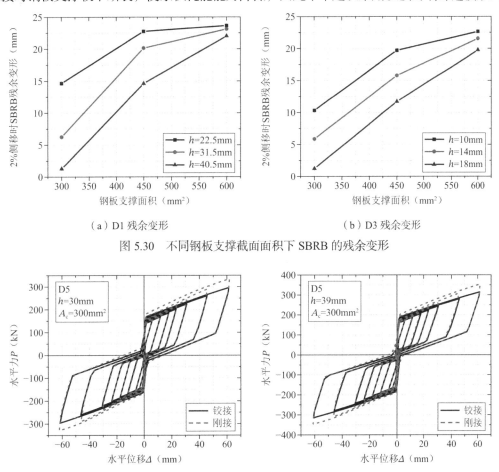

（a）D1 残余变形　　　　　　　　　（b）D3 残余变形

图 5.30　不同钢板支撑截面面积下 SBRB 的残余变形

（a）$h = 30\text{mm}$　　　　　　　　　（b）$h = 39\text{mm}$

图 5.31　刚接和铰接 SBRB 滞回曲线对比

5.4.3　复位比率的影响分析

复位比率 α_{sc} 定义为自复位系统预压力 F_0 与某一侧移角下考虑应变硬化和受压承载

力提高后的防屈曲支撑承载力 $\beta\omega f_y A_c$ 之比。上述参数分析中，钢材混合强化系数和钢板支撑屈服强度均相同，故而 β、ω 和 f_y 不变，复位比率主要由组合碟簧的预压量和钢板支撑截面面积控制。图 5.32 给出了各算例在 2%侧移角下的复位比率和残余变形关系。随着复位比率增大，残余变形呈减小趋势，各数据点间表现出一定的离散性。这表明，除了复位比率之外，组合碟簧刚度对残余变形也会产生影响。

若以 0.5%作为对应 2%侧移角时的残余侧移角限值[15]，由图 5.32a 可见，当复位比率取值大于 0.7 时，残余变形角小于 0.5%，随着复位比率增大残余变形继续减小，当复位比率取值大于 0.85 时，对残余变形的控制效果趋缓，这与前述试验结果趋势相同。考虑在满足残余变形设计要求的基础上，复位比率应尽量小，建议复位比率取值为 0.7~0.85。对复位比率位于 0.4~0.85 以及 0.85~1.1 的各数据点进行线性回归（图 5.32b），得到残余变形角 γ_r 与复位比率 α_{sc} 的计算关系：

$$\gamma_r = \begin{cases} -0.0329\alpha_{sc} + 0.0289 & (0.4 < \alpha_{sc} < 0.85) \\ -0.00086\alpha_{sc} + 0.00167 & (0.85 < \alpha_{sc} < 1.1) \end{cases} \tag{5.1}$$

式中，γ_r 为 SBRB 残余变形角（%）。考虑应用安全，将复位比率位于 0.4~0.85 间的回归曲线向上平移 2 倍的标准差得到包络线：

$$\gamma_r = -0.0329\alpha_{sc} + 0.0315 \quad (0.4 < \alpha_{sc} < 0.85) \tag{5.2}$$

实际应用中偏安全考虑时，若采用包络线（式(5.2)）考虑复位比率与残余变形计算关系，可得到复位比率取值宜为 0.8~0.85。

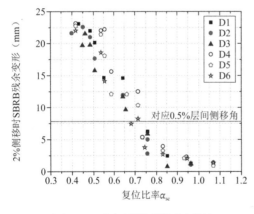

（a）SBRB 残余变形与复位比率统计

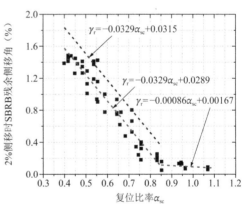

（b）残余变形角与复位比率计算关系

图 5.32　SBRB 残余变形与复位比率关系

第6章 低初始锥角组合碟簧摩擦作用的试验和理论预测研究

6.1 引言

近年来，碟簧在钢梁柱节点、钢支撑和剪力墙等自复位构造中得到日益广泛的研究和应用，可为构件或节点提供良好的恢复力和弹性变形能力。其中，因碟簧标准中规格为 $D/t \approx 18$ 和 $h_0/t \approx 0.4$（$R = D/2$，h_0、t 如图 6.1a 所示）的 A 系列碟簧[45]具有低初始锥角 β，组合碟簧具有近似线性的刚度，便于设计和应用，故在目前的研究和应用中得以广泛采用。

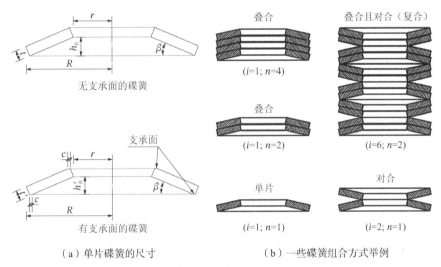

（a）单片碟簧的尺寸　　　　（b）一些碟簧组合方式举例

图 6.1 碟簧的尺寸规格和组合方式

目前的研究中，对碟簧摩擦效应的研究多集中于单片碟簧与垫片间的摩擦，对于组合碟簧叠合面间的摩擦效应研究很少且缺少简便实用的设计公式。本章将进一步探索考虑并联和串联各种组合形式下碟簧摩擦作用的公式，以便在设计阶段准确评估组合碟簧的弹性滞回曲线。主要工作如下：首先，采用 3 种尺寸规格的低初始锥角碟簧进行了不同组合方式的压缩试验，并对试验结果进行了有限元分析，得到了摩擦系数；其次，通过与有限元分析结果的对比，验证了现有的碟簧与垫片支承区摩擦力预测公式的正确性；再次，提出了考虑力矩平衡和能量平衡两种情况下叠合组合碟簧的叠合面间摩擦作用的理论预测公式，并通过有限元分析进行了验证；最后，给出了综合考虑叠合和对合组合方式下的组合碟簧摩擦作用的计算公式，并通过有限元分析和试验进行了验证。

6.2 组合碟簧的轴压试验

轴压试验直接考察碟簧的工作特性，并用于后续验证公式预测的准确性。

6.2.1 组合方式

3 种尺寸的碟簧在表 6.1 中标记为 DS-1、DS-2 和 DS-3。其初始锥角较低，按碟簧标准属于 A 系列碟簧[45]。DS-3 没有支承面，DS-1 和 DS-2 有支承面（图 6.1a）。DS-1 尺寸为 $R = 100\text{mm}, r = 52\text{mm}, t' = 10.31\text{mm}$ 和 $h'_0 = 4.70\text{mm}$，DS-2 尺寸为 $R = 100\text{mm}, r = 52\text{mm}$，$t' = 13.05\text{mm}$ 和 $h'_0 = 4.55\text{mm}$，DS-3 尺寸为 $R = 50\text{mm}$，$r = 25.5\text{mm}$，$t = 7.00\text{mm}$ 和 $h_0 = 2.20\text{mm}$。这里的 t'（或 t）和 h'_0（或 h_0）均是试验前实测的尺寸。对于图 6.1b 中的组合方式，n 和 i 分别表示每组碟簧叠合的片数和对合的组数。根据测试设备的空间和代表性的组合方式，共对碟簧表面状态属于制造商提供的原始表面条件下的 23 种组合方式进行了测试。此外，为了进一步考虑表面条件（摩擦系数）对组合碟簧轴向荷载-变形曲线的影响，在表 6.1 中 $i = 1$ 的其他 8 种组合方式下的碟簧表面均匀涂覆润滑脂（用大写字母 L 表示），并对这 8 种组合方式的碟簧也进行了试验。所有碟簧均采用 60Si2MnA 钢材料。根据厂家提供的材料性能，DS-1 和 DS-2 由相同的材料制成，其屈服应力和极限应力分别为 1477MPa 和 1647MPa。DS-3 的屈服应力和极限应力分别为 1521MPa 和 1702MPa。杨氏模量 E 和泊松比分别约为 206000MPa 和 0.3。

碟簧的规格和组合方式　　　　　　　　　　　　　　　　　　表 6.1

规格	$n = 1$	$n = 2$	$n = 3$
DS-1	$i = 1$, $i = 30$, $i = 1$(L)	$i = 1$, $i = 8$, $i = 14$, $i = 20$, $i = 1$(L)	$i = 1$, $i = 6$, $i = 10$, $i = 1$(L)
DS-2	$i = 1$, $i = 30$, $i = 1$(L)	$i = 1$, $i = 6$, $i = 10$, $i = 14$, $i = 1$(L)	
DS-3	$i = 1$, $i = 40$, $i = 1$(L)	$i = 1$, $i = 24$, $i = 30$, $i = 1$(L)	$i = 1$, $i = 14$, $i = 20$, $i = 1$(L)

6.2.2 组合碟簧的轴压加载试验

（1）试验准备

组合碟簧试验加载见图 6.2，其中焊接在下部杆内的圆形控制杆穿过下压块、组合碟簧、上压块和附加钢板，最后穿入焊接在上部杆内的圆形管中。圆形控制杆作为组合碟簧的导向杆为其提供内部潜在横向支承，以确保组合碟簧受压稳定性，并确保测试安全性。根据碟簧标准的要求，考虑到碟簧直径的不同，控制杆与组合碟簧之间应保持适当的间隙。因此，控制杆与 SC-1 或 SC-2 碟簧之间沿杆周围横向均保留了 1.0mm 的间隙，SC-3 碟簧均保留了 0.5mm 的间隙。根据组合碟簧的高度灵活调整附加钢板的厚度，从而预留适当的轴向空隙（图 6.2a），使控制杆沿轴向平稳移动。对于每一种组合方式的碟簧，安装 2 块与对应碟簧材质相同的端部平垫片，每个平垫片在一侧与端部碟簧接触，在另一侧与上、下压块焊接的 30mm 厚端板接触。轴向荷载由加载器施加，并由压力传感器记录。同时，采用 2 个对称安装的 LVDT 测量轴向位移，并将测量值的平均值作为轴向变形来控制加载过程。基于相关研究[89]考虑材料非线性的有限元分析发现，对于不含支承面的碟簧，当轴向挠度

接近 h_0 时，会产生残余变形，总体而言，在 $0.75h_0$ 以内，材料非线性对轴向荷载-变形曲线的影响不明显。有限元分析[72]和试验[36,49]也将轴向变形限制在 $0.75\,h_0$ 以内来确保碟簧在弹性状态下工作。因此，在每个组合方式下的轴向加、卸载试验中，其峰值轴向变形分别在 $0.75ih_0$ 或 $0.75ih_0'$（$i=1$ 时见图 6.1a）以内，以确保碟簧保持弹性。

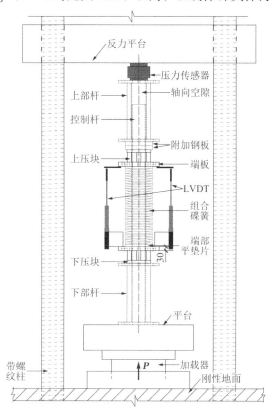

（a）加载示意图

（b）DS-1 组合碟簧 $n=2$ 和 $i=8$　　　（c）DS-1 组合碟簧 $n=1$ 和 $i=30$

图 6.2　组合碟簧轴压试验的加载图

（2）试验获得的轴向荷载-变形曲线

轴向荷载 P 与组合碟簧两端相对轴向压缩量 Δ 形成的曲线见图 6.3 和图 6.4。组合碟簧在加、卸载阶段均表现出稳定的受力性能，总体上，3 次试验曲线重合，说明组合碟簧具有良好的自复位性能，特别是其规律性的滞回响应是可以预测的。然而在每次测试之前，一些碟簧的对中可能会存在一点偏差，因此在图 6.3 和图 6.4 中，个别加、卸载中会出现不一致的曲线。例如，第一次测试中 $n=2$、$i=1$ 的 DS-2。此外，由于试验过程中的操作误差，每种组合方式在 3 次加、卸载试验中施加的轴向变形水平会有所不同，因此 3 次试验中施加的最大变形会存在偏差。例如，$n=3$、$i=10$ 的 DS-1 和 $n=3$、$i=14$ 的 DS-3 等。但需说明的是，因碟簧均处于弹性，这些加载差别并不会影响对碟簧受力性能是否稳定的判断。例如，虽然施加的峰值轴向变形水平有所不同，但试验表明，在相同轴向变形水平下，3 次重复试验中，无论加载阶段还是卸载阶段，各组合方式组合碟簧的轴向刚度和轴向承载力总体上基本相同（图 6.3）。揭示了各组合方式碟簧轴向承载力-轴向变形关系曲线的变化趋势是稳定的、可预测的，且轴向荷载-变形变化趋势在 $0.75ih_0$ 或 $0.75ih_0'$ 范围内不受施加轴向变形水平的影响。对于一些组合方式，例如 DS-1 组合方式 $n=3$、$i=1$；DS-2 组合方式 $n=1$、$i=30$；DS-3 组合方式 $n=1$、$i=40$，$n=2$、$i=24$，$n=3$、$i=20$，其 3 次加、卸载的曲线最大变形也几乎相同，更直观地表现出组合碟簧轴向承载-变形的稳定趋势。由图 6.3 和图 6.4 还可见，在每个轴向变形水平下，所有组合方式下的加载路径和卸载路径之间都存在荷载差异，表明端碟簧边缘与端部平垫片之间以及叠合碟簧的表面之间均存在摩擦作用。经过仔细观察还发现，与图 6.3 中具有原始表面的碟簧的轴向曲线相比，润滑脂使图 6.4 中的同一位移幅值下的加、卸载的承载力差值变小，表明润滑脂降低了摩擦作用，但并不能完全消除摩擦作用。这表明，无论组合碟簧是否涂有润滑脂，其轴向承载能力和变形能力均随 n 和 i 的增加而近似呈倍增的趋势。

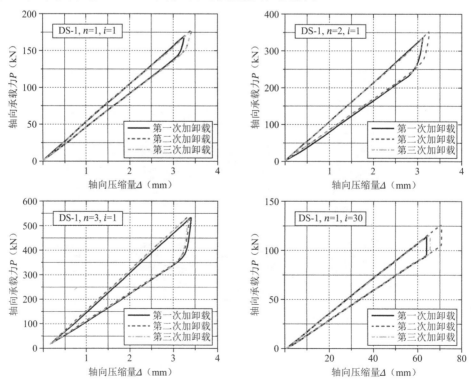

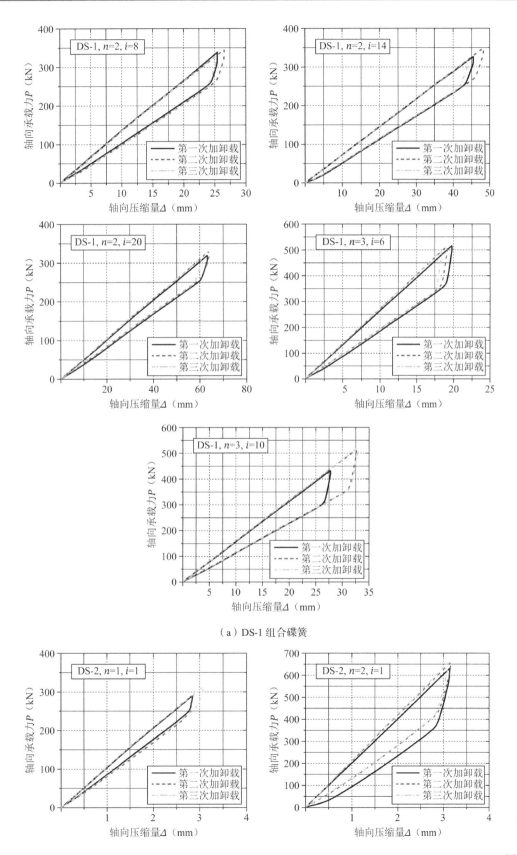

（a）DS-1 组合碟簧

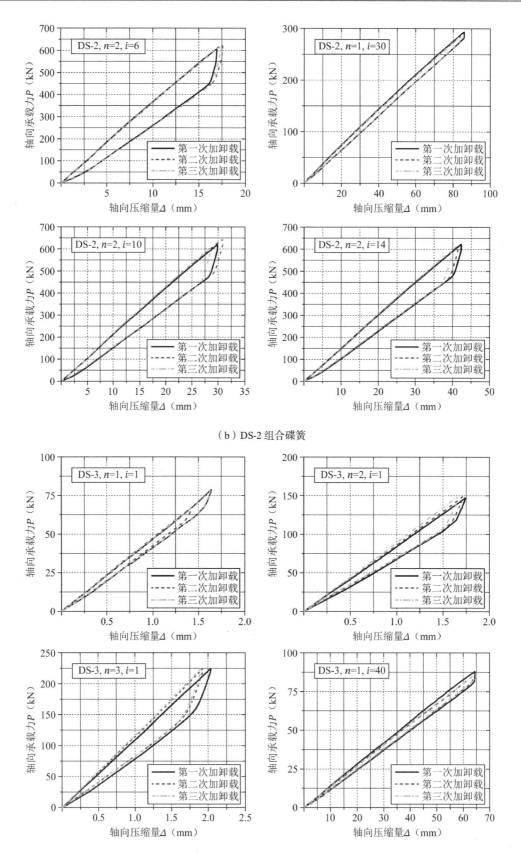

（b）DS-2 组合碟簧

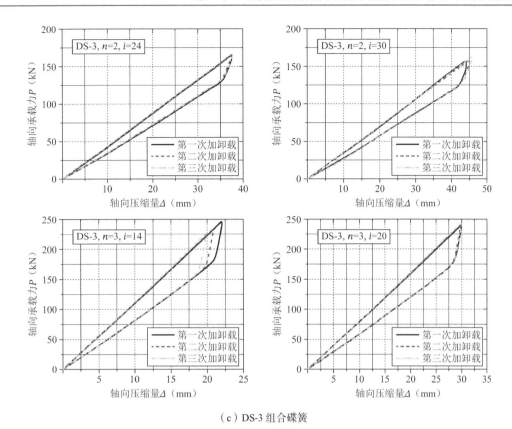

（c）DS-3 组合碟簧

图 6.3　试验获得的不同组合碟簧的轴向受压承载力-变形曲线

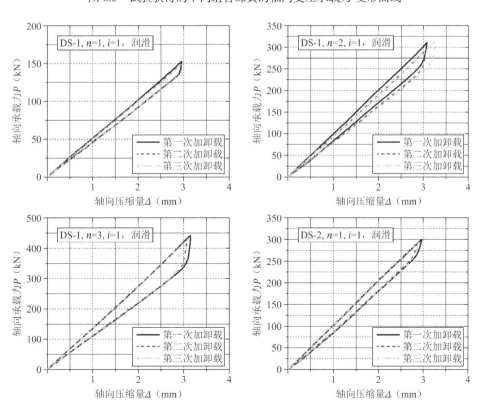

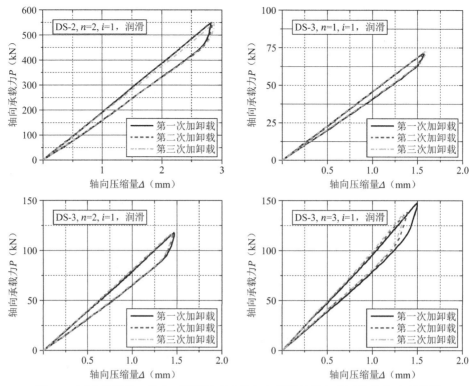

图 6.4　试验获得的一些表面润滑处理后的组合碟簧的轴向受压承载力-变形曲线

6.3　有限元分析

采用有限元分析来进一步研究碟簧的工作特性，通过模拟加、卸载试验来获得碟簧的摩擦系数，从而经有限元分析来考察现有公式和所提出公式的预测精度。

6.3.1　有限元模型

与已有研究[64]中采用的单元类型相同，在 ABAQUS 软件中选择二维轴对称四边形单元 CAX4R 进行有限元分析。为了获得准确的模拟结果，每个碟簧沿厚度方向使用 8 个单元，沿径向使用 25（或 27）个单元来划分网格。分析中考虑了碟簧的实际尺寸和几何非线性行为。基于有限元分析中轴向变形峰值在 $0.75ih_0$（或 $0.75ih_0'$）以内，且碟簧基本保持弹性的特点，采用弹性材料模型。根据碟簧标准[76]，对于通常由 60Si2MnA 或 50CrVA 制成的碟簧，杨氏模量 E 和泊松比可分别取 206000MPa 和 0.3，本分析中采用了这些数值。在其他有限元分析[71,72]中也采用了这些数值。

为了获得与试验结果相似的荷载-位移曲线，需考虑组合碟簧中的摩擦效应。试验时在碟簧与垫片之间、碟簧叠合面之间、碟簧对合面之间以及碟簧内径与导杆之间均可能存在摩擦作用。第 4 章通过试验和有限元分析证实了碟簧对合面之间的摩擦作用非常微小，几乎可忽略不计，而碟簧内径与导杆仅在碟簧产生横向位移时才会发生接触，这种不确定因素在模拟中很难实现。故而模拟时仅考虑碟簧与端部支承垫片之间、碟簧与碟簧在叠合面之间的摩擦作用。实际应用中，如果想简化考虑上述可能产生的额外摩擦作用，还可尝试

124

通过适当增大碟簧叠合面之间的摩擦系数来等效考虑碟簧对合面可能的错动以及碟簧与导杆之间的摩擦效应。

对于 CAX4R 二维轴对称实体单元,该单元每个节点有 3 个自由度($U1$、$U2$、$UR3$)。为便于论述,规定组合碟簧轴向上端为 Y 轴(即 $U2$ 方向)正向(图 6.5)。考虑到每个接触对之间存在一定的相对滑移,在上下端碟簧与端平垫片的边缘之间以及相邻叠合碟簧的平行表面之间均建立了面对面接触对(图 6.5a、b),法向行为选择默认的"硬接触",切向行为采用罚算法处理摩擦接触边界,摩擦系数是在模拟试验过程中通过不断试算调整将分析结果与试验结果相匹配来确定的。为确保各组碟簧轴向变形一致,需将相邻两组碟簧对合面的 $U2$ 自由度进行耦合。对于无支承面碟簧,直接将相邻两组碟簧的相互作用点进行耦合(图 6.5c);对于有支承面碟簧,在承受荷载后支承面会发生弯曲变形,两组对合碟簧的相互作用区域逐渐减小至支承面与锥面边缘交界处,故对锥面边缘建立耦合(图 6.5d)。

根据 A-L 解[60]的假设,碟簧在承受轴向荷载时,横截面绕中性点 O 发生旋转(图 6.5a、c),外径向外扩张而增大,内径向内收缩而减小,故而给碟簧施加边界条件时需释放 $U1$ 和 $UR3$ 自由度。因此只需给组合碟簧添加 $U2$ 方向的约束即可。下端平垫片节点被约束以避免垂直移动,即 $U2 = 0$,上端平垫片节点被约束以应用预期的垂直位移 $U2$ 来给组合碟簧施加位移荷载,$U2$ 值仍控制在 $0.75ih_0$ 或 $0.75ih_0'$ 以内。

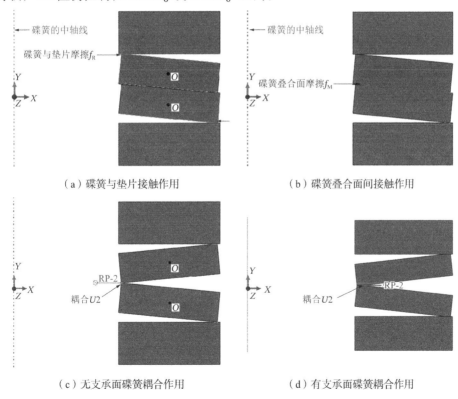

(a)碟簧与垫片接触作用 (b)碟簧叠合面间接触作用

(c)无支承面碟簧耦合作用 (d)有支承面碟簧耦合作用

图 6.5 组合碟簧相互作用

6.3.2 分析结果

如图 6.6 所示,通过 $i = 1$ 的组合方式分析与试验的轴向荷载-挠度曲线对比,得到端部碟簧边缘与端部平垫片之间的摩擦系数以及相邻叠合碟簧表面之间的摩擦系数,分别用 f_R

和 f_M 表示，如表6.2所示。对于系数 f_R 和 f_M 的确定，采用 $i=1$ 的短组合方式的理由是尽可能避免其他潜在摩擦带来的额外影响。例如，对于 $i>1$ 的长组合碟簧，特别是无支承面的碟簧（图6.1a），在试验过程中（图6.2a），碟簧可能沿横向错动导致碟簧与控制杆之间的接触和摩擦，且甚至导致对合面间产生摩擦。总体上，图6.6中采用表6.2中摩擦系数的分析结果与试验结果总体上一致。这表明，有限元分析是可行的，可进一步用于探讨组合碟簧的受力性能。

模拟试验获得的有限元分析中采用的摩擦系数　　　　　　　表 6.2

编号	f_R	f_M
DS-1	0.23	0.30
DS-2	0.23	0.30
DS-3	0.20	0.20

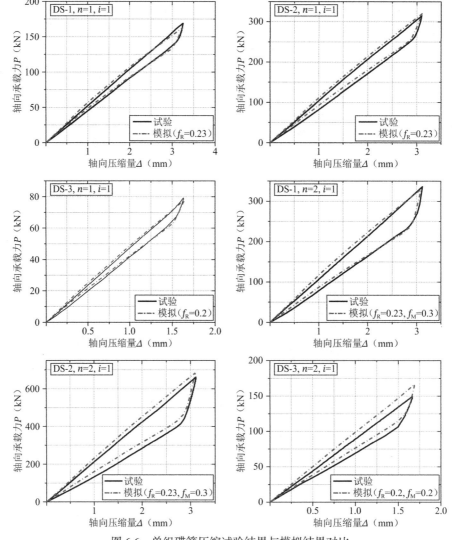

图 6.6　单组碟簧压缩试验结果与模拟结果对比

需注意的是，考虑到端部平垫片和碟簧的表面质量、润滑等因素的不同，系数 f_R 和 f_M 的值可能不同。因此，在进一步的分析中，除了表 6.2 给出的系数外，还参考相关研究中 f_R 和 f_M 值为 0.0～0.4，拓宽了 f_R 和 f_M 的取值，以充分考虑这些系数对组合碟簧轴向受力性能的影响。以 DS-3 碟簧为例，考虑不同摩擦系数的分析结果见图 6.7。与无摩擦情况相比，在相同轴向变形时，加载和卸载阶段的承载力差异随着摩擦作用的增加而增大。DS-1 和 DS-2 规格的碟簧也有类似的趋势。根据 A-L 解[60]计算出的曲线（不考虑摩擦）也显示在图 6.7 中，与有限元分析给出的无摩擦曲线相比，A-L 解高估了碟簧的承载能力，这是由于 A-L 解的假设缺陷导致的。图 6.7 中 $n=1$ 的 DS-3 在 $0.75\,h_0$ 下，承载能力高估约 4.28%。同样，之前的一些研究[64,71]中也发现 A-L 解高估了轴向承载力。对于 DS-1 和 DS-2，根据支承面宽度 c 的实测结果，有限元分析中（图 6.1a）取 c 约为 3mm。我国碟簧标准[45,76]采用 A-L 解并进一步采用参数 K_4 考虑支承面影响的情况下给出有支承面单片碟簧的轴向承载力，有限元分析发现，轴向变形接近 $0.75h_0{}'$，基于碟簧标准计算的 DS-1 或 DS-2 单片承载能力比有限元分析结果偏低 3%～4%。这可能是由于 c 的测量误差影响了碟簧内外边缘的支承位置，进而影响了碟簧力臂[71]导致的。尽管如此，对于 A 系列碟簧，总体上，A-L 解与有限元分析结果基本接近。

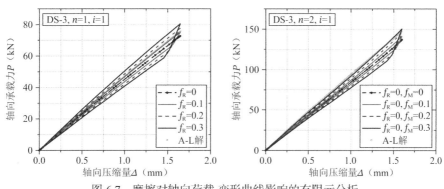

图 6.7　摩擦对轴向荷载-变形曲线影响的有限元分析

6.4　简化的理论解

虽然借助试验验证的有限元分析可以较准确地给出考虑实际摩擦效应的碟簧轴向荷载-变形曲线，但如果能用一些简化的理论解来有效地预测荷载-变形曲线，将更加便于实际应用。为简明介绍下文的理论解，将 Almen 等[60]给出的解、Curti 等[73]给出的解、Ozaki 等[48]给出的解、我国碟簧标准等[76]给出的解和本文给出的解分别称为 A-L 解、C-M 解、O-T 解、GB-T 解和 D-Z 解。

6.4.1　现有单片碟簧的一些理论解

本节首先介绍现有关于单片碟簧轴向承载-变形关系预测的一些理论解及其预测效果，然后将其进一步应用于组合碟簧轴向承载-变形关系的预测公式中。

（1）C-M 解

取碟簧的扇形微元体 $d\theta$（图 6.8），A-L 解在无摩擦条件下（$f_R = 0$），由变形引起的绕 O 点的内部弯矩 M_1（也称为径向弯矩）和由轴向荷载 P 引起的外部弯矩 M_p 分别由式(6.1)

和式(6.2)确定。

$$M_1 = \frac{Et\varphi(\beta-\varphi)(\beta-\varphi/2)\,\mathrm{d}\theta}{1-\mu^2}\left[\frac{1}{2}(R^2-r^2)-2\frac{(R-r)^2}{\ln R-\ln r}+\frac{(R-r)^2}{\ln R-\ln r}\right]+\frac{Et^3\varphi\,\mathrm{d}\theta}{12(1-\mu^2)}\ln\frac{R}{r} \quad (6.1)$$

$$M_P = \frac{P(R-r)\,\mathrm{d}\theta}{2\pi} \quad (6.2)$$

式中，E 为杨氏模量；μ 为泊松比；R、r、t 和 h_0 分别为碟簧的外半径、内半径、厚度和自由高度（最大可能发生的变形）；β 和 φ 分别为碟簧的初始锥角和轴向荷载作用下的锥角变化量；对于小角度的 β 和 φ，近似有 $\beta = h_0/(R-r)$ 和 $\varphi = \delta/(R-r)$。

通过令 $M_P = M_1$，可由式(6.3)确定 P 和 δ 之间的轴向关系，此即 A-L 解，这也是我国碟簧标准[76]中无支承面单片碟簧的轴向承载力-变形关系式：

$$P = \frac{M_1}{(R-r)}\frac{2\pi}{\mathrm{d}\theta} \quad (6.3)$$

C-M 解考虑了由于碟簧与上下支承区域之间的摩擦而产生的额外力矩。用轴向荷载 P_f（$f_R \neq 0$）代替图 6.8 中的 P，考虑转角 φ，并在小角度 β 和 φ 情况下，引入简化 $\tan(\beta-\varphi) \cong \beta-\varphi$ 和 $\cos(\beta-\varphi) \cong 1$，轴向荷载 P_f 引起的摩擦力矩 M_f 和外弯矩 M_Pf 可由式(6.4)和式(6.5)得出。

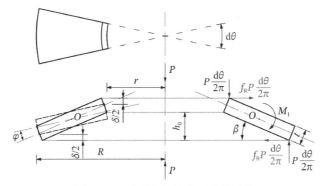

图 6.8 一片碟簧的横截面和微元体

考虑 $M_\mathrm{Pf} \pm M_\mathrm{f} = M_1$，$P_\mathrm{f}$ 和 δ 之间的轴向关系可由式(6.6)确定[73]，其中 P 可由式(6.3)略去因子（$1-\mu^2$）近似求得，加载和卸载阶段分别用符号"−"和"+"表示。

$$M_\mathrm{f} = \frac{f_R P_\mathrm{f}\,\mathrm{d}\theta}{2\pi}[(R-r)\tan(\beta-\varphi)+t\cos(\beta-\varphi)]$$
$$= \frac{f_R P_\mathrm{f}\,\mathrm{d}\theta}{2\pi}[(R-r)(\beta-\varphi)+t]$$
$$= \frac{f_R P_\mathrm{f}\,\mathrm{d}\theta}{2\pi}(h_0-\delta+t) \quad (6.4)$$

$$M_\mathrm{Pf} = \frac{P_\mathrm{f}(R-r)\,\mathrm{d}\theta}{2\pi} \quad (6.5)$$

$$P_\mathrm{f} = \frac{P}{1 \pm f_R\dfrac{h_0-\delta+t}{R-r}} \quad (6.6)$$

（2）O-T 解

与 A-L 解的假设类似，假设轴压作用下碟簧的横截面不变形，仅在轴向变形 δ 时绕中

性点 O 旋转，图 6.9 中碟簧的上下边缘在径向方向上具有相对滑动值 u_e，根据文献[48]，考虑平垫板为刚体，相对滑动值 u_e 可由式(6.7)计算。需说明的是，P 的实际分布与图 6.8 相同，即实际上总轴向荷载 P 沿碟簧圆周均布。图 6.9 为简化表示，将总轴向荷载 P 置于横截面右侧。

$$u_e = \frac{1}{2}\sqrt{2l^2(1 - \cos\varphi) - \delta^2}, \quad \varphi = \arccos(\cos\theta - \frac{\delta}{l}) - \theta \tag{6.7}$$

其中对角长度 l 相对垂直线的角度 θ 和围绕中性点的旋转角 φ 见图 6.9。对于较小的角度 φ，存在近似关系式 $u_e = l\sin\varphi\cos\theta/2$ 和 $\sin\varphi = \varphi = \tan\varphi = \delta/(l\sin\theta)$，因此可由下式得到化简的 u_e：

$$u_e = \frac{1}{2}\frac{\delta}{\tan\theta} = \frac{\delta(h_0 + t)}{2(R - r)} \tag{6.8}$$

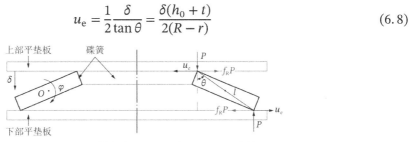

图 6.9　一片碟簧受压后与端部垫板间的摩擦

文献[48]的研究表明，在相同的轴向变形水平下，改变摩擦系数时，单个碟簧的变形过程及其对应的内部应变能几乎相同。因此，考虑摩擦力做功的增量 $\Delta E_f = 2f_R P \cdot \Delta u_e$ 等于外力功增量 $\Delta W = \Delta P \cdot \Delta\delta$，则轴向荷载增量可由下式求得：

$$\Delta P = \frac{2f_R P \cdot \Delta u_e}{\Delta\delta} = f_R P\frac{h_0 + t}{R - r} \tag{6.9}$$

因此，考虑摩擦的轴向荷载可由式(6.10)确定[48]，其中 P 可由式(6.3)或 $f_R = 0$ 的有限元计算得到，加载和卸载阶段分别用符号"+"和"−"表示。

$$P_f = P \pm \Delta P = P\left(1 \pm f_R\frac{h_0 + t}{R - r}\right) \tag{6.10}$$

（3）GB-T 解

根据碟簧标准[45,76]的规定，采用式(6.11)考虑碟簧与端部平垫片支承区域之间的摩擦，取 $n = 1$，式中"−"和"+"分别表示加载和卸载阶段。需注意的是，式(6.11)也用于反映碟簧对合组合和叠合组合时的摩擦作用，其中对于低初始锥角 A 系列碟簧，规定的系数 f_M 值为 $0.005\sim0.03$，f_R 值为 $0.03\sim0.05$。

$$P_f = P\frac{n}{1 \pm f_M(n - 1) \pm f_R} \tag{6.11}$$

式中，对于 A 系列碟簧有

$$P = \frac{E\delta}{1 - \mu^2} \cdot \frac{t^3}{K_1 R^2} \cdot K_4^2\left[K_4^2\left(\frac{h_0}{t} - \frac{\delta}{t}\right)\left(\frac{h_0}{t} - \frac{\delta}{2t}\right) + 1\right],$$

$$K_1 = \frac{1}{\pi} \cdot \frac{[(C - 1)/C]^2}{(C + 1)/(C - 1) - 2/\ln C}, \quad C = \frac{R}{r}, \quad K_4 = \sqrt{-\frac{C_1}{2} + \sqrt{\left(\frac{C_1}{2}\right)^2 + C_2}},$$

$C_1 = \frac{(t'/t)^2}{[(1/4)\cdot(H_0/t) - t'/t + 3/4][(5/8)\cdot(H_0/t) - t'/t + 3/8]}$，$C_2 = \frac{C_1}{(t'/t)^3}\left[\frac{5}{32}\left(\frac{H_0}{t} - 1\right)^2 + 1\right]$ 和 $t'/t = 0.94$；基于

式(6.3)，P 为不计摩擦的单片碟簧的承载力，且 δ 为轴向变形；弹性模量 $E = 206000\text{MPa}$ 且泊松比 $\mu = 0.3$；对于有支承面的碟簧（图6.1a），P 的计算应该考虑用 $h_0{}'$ 和 t' 分别替换 h_0 和 t，且有 $H_0 = h_0{}' + t'$；K_4 为用以考虑支承面影响的系数（图6.1a），且对于无支承面的碟簧有 $K_4 = 1$。

（4）以上理论解的验证

对于没有支承面的碟簧（图6.1a），轴向承载力可由式(6.6)、式(6.10)、式(6.11)直接确定。对于带有支承面的碟簧（图6.1a），其轴向承载力也可由式(6.6)、式(6.10)、式(6.11)分别用 $h_0{}'$、t'、R' 和 r' 代替 h_0、t、R 和 r 来确定。R' 和 r' 表示荷载作用点与碟簧中轴线之间的距离。对于初始锥角 β 较低的碟簧，近似为 $R' = R - c$ 和 $r' = r + c$，c 为支承面宽度（图6.1a）。DS-1 和 DS-2 的宽度 c 实测值均约为 3mm。

为验证上述理论解的预测精度，将由式(6.6)、式(6.10)、式(6.11)获得的轴向荷载-变形曲线与有限元分析结果进行对比，见图6.10。例如，$f_R = 0.2$ 或 $f_R = 0.3$ 的 DS-2 和 DS-3。分析发现，$f_R = 0.2$ 或 $f_R = 0.3$ 的 DS-1 具有相似的结果。值得注意的是，基于图6.7所示的无摩擦轴向荷载 P 的预测，与有限元分析相比，A-L 解中的式(6.3)高估了荷载 P。因此，在图6.10 中的比较中，上述式(6.6)、式(6.10)、式(6.11)的理论解中荷载 P 均采用有限元分析的无摩擦荷载 P。对比表明，对于不同尺寸的碟簧和摩擦系数，C-M 解和 O-T 解的计算结果非常接近，并且也均接近有限元分析结果，这表明 C-M 解和 O-T 解用于考虑单个碟簧边缘与支承区域之间的摩擦均是可靠的。相反，采用相同系数 f_R 时，GB-T 解大幅高估了摩擦效应（图6.10）。考虑到碟簧标准中对初始锥角较低的 A 系列碟簧规定的摩擦系数 f_R 为 0.03～0.05，图6.10 也给出了由式(6.11)采用系数 $f_R = 0.03$（或0.05）的计算结果，可知采用系数 $f_R = 0.03$（或0.05）时 GB-T 解低估了摩擦效应。因此，与有限元分析结果、C-M 解或 O-T 解的预测相比，式(6.11)的预测并不准确。此外，碟簧标准中没有给出采用较小摩擦系数 f_R 的原因，因此这些系数的合理性有待进一步探讨。

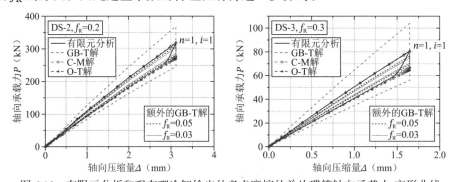

图6.10　有限元分析和现有理论解给出的考虑摩擦的单片碟簧轴向承载力-变形曲线

6.4.2　叠合组合碟簧的解

为方便叠合组合碟簧、对合组合碟簧或叠合与对合组合（即复合组合）碟簧的应用和设计，需探索简便且较精确的计算公式。

（1）考虑端部摩擦的 O-T 解

图6.11 显示了带有上下平垫板的每组 2 片叠合且 2 组对合的复合组合碟簧（$i = 2$）。对于每一组有轴向变形 δ 的碟簧，组合碟簧的总轴向变形为 $i\delta$。当忽略叠合组合碟簧间的

摩擦（$f_M = 0$）时，考虑上下碟簧边缘与上下平垫板支承区域之间的摩擦，摩擦力做功的增量 $\Delta E_f = 2f_R P_n \cdot \Delta u_e$ 等于外部功的增量 $\Delta W = \Delta P \cdot i \cdot \Delta \delta$。因此，考虑端部碟簧与垫板间的摩擦，组合碟簧的轴向荷载 P_f 可由式(6.12)确定[48]，其中 $n = 1$ 时，$P_n = P$（图 6.1b），可以取 $f_R = 0$ 时由式(6.3)或有限元计算得到。对于 n 片叠合的碟簧且忽略它们叠合面之间的摩擦（$f_M = 0$），有 $P_n = nP$。式(6.12)中加载和卸载阶段分别使用符号"$+$"和"$-$"表示。

$$P_f = P_n \pm \Delta P = P_n \pm f_R P_n \frac{h_0 + t}{i(R - r)} = P_n \left(1 \pm f_R \frac{h_0 + t}{i(R - r)}\right) \tag{6.12}$$

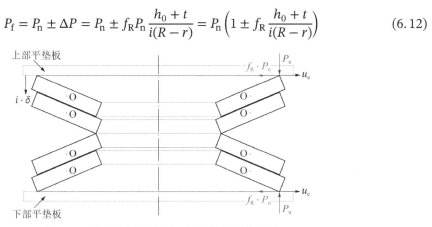

图 6.11 上端和下端碟簧与端部垫板间的摩擦

作为验证，在 $f_R = 0.2$ 或 $f_R = 0.3$ 时，DS-1 和 DS-3 的 O-T 解与有限元分析结果的比较见图 6.12，其中式(6.12)中使用了有限元分析获得的无摩擦荷载 P_n。分析还发现，$f_R = 0.2$ 或 $f_R = 0.3$ 的 DS-2 结果也类似。这表明，O-T 解能较好地反映不同碟簧尺寸、组合方式和摩擦系数 f_R 下的端部摩擦情况。

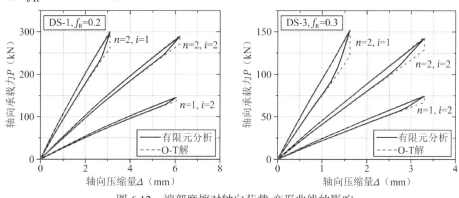

图 6.12 端部摩擦对轴向荷载-变形曲线的影响

（2）考虑叠合组合碟簧摩擦效应的 D-Z 解

对于下面新提出的 D-Z 解，仍然遵循两个假设：第一，轴向受压变形时，碟簧仅围绕其中性点旋转并且保持截面不变，即仍符合 A-L 解的假定；第二，根据库仑摩擦定律，假设轴向荷载和摩擦力沿碟簧圆周均匀分布，摩擦系数随轴向荷载和变形的变化保持不变，且在一定轴向变形下，每种组合方式内所有碟簧的变形均相同。

1）基于力矩平衡的解

先以 2 片碟簧叠合组合为例，从有限元分析中得到的 2 个组合碟簧的变形如图 6.13a

所示，可见轴向变形主要来自绕中性点的旋转。因受弯变形较小，因此仍可遵循 A-L 解的假设，即碟簧横截面不变，从而进一步简化理论分析。由于实际应用中一种组合方式内相同尺寸规格的碟簧所采用的制造工艺、材料等通常都是相同的，因此假设摩擦系数 f_M 相同，即在有限元分析或理论分析中考虑碟簧叠合面摩擦系数时均采用相同的 f_M，图 6.6 也表明相同材质的碟簧 f_M 值较接近。从有限元分析图 6.13b 和图 6.13c 的法向接触应力和法向接触力 F_n 沿径向分布可看出，集中接触力 F_n 主要分布在碟簧的边缘，这很可能是由图 6.13a 所示的小挠曲变形引起的。因此，在下面的简化受力分析中，集中力均放在碟簧的边缘上。例如，图 6.13c 中 $n=2$、$i=1$ 叠合组合的 DS-3 碟簧，在 $f_R=0$、$f_M=0$ 且轴向变形为 1.60mm 时，左右边缘的 F_n 之和分别为 66.88kN 和 64.99kN，其总和近似等于图 6.7 中相同轴向变形下的轴向总承载力 136.89kN。由此可见，总体上，采用图 6.13c 中上、下碟簧之间的两个集中荷载 P 进行简化分析是合理的。此外，对于 i 组对合、n 片叠合的复合组合方式（图 6.1b），常用的组合方式多为 $n \leq 3$ 的情况，无论是试验观察还是有限元分析都表明，当每个碟簧的轴向变形在 $0.75 h_0$ 以内时，i 组碟簧在轴向荷载作用下整体变形均匀，并且每组内 n 片碟簧的轴向变形也几乎相同。因此，进一步假设叠合的 n 片碟簧在每组叠合组合中具有基本相同的摩擦作用。这样，对于 i 组对合且 $n \geq 2$ 的复合组合方式的组合碟簧，当分析叠合碟簧间的摩擦效应时便可只关注一组，从而简化分析取 $f_R=0$ 并只考虑 f_M 的影响。

此外，对于图 6.13 中的组合方式，进一步有限元分析表明，在相同轴向变形水平下，无论是上片碟簧还是下片碟簧，$f_M=0$ 时的横截面变形与 $f_M=0.3$ 时的变形几乎相同（图 6.13a）。相关研究的有限元分析中，通过改变摩擦系数对单个碟簧变形的研究也有类似的发现[48]。这也表明，无论是否考虑摩擦，在相同的整体轴向变形作用下，叠合组合方式下的每片碟簧的变形和对应的内部应变能几乎相同。

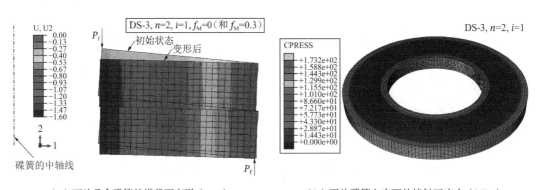

（a）两片叠合碟簧的横截面变形（mm）　　　　（b）下片碟簧上表面的接触正应力（MPa）

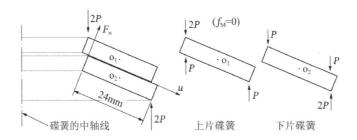

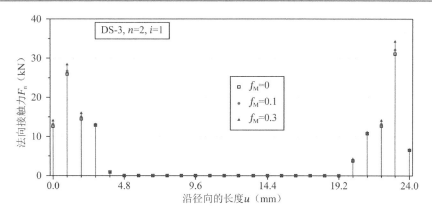

（c）下片碟簧上表面沿径向的法向接触力 F_n

图 6.13　两片 DS-3 叠合的变形和法向接触力

此外，与图 6.13c 类似，对于叠合片数 $n > 2$ 的组合方式也采用了类似简化。以 $n = 3$ 的碟簧为例，在无摩擦和有摩擦情况下，分别如图 6.14a 和图 6.14b 所示。第一个碟簧下表面的摩擦力可由式(6.13)确定，由于角度 β 和 φ 较小（图 6.8），式(6.13)中取 $\cos(\beta - \varphi) \cong 1$（$\sin(\beta - \varphi) \cong 0$）且有 $P_1 + P_2 = P_f$。

$$f_1 = f_M P_1 \cos(\beta - \varphi) + f_M P_2 \cos(\beta - \varphi) = f_M P_f \tag{6.13}$$

同样，对于第二个和第三个碟簧，有 $f_2 = f_M P_f$ 和 $f_3 = f_M P_f$。根据轴向受力平衡（图 6.14b），有 $P_f - P_1 = P_2$、$P_1 - P_3 = P_4 - P_2$ 和 $P_3 = P_f - P_4$。因此，3 片碟簧（图 6.14b）在碟簧微元体 $\mathrm{d}\theta$（图 6.8）上的内外弯矩平衡见下式：

$$\begin{cases} \dfrac{(P_f - P_1)\,\mathrm{d}\theta}{2\pi} \cdot (R - r) \pm \dfrac{f_1\,\mathrm{d}\theta}{2\pi} \cdot \dfrac{t}{2} = M_1 \\ \dfrac{(P_1 - P_3)\,\mathrm{d}\theta}{2\pi} \cdot (R - r) \pm 2 \cdot \dfrac{f_2\,\mathrm{d}\theta}{2\pi} \cdot \dfrac{t}{2} = M_1 \\ \dfrac{P_3\,\mathrm{d}\theta}{2\pi} \cdot (R - r) \pm \dfrac{f_3\,\mathrm{d}\theta}{2\pi} \cdot \dfrac{t}{2} = M_1 \end{cases} \tag{6.14}$$

在式(6.14)中，等式左边的第一部分和第二部分分别为轴向荷载和摩擦力的外部力矩，式(6.14)右侧为单片碟簧的内部力矩 M_1，考虑到无论是否考虑摩擦，相同轴向变形作用下的碟簧变形过程几乎相同，M_1 可以从式(6.1)中确定。符号"$\pm$"表示在加载和卸载阶段由于摩擦力引起的力矩方向相反。将式(6.14)中的 3 个平衡方程相加，得到式(6.15)。

$$\frac{P_f\,\mathrm{d}\theta}{2\pi} \cdot (R - r) \pm 4 \cdot \frac{f_M P_f\,\mathrm{d}\theta}{2\pi} \cdot \frac{t}{2} = 3M_1,\ P_f \pm f_M P_f \frac{2t}{(R - r)} = \frac{3M_1}{(R - r)}\frac{2\pi}{\mathrm{d}\theta} \tag{6.15}$$

根据式(6.3)和式(6.15)，考虑碟簧叠合面间的摩擦，可由式(6.16)确定轴向荷载 P_f，加卸载阶段分别用符号"$-$"、"$+$"表示。

$$P_f = \frac{3P}{1 \pm f_M \dfrac{2t}{(R - r)}} \tag{6.16}$$

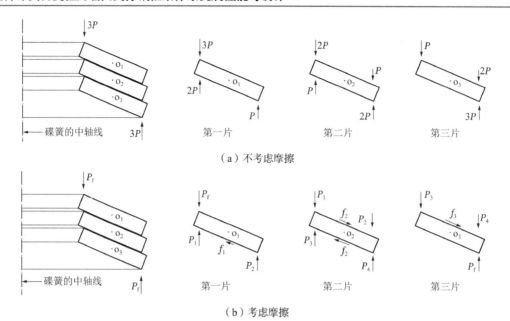

（a）不考虑摩擦

（b）考虑摩擦

图 6.14　三片叠合碟簧相互作用示意图

与式(6.14)相似，由式(6.17)可得到第一个碟簧、第 m 个碟簧（$1 < m < n$）和第 n 个碟簧的内外弯矩平衡，并将其扩展为 n 片叠合的碟簧。

$$\begin{cases} \dfrac{(P_f - P_1)\,\mathrm{d}\theta}{2\pi} \cdot (R - r) \pm \dfrac{f_1\,\mathrm{d}\theta}{2\pi} \cdot \dfrac{t}{2} = M_1 \\[2mm] \dfrac{(P_{2m-3} - P_{2m-1})\,\mathrm{d}\theta}{2\pi} \cdot (R - r) \pm 2 \cdot \dfrac{f_m\,\mathrm{d}\theta}{2\pi} \cdot \dfrac{t}{2} = M_1 \\[2mm] \dfrac{P_{2n-3}\,\mathrm{d}\theta}{2\pi} \cdot (R - r) \pm \dfrac{f_n\,\mathrm{d}\theta}{2\pi} \cdot \dfrac{t}{2} = M_1 \end{cases} \tag{6.17}$$

因此，本节提出的考虑叠合组合碟簧摩擦效应的 D-Z 解见下式：

$$P_f = \frac{nP}{1 \pm f_M \dfrac{(n-1)t}{(R-r)}} \tag{6.18}$$

2）基于能量平衡的解

除考虑力矩平衡外，根据库仑摩擦定律和能量平衡 $\Delta W = \Delta E_f$，也可得到叠合碟簧的摩擦作用。根据前面的发现，无论是否考虑摩擦，相同轴向变形作用下叠合碟簧的变形过程和对应的内部应变能几乎相同。由图 6.15 可知，考虑较小的旋转角度 φ，约有 $\varphi = \tan\varphi = \delta/(l\sin\theta) = \delta/(R - r)$。相邻 2 片碟簧沿径向的相对滑动量 u_M 可由下式求得：

$$u_M = 2 \times (\varphi t/2) = t\varphi = t\delta/(R - r) \tag{6.19}$$

在无摩擦情况下（$f_M = 0$），n 片叠合碟簧的轴向承载能力为 $P_n = nP$。考虑摩擦（$f_M \neq 0$），随轴向变形增加 $\Delta\delta$ 时，轴向荷载的增量为 ΔP，此时轴向承载力为 $P_f = nP + \Delta P$。相邻 2 片碟簧之间的摩擦力 f 为 $f = f_M P_f = f_M \cdot (nP + \Delta P)$。对于 n 片叠合碟簧，有 $n - 1$ 个相邻接触对，因此摩擦力做功的增量由下式给出：

$$\Delta E_f = (n - 1) \cdot f \cdot \Delta u_M = (n - 1)f_M \cdot (nP + \Delta P) \cdot \frac{t \cdot \Delta\delta}{(R - r)} \tag{6.20}$$

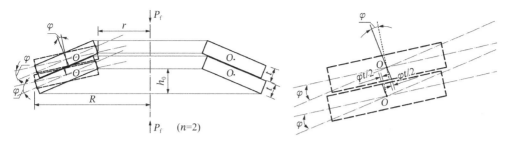

（a）碟簧一侧横截面变形前后示意图　　　　　（b）碟簧沿径向相对滑动位移

图 6.15　两相邻叠合碟簧沿径向的相对滑动

同时，外力功增量为 $\Delta W = \Delta P \cdot \Delta \delta$。考虑 $\Delta W = \Delta E_f$，可得下式：

$$\Delta P = \frac{nP \cdot (n-1) f_M \cdot t/(R-r)}{1-(n-1) f_M \cdot t/(R-r)}, P_f = nP \pm \Delta P = \frac{nP}{1 \mp f_M \dfrac{(n-1)t}{(R-r)}} \qquad (6.21)$$

比较可发现，式(6.21)中的 P_f 与式(6.18)中的 P_f 相同，加载和卸载阶段也分别使用符号 "－" 和 "＋" 表示。因此，考虑相邻碟簧间摩擦的叠合组合碟簧的轴向荷载可采用力矩平衡和能量平衡两种方法进行理论预测。此外，在利用轴向变形 δ 来计算叠合碟簧之间沿径向的相对滑动时，与已有研究[48]中基于接触点坐标的方法（接触点坐标由初始形状和旋转矩阵进一步计算出）相比，式(6.19)更加方便和明确。因此，通过式(6.18)可以方便地预测叠合碟簧的摩擦作用。

图 6.16 为 D-Z 解与有限元分析结果的对比，其中式(6.18)中仍采用有限元分析得出的无摩擦轴向承载力 nP，用以避免式(6.3)对 P 的高估。可见，通过改变碟簧的尺寸、叠合组合碟簧的数量和摩擦系数，D-Z 解与有限元分析的结果吻合较好，这表明 D-Z 解在考虑叠合碟簧间摩擦时是可靠的。同样，当使用相同的 f_M 时，GB-T 解仍大幅地高估了摩擦效应。例如，图 6.16 中 $f_M = 0.3$ 下的 DS-1 和 DS-3。此外，考虑到碟簧标准中对低初始锥角 A 系列碟簧规定的 f_M 为 $0.005 \sim 0.03$，图 6.16 中同时给出了由式(6.11)并采用 $f_M = 0.03$（或 0.005）的计算结果，即图中附加的 GB-T 解。可见，在使用规定的系数 $f_M = 0.03$（或 0.005）时，GB-T 解低估了摩擦效应。式(6.11)的预测与 D-Z 解或有限元分析结果的预测之间的明显差异表明，式(6.11)以及碟簧标准中给出的系数 f_M 不能准确反映叠合碟簧的摩擦作用。

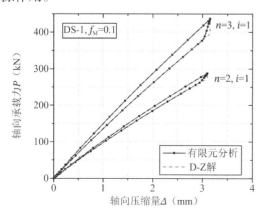

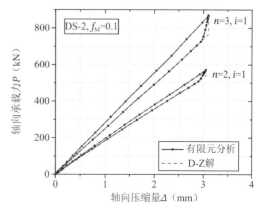

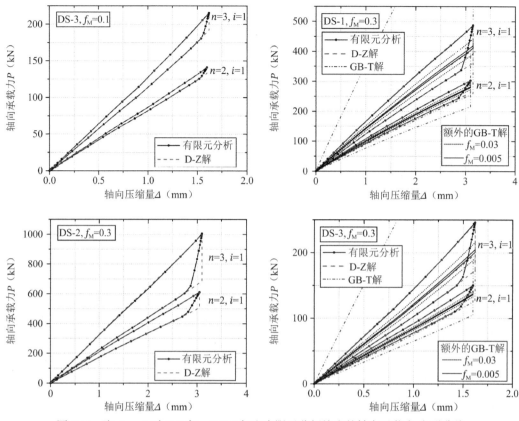

图 6.16 取 $f_R = 0$ 时 D-Z 解、GB-T 解和有限元分析给出的轴向承载力-变形曲线

（3）考虑摩擦的对合和叠合组合碟簧的解

在上述考虑摩擦效应的碟簧对合或叠合的解的基础上，n 片碟簧叠合的情况下有 $P_n = nP$，利用式(6.22)将式(6.12)与式(6.18)结合，称为复合组合碟簧摩擦效应的预测解，简称 CP 解。其综合反映了碟簧对合和叠合时摩擦效应的影响，可得到复合组合碟簧轴向承载力-变形曲线。同样，对于具有支承面的碟簧（图 6.1a），应采用 h_0'、t'、R' 和 r' 分别替换 h_0、t、R 和 r。

$$P_f = \begin{cases} nP \cdot \dfrac{\left(1 + f_R \dfrac{h_0 + t}{i(R - r)}\right)}{1 - f_M \dfrac{(n - 1)t}{R - r}} & \text{（加载）} \\[4mm] nP \cdot \dfrac{\left(1 - f_R \dfrac{h_0 + t}{i(R - r)}\right)}{1 + f_M \dfrac{(n - 1)t}{R - r}} & \text{（卸载）} \end{cases} \tag{6.22}$$

图 6.17 为 $n = 2$、3、4、5 情况下 CP 解与有限元分析结果的对比，其中式(6.22)仍采用有限元分析获得的无摩擦荷载 nP，总体上，二者给出的结果比较接近。这表明，对于不同碟簧尺寸、不同摩擦系数、不同的碟簧对合组数和不同的碟簧叠合片数，考虑既有叠合又有对合的复合组合碟簧的摩擦效应时，CP 解是可靠的。

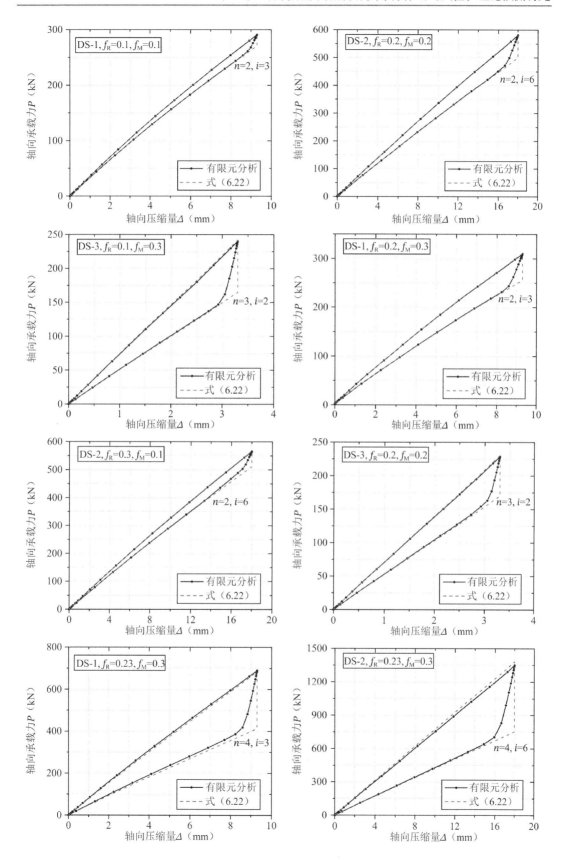

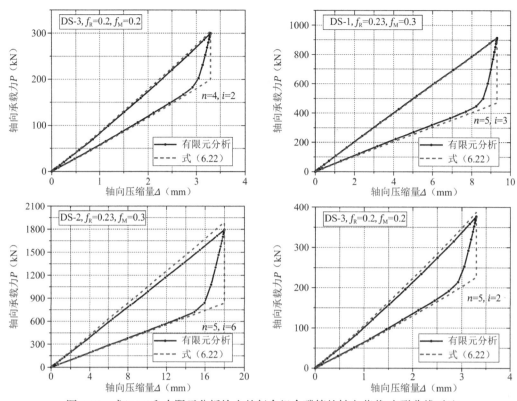

图 6.17 式(6.22)和有限元分析给出的复合组合碟簧的轴向荷载-变形曲线对比

（4）CP 解和 GB-T 解的试验验证

为进一步验证 CP 解的可行性，采用表 6.2 给出摩擦系数计算 CP 解，试验结果与 CP 解预测的轴向荷载-变形曲线对比见图 6.18。需注意的是，考虑到试验测试结果存在误差（图 6.3），在式(6.22)中采用了式(6.3)中 A-L 解的无摩擦荷载 P。这是考虑实际应用时，因碟簧标准中基于 A-L 解获得无摩擦荷载 P，因此用式(6.22)预测时，在一些设计阶段直接采用常用的 A-L 解给出的 P 会更方便和高效，可避免进行耗时的有限元分析来获得无摩擦荷载 P。图 6.18 的对比表明，总体上，CP 解与试验结果基本一致。

事实上，与图 6.2 中的配置类似，压缩过程中的组合碟簧通常与控制杆一起使用，控制杆作为组合碟簧的导杆，为碟簧提供了潜在的横向约束，以保持组合碟簧受压稳定性。因此，在测试过程中，$i > 1$ 的高组合碟簧，特别是没有支承面的碟簧（图 6.1）与控制杆（图 6.2）之间可能的接触会引起轻微的额外摩擦作用。因此，尽管 A-L 解通常会稍加高估无摩擦荷载 P（图 6.7），但 CP 解对轴向荷载-变形曲线的整体预测仍可以接受，可在应用中参考。

还应注意的是，采用表 6.2 中摩擦系数的 CP 解（图 6.18）并不能完全反映实际摩擦作用。特别是，当使用表 6.2 中从 $i = 1$ 的短组合方式（图 6.6）中获得的摩擦系数来避免控制杆等可能产生的附加摩擦影响时，对于 $i > 1$ 的组合方式，上述附加的潜在摩擦作用在一定程度上被低估了。为了补充考虑额外的摩擦作用，与采用表 6.2 中摩擦系数给出的曲线相比，图 6.18 中也给出采用稍大摩擦系数 f_M 的 CP 解构建的曲线。例如图 6.18 中 $n = 2$、$i = 14$ 的 DS-1，$n = 2$、$i = 6$ 的 DS-2 和 $n = 2$、$i = 24$ 的 DS-3 组合方式下的 CP 解。可见，

整体上 f_M 增大后的曲线确实更接近试验结果。这表明在实际应用中，如果通过相应的试验可以量化碟簧、控制杆等之间的附加摩擦作用，那么可通过适当调整摩擦系数来实现从理论预测中反映实际存在的附加摩擦效应。

另外，通过对比图 6.10 和图 6.16 所示的 GB-T 解与有限元结果还可发现，当采用相同系数 f_R 或 f_M 时，GB-T 解大幅高估了轴向承载力-变形曲线的摩擦效应。同时，采用碟簧标准规定摩擦系数的附加 GB-T 解表明，预测结果仍然不理想（图 6.10、图 6.16）。对于对合和叠合组合的碟簧，与 CP 解相比，当使用相同系数 f_R 和 f_M 时，式(6.11)中的 GB-T 解也高估了摩擦效应的预测。例如，$n=3$、$i=6$ 的 DS-1，$n=2$、$i=14$ 的 DS-2 和 $n=3$、$i=20$ 的 DS-3 组合方式，如图 6.18 所示。因总体上 CP 解与试验结果较一致，为了通过修改式(6.11)得到更好的预测结果，做了如下修改。首先，可采用式(6.11)中的等效摩擦系数 f_{RE} 和 f_{ME} 分别代替 f_R 和 f_M，即可用式(6.23)代替式(6.11)。然后，在加载阶段和卸载阶段，分别保持式(6.23)用 f_{RE} 和 f_{ME} 计算的轴向承载力 P_f 与由式(6.22)用 f_R 和 f_M 计算的轴向承载力 P_f 相等。最后，式(6.24)给出了 f_{RE} 和 f_R 之间以及 f_{ME} 和 f_M 之间的近似关系。且在式(6.23)中，分别用符号"$-$"和"$+$"表示加载和卸载阶段，对于具有支承面的碟簧，应采用 h_0'、t'、R' 和 r' 分别替换式(6.24)中的 h_0、t、R 和 r（图 6.1a）。

$$P_f = P \frac{n}{1 \pm f_{ME}(n-1) \pm f_{RE}} \tag{6.23}$$

$$f_{RE} = f_R \frac{h_0 + t}{i(R - r)}, f_{ME} = f_M \frac{t}{R - r} \tag{6.24}$$

采用相同的摩擦系数 f_R 或 f_M 时，式(6.23)的计算结果与式(6.22)的计算结果基本相等，且均与试验结果接近。例如，$n=3$、$i=6$ 的 DS-1，$n=2$、$i=14$ 的 DS-2 和 $n=3$、$i=20$ 的 DS-3 组合方式，如图 6.18 所示。分析还发现，以碟簧标准中初始锥角较低的 A 系列碟簧为例，等效系数 f_{RE}（或 f_{ME}）的数值并不总是在标准规定的相应 f_R（或 f_M）范围内，再次说明标准中所列摩擦系数的适用性有待进一步探讨。

再者，根据 DS-1、DS-2 和 DS-3 三种碟簧的尺寸，其尺寸比值 $t/(R-r)$ 依次为 0.215、0.272 和 0.286。总体上接近 1/4。这与本书第 3.9 节式(3.3)的等效取值做法一致。再次表明，如需采用碟簧标准[45]中的公式准确计算摩擦作用，需将摩擦系数进行等效处理。

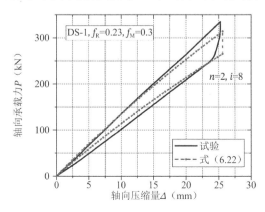
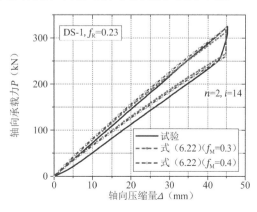

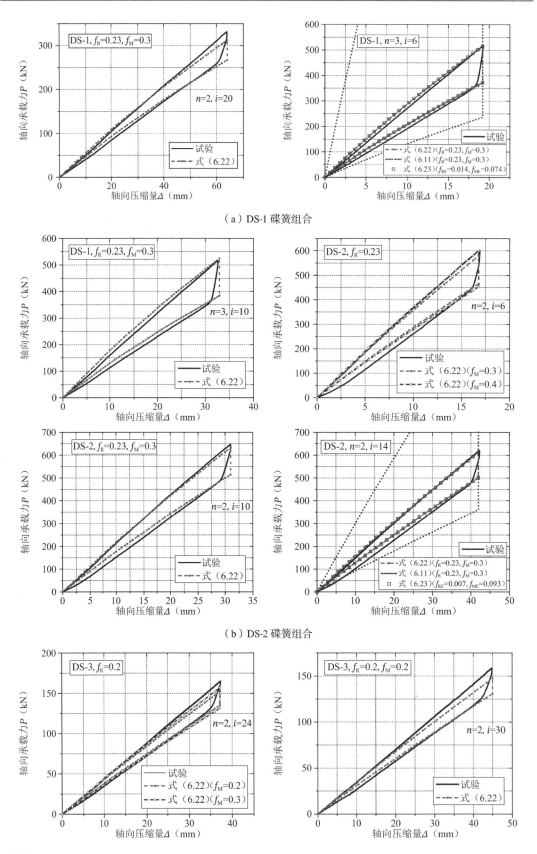

（a）DS-1 碟簧组合

（b）DS-2 碟簧组合

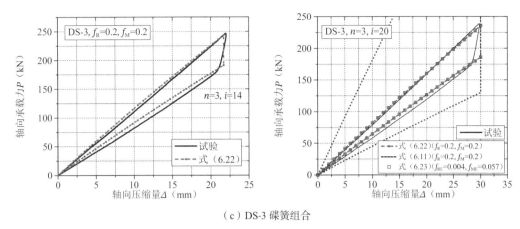

（c）DS-3 碟簧组合

图 6.18 试验和公式计算给出的轴向荷载-变形曲线对比

6.5 组合碟簧摩擦作用研究小结

通过试验、有限元分析和简化的理论分析，全面考察了各种组合碟簧的受力情况，并给出了简明的公式来准确预测摩擦作用对组合碟簧轴向荷载-变形曲线的影响，结论和建议如下。

试验中采用 3 种尺寸规格的组合碟簧均表现出稳定的性能，且随着叠合片数的增加，摩擦作用扩大了加载路径和卸载路径之间的轴向荷载差异，使摩擦作用对荷载-挠度曲线呈规律性的影响。润滑脂虽可削减摩擦作用，但不能完全消除摩擦作用。

有限元分析表明，在 0.2~0.3 范围内选取摩擦系数进行碟簧有限元分析，可较好地匹配出试验得到的滞回曲线。总体上，不计摩擦时，对于单片的 A 系列碟簧，A-L 解与有限元分析结果较接近。此外，随摩擦系数的增大，加载路径与卸载路径之间的轴向荷载差异增大。此外，有限元分析表明，与碟簧的弯曲变形相比，轴向荷载作用下碟簧的变形主要来自于绕中性点的旋转，相邻两片叠合组合的碟簧之间的法向接触力集中在碟簧边缘附近。

通过与有限元分析结果对比，现有的单片碟簧与端部支承区摩擦作用研究表明，C-M 解和 O-T 解能较好地反映摩擦作用。相反，使用相同摩擦系数的 GB-T 解高估了摩擦作用，表明 GB-T 解以及规定的小摩擦系数需要进一步探索。此外，对于叠合碟簧，基于能量平衡的 O-T 解也能很好地反映碟簧与端部支承区之间的摩擦作用。在采用 A-L 解和库仑摩擦定律涉及的两个假设的基础上，分别采用力矩平衡和能量平衡两种方法，提出了反映叠合碟簧摩擦作用的 D-Z 解，并与有限元结果对比验证了其可行性。给出了同时考虑 D-Z 解和 O-T 解的 CP 解，并通过试验和有限元结果的对比验证了该解的可行性。此外，与 O-T 研究相比，所提出的公式可更方便且明确地通过碟簧轴向变形来计算两相邻叠合碟簧之间沿径向的相对滑动。与 GB-T 解相比，CP 解具有较高的精度。在采用相同摩擦系数时，GB-T 解仍大幅高估了摩擦作用。采用等效摩擦系数的修正 GB-T 解也能很好地预测摩擦作用，但等效系数并不总是在碟簧标准规定的摩擦系数范围内，这表明 GB-T 解以及规定的摩擦系数的适用性有待进一步研究。另外，由于控制杆在实际应用中不可缺少，因此可以通过适当调整摩擦系数来进一步考虑可能产生的额外摩擦作用。

6.6 考虑碟簧摩擦作用的纯自复位支撑滞回模型构建举例

以第 5 章的自复位支撑构造为例，对自复位系统的受力特性进行分析时，应较准确地考虑组合碟簧的摩擦作用，从而较准确地预测自复位系统各个阶段的轴向荷载 F_s -轴向位移 δ_s 计算关系。

前述研究表明，式(6.22)计算考虑摩擦效应后组合碟簧的荷载-位移曲线与试验结果吻合较好（图 6.18）。因此，本节采用式(6.22)来考虑组合碟簧的刚度和承载力，给出自复位系统的理论滞回模型。

参考第 5 章仅带有复位系统的自复位支撑构造，且规定承载力和变形均以受拉为正，受压为负。下面以表 5.1 的 DS1 自复位系统为例进行自复位系统恢复力模型的计算。复位系统的工作机制见图 5.1。

自复位系统拉压阶段的受力简图见图 6.19。初始时组合碟簧中存在预压力 F_0，螺杆组合通过 12 根Ⅱ类、Ⅲ类螺母之间螺杆与组合碟簧形成自平衡体系。当自复位系统初始受拉时，由于外力较小，Ⅱ类螺母与预压块端板仍保持紧密接触，此时Ⅱ类、Ⅲ类螺母之间螺杆与组合碟簧协同变形，称为受拉第一阶段。随着外力的逐渐增加，组合碟簧所受压力越来越大，Ⅱ类螺母与预压块端板之间的相互作用越来越小，当相互作用减小为 0 时，二者即将分离。根据受力分析，此时自复位系统所受外力可近似认为 $F_s = F_0$。当外力进一步增大时，组合碟簧进一步压缩，Ⅱ类螺母与预压块端板完全分离，称为受拉第二阶段，此时的螺杆组合分为两组分别受拉，每组为Ⅰ类、Ⅲ类螺母之间的 6 根螺杆并联而成。当自复位系统受拉至某轴向位移后卸载，每根螺杆拉应力逐渐减小，称为受拉第三阶段，直至 12 根Ⅰ类、Ⅱ类螺母之间螺杆不受力，12 根Ⅱ类、Ⅲ类螺母之间螺杆与组合碟簧再次形成自平衡体系，则受拉卸载阶段完成。可见，自复位系统受拉第二阶段和第三阶段，自复位系统均由上下部推拉块，Ⅰ类、Ⅲ类螺母之间螺杆，组合碟簧串联而成，但由于 DS1 组合碟簧的加卸载刚度不同，故自复位系统在受拉第二阶段加载和第三阶段卸载的荷载-位移曲线也有差异。

自复位系统受压时与受拉时类似，当所受外力 $|F_s| < F_0$ 时，Ⅱ类螺母与预压块端板紧密接触，Ⅱ类、Ⅲ类螺母之间螺杆与组合碟簧协同变形，称为受压第一阶段。当所受外力 $|F_s| > F_0$ 时，Ⅱ类螺母与预压块端板完全分离，此时螺杆退出工作，称为受压第二阶段。当自复位系统受压至某轴向位移后卸载，组合碟簧的压力逐渐减小，称为受压第三阶段，直至预压块所受压力降为 0，且 12 根Ⅱ类、Ⅲ类螺母之间螺杆与组合碟簧再次形成自平衡体系，则受压卸载阶段完成。

由于上下连接端部轴向刚度（$K = 74.67E$）远大于其他各部件的刚度，故受力简图 6.19 中忽略了其影响。取钢材的弹性模量 $E = 206\text{kN/mm}^2$，依据第 4 章和第 5 章复位系统的构造和各部件的具体尺寸，可算出各部件的轴向刚度（注意因各部件的 20mm 或 30mm 厚端板的轴向刚度很大，故各部件轴向刚度计算中不计入端板的轴向刚度，并依据第 5 章表 5.1 的 DS1 自复位系统内组合碟簧的组合方式，算出自复位系统中各部件的轴向刚度，见表 6.3）。

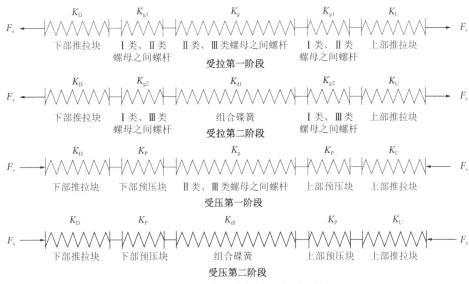

图 6.19 自复位系统各阶段的受力简图

自复位系统各部件的具体尺寸与轴向刚度 表 6.3

部件	计算长度（mm）	横截面积（mm²）	轴向刚度（kN/mm）
下部推拉块	404	3969.56	$K_D = 9.83E$
上部推拉块	404.1	3512.17	$K_U = 8.69E$
预压块	70	3600	$K_P = 51.43E$
Ⅰ 类、Ⅱ 类螺母之间螺杆（6 根）	110	1468.8	$K_{g1} = 13.35E$
Ⅱ 类、Ⅲ 类螺母之间螺杆（12 根）	655.25	3769.91	$K_g = 5.75E$
Ⅰ 类、Ⅲ 类螺母之间螺杆（6 根）	765.25	1884.96	$K_{g2} = 2.46E$
DS1 组合碟簧加载刚度	—	—	$K_{d1} = 0.021E$
DS1 组合碟簧卸载刚度	—	—	$K'_{d1} = 0.018E$

注：Ⅰ 类、Ⅱ 类螺母之间螺杆为带螺纹部分，取净截面面积，单根螺杆 $A_c = 244.8\text{mm}^2$；Ⅱ 类、Ⅲ 类螺母之间螺杆为不带螺纹部分，单根螺杆截面面积 $A_c = 314.15\text{mm}^2$；Ⅰ 类、Ⅲ 类螺母之间螺杆带螺纹部分长度较短，故而其面截面积仍按照不带螺纹部分选取，单根螺杆 $A_c = 314.15\text{mm}^2$。

根据自复位系统拉、压两侧刚度的不同，可将其分为 6 个阶段：受拉启动前阶段、受拉启动后加载阶段、受拉启动后卸载阶段、受压启动前阶段、受压启动后加载阶段、受压启动后卸载阶段，各阶段的轴向荷载 F_s-轴向位移 δ_s 计算关系依次如下：

$$\delta_s = \frac{F_s}{K_U} + \frac{F_s}{K_D} + \frac{2F_s}{K_{g1}} + \frac{F_s}{K_g} \tag{6.25}$$

$$\delta_s = \frac{F_s}{K_U} + \frac{F_s}{K_D} + \frac{2F_s}{K_{g2}} + \frac{F_s - F_0}{K_{d1}} \tag{6.26}$$

$$\delta_s = \frac{F_s}{K_U} + \frac{F_s}{K_D} + \frac{2F_s}{K_{g2}} + \frac{F_s - F'_0}{K'_{d1}} \tag{6.27}$$

$$\delta_s = \frac{F_s}{K_U} + \frac{F_s}{K_D} + \frac{2F_s}{K_P} + \frac{F_s}{K_g} \tag{6.28}$$

$$\delta_s = \frac{F_s}{K_U} + \frac{F_s}{K_D} + \frac{2F_s}{K_P} + \frac{F_s + F_0}{K_{d1}} \tag{6.29}$$

$$\delta_s = \frac{F_s}{K_U} + \frac{F_s}{K_D} + \frac{2F_s}{K_P} + \frac{F_s + F_0'}{K_{d1}'} \tag{6.30}$$

式中，F_0 和 F_0' 为自复位系统加载和卸载阶段对应的预压力。

以 DS1 自复位系统为例，单片碟簧无摩擦的承载力采用 A-L 解确定，其中组合碟簧加、卸载刚度采用式(6.22)计算，摩擦系数按表 6.2 取 $f_R = 0.23$，$f_M = 0.3$，可得组合碟簧加载刚度和卸载刚度分别为 $K_{d1} = 4.4154\text{kN/mm}(0.021E)$，$K_{d1}' = 3.7813\text{kN/mm}(0.018E)$。自复位系统加载时和卸载时的预压力 F_0 和 F_0' 取自复位系统轴向压缩试验结果（图 5.3a），分别为 119.16kN 和 91.48kN。将各量值代入式(6.25)～式(6.30)，经过换算后可得到纯自复位支撑 DSJ1 试件的水平力 P-水平位移 Δ 滞回模型：

$$加载阶段：\begin{cases} P = 190.39\Delta & (0 < \Delta \leqslant 0.439\text{mm}) \\ P = 2.165\Delta + 82.609 & (\Delta > 0.439\text{mm}) \\ P = 239.75\Delta & (-0.353\text{mm} \leqslant \Delta < 0) \\ P = 2.192\Delta - 83.801 & (\Delta < -0.353\text{mm}) \end{cases}$$

$$卸载阶段：\begin{cases} P = 190.39\Delta & (0 < \Delta \leqslant 0.337\text{mm}) \\ P = 1.856\Delta + 63.489 & (\Delta > 0.337\text{mm}) \\ P = 239.75\Delta & (-0.271\text{mm} \leqslant \Delta < 0) \\ P = 1.887\Delta - 64.383 & (\Delta < -0.271\text{mm}) \end{cases} \tag{6.31}$$

为验证该模型的有效性，与第 5.3 节类似，考虑到试验中水平位移计量测数值中含有销轴间隙的影响，此处试验仍采用由轴向位移实测平均值的 $\sqrt{2}$ 倍换算得到的水平位移以及据此得到的水平力-水平位移滞回曲线。且式(6.31)依据试验的水平位移历程得出其理论滞回曲线。图 6.20 为采用式(6.31)计算得到的理论滞回曲线与试验和模拟结果的对比，可见理论预测结果与试验结果较为一致，理论模型能够较好地预测出自复位支撑各阶段的承载力、刚度以及组合碟簧的摩擦作用。因理论模型仅考虑了组合碟簧与端部垫片以及组合碟簧叠合面之间的摩擦作用，而试验时在组合碟簧与控制钢管之间以及上下部预压块、上部推拉块与控制钢管间均可能存在额外的摩擦效应，因此理论模型对耗能能力预测偏小。

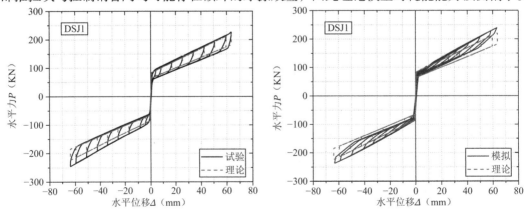

图 6.20 纯自复位支撑 DSJ1 滞回曲线的试验、有限元分析与理论模型预测结果对比

第7章 组合碟簧自复位防屈曲支撑
钢框架结构的试验研究

7.1 引言

目前，将组合碟簧自复位防屈曲支撑应用于钢框架之中以验证其抗震性能及自复位能力的研究工作较少，尚无完善的结构设计方法。前述碟簧自复位防屈曲支撑的试验研究和理论分析均表明，该种支撑延性、耗能和复位能力均较好。但如何切实考虑支撑滞回特性来合理设计碟簧自复位防屈曲支撑钢框架结构，如何采用合理构造发挥钢框架和支撑良好的抗震性能（特别是减小残余变形）等，这些关键问题尚需探讨。

本章基于前述碟簧自复位防屈曲支撑构件滞回性能的研究，将自复位支撑通过两端销接连于钢框架形成自复位支撑钢框架结构，通过拟静力试验考察了采用单斜形和人字形自复位支撑且梁柱节点和柱脚节点为刚接和铰接的自复位支撑钢框架结构的抗震性能。

7.2 结构试验设计

7.2.1 结构试件的设计

参考文献[81]，假定原型结构为 5 跨 2 层、纵向柱距为 8.4m、横向柱距为 5.1m 的碟簧自复位防屈曲支撑钢框架结构，框架柱底部与基础嵌固，中间跨设置有单斜形或人字形的碟簧自复位防屈曲支撑，非支撑跨的梁柱节点均为铰接节点，见图 7.1。假设该办公楼建筑所在场地的抗震设防烈度为 8 度，设计地震基本加速度 0.2g，Ⅱ类场地，水平地震影响系数最大值 α_{max} 为 0.16，设计地震分组为第一组，特征周期 T_g 为 0.45s。房屋的抗震等级为三级，阻尼比 ζ 取为 0.04。

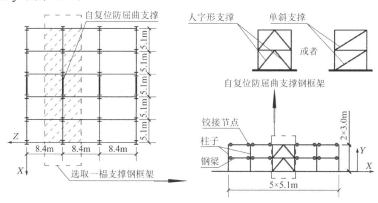

图 7.1 试验模型的原结构平立面布置图

结构的重力荷载代表值取结构和结构配件自重标准值和活荷载组合值之和，组合系数为 0.5。多遇地震作用下的构件承载力验算，各类荷载均取其设计值，考虑支撑框架结构的水平地震作用，重力荷载和水平地震作用的分项系数为 1.2 和 1.3。楼面恒荷载标准值总计为 6.0kN/m^2，楼面活荷载标准值合计为 3.0kN/m^2。

对于本章的自复位防屈曲支撑钢框架结构的设计，力图实现以下 3 个控制目标：

Ⅰ 多遇地震作用下，碟簧自复位防屈曲支撑内的钢板支撑不屈服；

Ⅱ 罕遇震作用下，在对应 1/50 层间侧移角时，框架主体基本处于弹性，梁和柱以及支撑构件、关键节点和连接的承载力均满足需求；

Ⅲ 罕遇地震下对应 1/50 层间侧移角时，结构残余层间变形角不超过 0.5%。

参考文献[14,81] 2 层防屈曲支撑框架结构的梁柱截面和文献[4]的设计流程，具体设计步骤如下：

① 预估结构周期，结合底部剪力法假设支撑承担全部楼层剪力，计算支撑构件的内力，并按控制防屈曲支撑部分不屈服的条件初步确定支撑构件的截面。初选梁和柱截面，借助 ETABS 等软件验算结构，使得结构的层间侧移及构件承载力等满足要求。

② 将步骤①中的支撑删除，仅保留框架部分，按结构一阶振型下支撑的轴力分布将支撑的最大轴力分解到钢梁和柱上，验算此时框架构件的承载力是否满足目标要求。若不满足，则重新调整梁和柱的截面[4,81]。

③ 用步骤②中得到的梁和柱的截面更新步骤①中梁和柱的截面，并重新验算和调整支撑的截面，反复调整设计，检验各构件的承载力、板件宽厚比等是否满足要求。

重复上述三个步骤直至完成设计。

7.2.2 构件截面的设计

以单斜防屈曲支撑框架结构为例，为实现控制目标Ⅰ，初步确定支撑截面时，假设自复位防屈曲支撑承担多遇地震下的全部水平地震作用，框架不受水平力，这样设计出来的支撑截面相对保守偏大。选取合适的自复位比率即可计算出钢板支撑面积。

根据抗震规范，$T_g = 0.45\text{s}$，$\alpha_{\max} = 0.16$，估算结构周期：$T_1 = 0.1n = 0.1 \times 2 = 0.2\text{s}$。其中，$n$ 为总层数。计算地震力：$G_{\text{eq}} = 0.85(G_{1,\text{eq}} + G_{2,\text{eq}}) = 0.85 \times 2 \times (5.1 \times 8.4 \times 5 \times 6 + 0.5 \times 5.1 \times 8.4 \times 5 \times 3) = 2731.05\text{kN}$。其中，$G_{\text{eq}}$、$G_{1,\text{eq}}$、$G_{2,\text{eq}}$ 分别为总等效重力荷载和一层、二层等效重力荷载，此处假设一层、二层结构顶部等效重力荷载相同。

结构周期 $0.1\text{s} < T_1 < T_g$（$= 0.45\text{s}$），则水平地震影响系数 α_1 为：

$$\alpha_1 = \eta_2 \alpha_{\max} = \left(1 + \frac{0.05 - \zeta}{0.08 + 1.6\zeta}\right)\alpha_{\max} = \left(1 + \frac{0.05 - 0.04}{0.08 + 1.6 \times 0.04}\right) \times 0.16 = 0.17$$

基地总剪力 $F_{\text{Ek}} = \alpha_1 G_{\text{eq}} = 0.17 \times 2731.05 = 464.28\text{kN}$。

按底部剪力法算得的一层剪力 $F_{1,\text{Ek}}$ 和二层剪力 $F_{2,\text{Ek}}$ 分别为 154.76kN 和 309.52kN。

取剪力叠加后较大的第一层地震作用 $F_{1,\text{d}} = 1.3(F_{1,\text{Ek}} + F_{2,\text{Ek}}) = 1.3 \times 464.28 = 603.56\text{kN}$ 作为支撑的水平力设计值，并假定其全部作用于自复位防屈曲支撑。可得第一层支撑轴力设计值 $P_{\text{u}} = \frac{F_{1,\text{d}}}{\cos\theta} = \frac{603.564}{0.862} = 700.19\text{kN}$。同理，得第二层支撑轴力设计值 $P_{\text{u}} = 466.79\text{kN}$。

根据前述自复位防屈曲支撑构件试验研究，钢板支撑屈服一般发生在支撑启动之后，即确保小震支撑处于弹性的目标，轴力设计值 P_{u} 在超过支撑所施加的预压力 F_0 之后的剩余力不应大于钢板支撑的屈服力 $F_c = f_{cy}A_{sc}$。即需要满足：$F_0 + F_c > P_u$。

由前述自复位防屈曲支撑构件研究可知，复位比率 α_{sc} 为组合碟簧预压力 F_0 与某侧移角下钢板支撑屈服后考虑应变硬化和摩擦效应后的受压承载力 $\beta\omega F_c$ 的比值，即 $\alpha_{sc} = F_0/(\beta\omega F_c)$。据第 4 章，1/50 侧移角下 α_{sc} 可取 0.65~0.8。因此，预压力 $F_0 = \alpha_{sc}\beta\omega F_c$。再据相关研究[78,79]，1/50 侧移角下 β 取 1.2，1/30 侧移角下取 1.27；1/50 侧移角下 ω 取 1.35，1/30 侧移角下取为 1.5。

因钢板支撑拟采用 Q235B 钢制成，根据前述试验研究，考虑实际钢材屈服应力较高，故此设计阶段取屈服应力 $f_{cy} = 275\text{MPa}$。框架加载至 1/50 层间侧移角时，取 $\beta = 1.2$，$\omega = 1.35$，并取复位比率 0.8。代入 $F_0 + F_c > P_u$，可得 $\alpha_{sc}\beta\omega f_{cy}A_{sc} + f_{cy}A_{sc} > P_u$，进而可得：

$$A_{sc} > \frac{P_u}{(\alpha_{sc}\beta\omega + 1)f_{cy}} = \frac{700.19}{(0.8 \times 1.2 \times 1.35 + 1) \times 275} \times 10^3 = 1109\text{mm}^2$$

计算出一层钢板支撑截面 $A_{sc} > 1109\text{mm}^2$，因此选取一层支撑截面为 56mm × 20mm。同理，二层支撑截面同样取复位比率为 0.8 时，可计算出其截面 $A_{sc} > 739.29\text{mm}^2$，此处选取截面为 40mm × 20mm。参考文献[81]的防屈曲支撑钢框架试验研究，选柱截面为 H400 × 400 × 16 × 24（mm），钢梁截面为 H400 × 300 × 12 × 18（mm）。

本次试验结构除了梁柱和柱脚销接构造外，还有梁柱刚接和柱脚刚接的构造，上述设计并未考虑刚接框架自身的抗侧作用，且由估算周期计算出的基底剪力也可能存在一定的误差。因此，下面利用 ETABS 软件对该结构进行验算。

从图 7.1 中取出一榀足尺五跨支撑框架进行验算，结构的支撑跨中梁柱刚接，非支撑跨梁柱铰接，地震作用主要由支撑跨的 SCBRB 承担。图 7.2 为 ETABS 中结构模型的建立，部分梁柱以及支撑上的圆点代表其端部铰接。

利用上文支撑分配轴力计算出纯钢支撑截面（一层支撑面积 2546mm²，二层支撑 1697mm²），将其和上文初选的梁柱截面赋给相关单元，并将重力荷载以线荷载的形式施加到框架梁上，利用振型分解反应谱法对结构施加沿跨度方向（图 7.2 中 X 轴方向）的地震作用，其中质量源来自竖向荷载。梁柱采用热轧 H 型钢，采用 Q345B 钢，屈服强度选用文献[81]实测值 373.4MPa，钢板支撑屈服强度仍采用上述的 275MPa。

ETABS 分析表明，足尺模型周期为 0.388s，仍小于反应谱特征周期，其对应反应谱的水平地震影响系数未变。当采用刚接框架时，因框架参与抗侧力，使支撑的实际轴力小于上述估计的轴力。

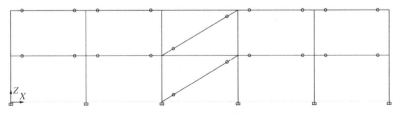

图 7.2　ETABS 中的支撑框架结构

结合试验加载条件，对原结构进行 1/2 缩尺，故而简化计算出的一层钢板支撑面积应变为 28mm × 10mm，二层钢板支撑面积变为 20mm × 10mm。因试验中仅采用一台作动器在二层柱端加载，故应尽量使支撑框架两层的抗侧刚度接近。考虑支撑是每层结构的主要抗侧力构件，将两层钢板支撑截面都取为 25mm × 10mm。框架柱截面为 H200 × 200 × 8 ×

12（mm），梁截面为 H194×150×6×9（mm），均采用 Q345B 热轧 H 型钢。以上即完成控制目标 I 的设计。

由上述设计可知，自复位支撑中防屈曲支撑和复位系统并联受力，可通过调整复位比率来改变二者的轴力占比。为了考察复位比率的影响，人字形支撑框架结构中，一层支撑的复位比率大于二层的，一层和二层钢板支撑截面分别取为 25mm×10mm 和 35mm×10mm。

7.2.3 自复位支撑的设计

自复位防屈曲支撑的构造与第 5 章的构造类似，且两端与钢框架通过销轴连接。以单斜支撑为例，其第一层自复位防屈曲支撑的构造见图 7.3 和图 7.4，长度单位均为 mm。

单斜支撑框架的一层、二层支撑长度尺寸不同，第一层支撑总长为 1872mm，屈服段长度取为 1572mm（图 7.3）；第二层支撑总长为 1784.1mm，屈服段长度取为 1484.1mm。据文献[80]的适宜间隙留置建议，开孔填板与钢板支撑之间在组装时两侧各粘贴有厚度 1mm 的高弹板胶用以留置宽度方向上的间隙；同理，在厚度方向间隙留置上，采用开孔薄铁皮放置在开孔填板一侧来留置 0.3mm 的间隙（相当于钢板厚度方向每侧 0.15mm 的间隙）。防屈曲支撑的约束比均满足《高层民用建筑钢结构技术规程》JGJ99—2015[1]限值 1.95 的要求，从而保证支撑不整体失稳。人字形支撑的屈服段长度均为 820mm。

自复位系统的构造和工作原理也与第 5 章的构造类似，仅尺寸有所变化。以单斜支撑为例，自复位系统由上、下推拉块，上、下预压块，组合碟簧和 12 根 8.8 级高强螺杆构成。其中螺杆组合中每根螺杆上最后需固定 3 类螺母，见图 7.4。

与第 5 章的构造类似，双片耳板与上或下并联板焊接在一起，形成端部连接，将防屈曲支撑和复位系统并联连接在一起（图 7.4）。在支撑每端，并联板与复位系统通过 8 个 10.9 级 M20 高强度螺栓连接。防屈曲支撑每端也通过端部的 M30 高强度螺栓与并联板连接，实现轴向安装长度可调节，避免防屈曲支撑产生较大的装配应力。

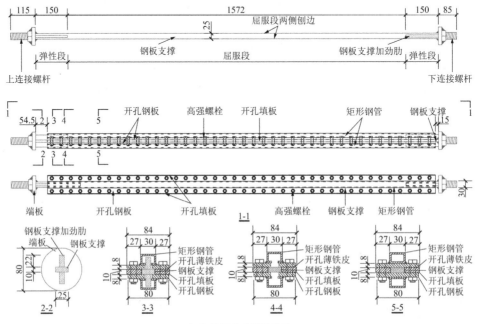

（a）防屈曲支撑的构造

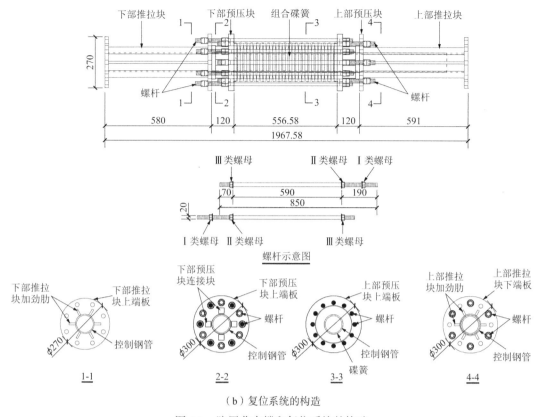

（b）复位系统的构造

图 7.3　防屈曲支撑和复位系统的构造

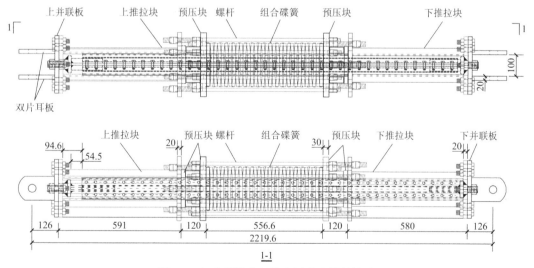

图 7.4　组合碟簧自复位防屈曲支撑的构造

碟簧规格采用外径 $D = 200\text{mm}$，内径 $d = 104\text{mm}$，厚度 $t = 14\text{mm}$，$h_0/t = 0.4$ 的 A 系列有支承面碟簧，由于设计阶段尚无碟簧实物，参考第 4 章，取 $h_0 = 4.2\text{mm}$。单片碟簧最大变形 $0.75h_0 = 3.15\text{mm}$，由 1/50 层间侧移下的自复位比率取 0.8 设计，单片碟簧预压变形量为 $f_0 = 0.714\text{mm}$。为确保 1/30 侧移角下两层支撑内组合碟簧有足够的轴向弹性变形能力，因此，取两层内组合碟簧的对合组数均为 30 组，每组 1 片碟簧，组合碟簧的理论最大轴向变形对应 5.6%层间侧移角。由于碟簧硬度较高,为防止其受到较大压力时损坏预压块端板,碟簧组合两侧各布置一片外径 200mm、内径 104mm 的与碟簧材质相同的平垫片。人字形支撑采用相同规格的碟簧,一层和二层每根支撑中对合组数分别为 27 组和 26 组,每组 1 片碟簧。

7.2.4 单斜支撑框架结构中采用的纯防屈曲支撑

为对比分析,结构试件 BRBF-J 采用了纯防屈曲支撑。该防屈曲支撑与单斜自复位支撑中的防屈曲支撑部分的屈服段和弹性段长度一致。纯防屈曲支撑屈服段钢板截面取为 65mm×10mm。与 25mm×10mm 钢板支撑端部不同,此钢板支撑采用边长为 100mm 的正方形钢板作为端板,在端板外部焊接有两段 16mm 厚的钢板连接块(图 7.5),用于在试验前与并联板之间焊接。

需说明的是,结构试件 BRBF-J 在第一次正式加载中出现了支撑端部绕钢板支撑弹性段的局部弯曲破坏。为了加强端部抗弯能力,在支撑两端设置了由 4 块板厚 14mm 的钢板焊接成的箱形约束段(图 7.5),约束段长 300mm,且将箱形约束段与并联板进行焊接,箱形约束段的设置避免了支撑绕弹性段的局部弯曲破坏。沿支撑四周,箱形约束段与防屈曲支撑外围间留置 2mm 的间隙来确保箱形约束段能为防屈曲支撑端部提供好的抗弯能力,且在箱形约束段与防屈曲支撑外表面间涂刷润滑脂减小二者间的摩擦力。

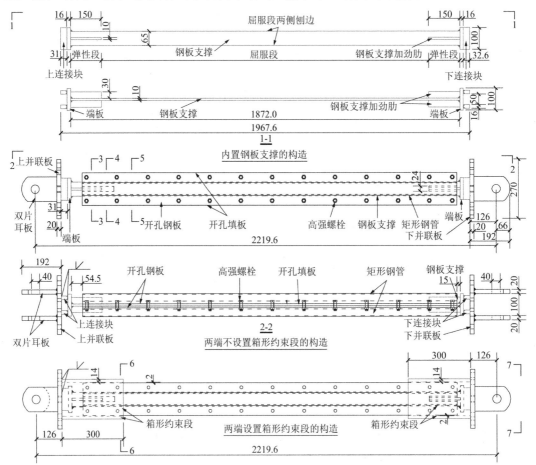

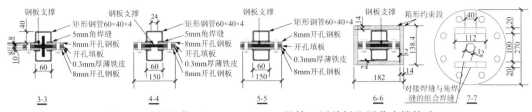

图 7.5　屈服段截面 65mm × 10mm 的第一层单斜防屈曲支撑构造

7.2.5　被撑框架的设计

为了实现控制目标 Ⅱ，拟基于 1/50 层间侧移角下的支撑轴力作用于被撑框架，采用能力设计方法对被撑框架进行设计。又因试验拟采用的最大层间加载侧移角为 1/30，还需基于 1/30 层间侧移角下的支撑轴力对支撑与框架的连接、柱脚的连接，以及作动器与柱端的连接等进行验算。以单斜支撑框架结构为例，1/30 侧移角下，一层自复位防屈曲支撑受压时，其防屈曲支撑部分的预估轴力为 $F_b = \beta\omega f_y A_{sc} = 1.27 \times 1.5 \times 275 \times 250 \times 10^{-3} = 130.97\text{kN}$。此时，单片碟簧受力变形 1.4413mm。单片碟簧总变形量为 1.4413 + 0.714 = 2.1553mm，根据碟簧标准[45]可得对应轴力为 206.6kN，则 SCBRB 受压承载力总和为 130.97 + 206.6 = 337.57kN。

同理，1/30 侧移角下防屈曲支撑受拉轴向承载力为 $F_b = \omega f_y A_{sc} = 1.5 \times 275 \times 250 \times 10^{-3} = 103.13\text{kN}$。此时，SCBRB 受拉承载力总和为 103.13 + 206.6 = 309.73kN。同理可计算出 1/30 侧移角下，二层 SCBRB 受拉时轴力为 307.96kN，受压时轴力为 335.80kN。

被撑框架的承载力验算中，当简化验算时，可基于结构一阶振型 1/50 侧移角下支撑的轴力分布[4]，将其作用于被撑框架。结合支撑轴力对被撑框架的作用，并根据 1/50 侧移角下梁端弯矩可能达到其自身的塑性弯矩和柱反弯点的近似位置，进而获得框架梁和柱的内力，并对框架构件进行承载力验算。因试验中结构设有面外支承，对钢梁和柱均按压弯构件进行的平面内整体稳定验算和强度验算，并验算构件截面板件宽厚比和梁柱节点域抗剪强度等是否满足要求。按文献[1]规定，对节点域进行了合理贴板补强，见图 7.6～图 7.11。当精细化验算时，可以通过结构建模获得更精准的构件内力并进行相应验算。

为避免大侧移下梁端截面大幅塑性发展影响支撑和连接的受力，通过焊接补强板的方式使各梁端翼缘、腹板大侧移下仍处于弹性状态。部分节点周围的梁翼缘和腹板设置了补强板，构造见图 7.6、图 7.8 和图 7.9。需注意的是，考虑大侧移下的非加强段梁翼缘大幅塑性发展和局部屈曲如果发生在支撑连接耳板与钢梁连接的范围内，很可能会对支撑的受力造成不利影响，为了避免该情况的发生，将翼缘补强板的外边缘超过支撑连接耳板与钢梁连接的端部（图 7.9）。梁端和柱节点域附近腹板补强板的设置根据腹板抗剪验算确定。

对柱脚底板和作动器连接处柱翼缘板的抗弯强度进行了验算。在刚接柱脚的底板上加设加劲肋，取底板厚为 30mm。柱脚底板与底梁上翼缘之间由 12 根 M27 和 4 根 M22 的 12.9 级高强螺栓相连。在柱端与作动器的连接位置，通过设立多道加劲肋将柱翼缘板划分为多个区格，并在翼缘外侧局部焊接一块补强板，见图 7.6～图 7.11。

总体上，人字形支撑框架结构试件的验算和加强考虑与上述流程类似。通过上述验算和加强构造，即实现了控制目标 Ⅱ。

7.2.6 预期残余变形的控制

为实现控制目标Ⅲ，要求拟静力试验中 1/50 层间侧移角下，结构层间残余侧移角不超过 0.5%。试件设计阶段，利用 ABAQUS 建模并对结构进行了往复加载分析，用来判断结构的复位性能。分析发现，梁柱和柱脚均刚接的单斜支撑钢框架 SCBRBF-G1 试件，在 1/50 层间侧移角下的最大层间残余侧移角接近 0.5%。梁柱和柱脚均刚接人字形支撑钢框架 C-DSCBRBF-G1 试件，在 1/50 层间侧移角下，第一层和第二层残余侧移角分别为 0.30% 和 0.42%。而在 1/30 层间侧移角下，一层残余变形角和二层残余变形角则分别为 0.97% 和 1.31%。因此阶段并未获得实际的钢材材性，建模分析中的一些简化也很难体现试验中的一些实际构造，因此，此阶段的建模分析仅供辅助结构试件的设计。

7.2.7 销接构造

参考第 5 章的构造，为实现支撑轴心受力，每根支撑两端均与钢框架采用销轴连接（图 7.6～图 7.11）。此外，梁柱节点和柱脚节点采用刚接节点时，大侧移下钢框架不可避免地发展塑性，将影响结构的复位能力。因此，本章试验结构设计中，还在梁柱节点以及柱脚节点均采用了销轴连接的铰接构造，从而避免钢框架发展塑性影响整体的复位能力，更好地发挥自复位支撑的复位性能。同时，铰接框架本身无塑性发展和损伤，可在整个试验过程中多次重复利用。复位系统也保持完好，因此单斜或人字形的支撑钢框架试件中自复位防屈曲支撑均采用同一套自复位系统。铰接框架的梁和柱截面也与刚接框架的相同，均采用 Q345B 热轧 H 型钢，在梁端和柱端进行合理切割与补强。以单斜支撑框架的销接节点为例，一些构造见图 7.10、图 7.11。一层支撑连接耳板采用与刚接框架相同的构造形式，即支撑直接连于柱（图 7.10c），这使支撑轴线与节点域中心之间的偏心距比较大。为减小偏心，二层支撑两端采用双片连接板的销轴连接（图 7.10b），使支撑轴线通过节点域中心。

所有支撑与框架销接处均采用了实心圆柱销，先进行的单斜支撑框架试验中梁柱销接处也采用实心圆柱销，试验发现梁柱节点销接处实心圆柱销与孔壁间的间隙较大，后续人字形支撑框架中梁柱销接处采用弹性销来尽量减小销轴与孔壁间的间隙影响。

7.3 结构试件的组成和构造

7.3.1 结构组成和钢材材性

通过低周往复加载试验，考察了结构组成和构造变化对组合碟簧自复位防屈曲支撑钢框架结构 SCBRBF 滞回性能的影响。依据第 5 章试验的组合碟簧自复位防屈曲支撑 SCBRB 的合理构造，将 SCBRB 与钢框架通过销轴连接起来构成 SCBRBF。结构试件中，柱子截面为 H200×200×8×12（mm），第一层梁截面为 H194×150×6×9（mm）。对于人字形支撑框架结构，第二层梁截面与柱截面相同；对于单斜支撑框架结构，第二层梁截面与第一层梁截面相同。

对于采用单斜支撑的 2 层支撑钢框架结构，3 个试件按试验先后次序依次为设置自复位支撑 SCBRB 的梁柱刚接且柱脚刚接的结构 SCBRBF-G、设置自复位支撑 SCBRB 的梁柱销接且柱脚铰接的结构 SCBRBF-J、设置纯防屈曲支撑 BRB 的梁柱销接且柱脚铰接的结构 BRBF-J。前 2 个试件中 SCBRB 共用一套自复位系统，仅更换内置防屈曲支撑，内置钢板支撑截面为 25mm×10mm。后 2 个试件中，因梁与柱均无塑性发展，共用一套销接框架。所有试件在对应楼层支撑的长度均不变。上述简称中，试件 SCBRBF 表示设置 SC 和 BRB 组合而成的碟簧自复位防屈曲支撑 SCBRB 的钢框架，SC 表示以碟簧构成的纯自复位系统，BRB 表示防屈曲支撑。试件 BRBF 表示仅采用 BRB（无复位系统）的钢框架，试件编号的后缀-J 和-G 分别表示梁柱连接方式为销轴连接和刚接。

对于采用人字形支撑的 2 层支撑钢框架结构，3 个试件按试验先后次序依次为设置 SCBRB 的梁柱刚接且柱脚刚接的结构 C-SCBRBF-G1、设置 SCBRB 的梁柱销接且柱脚铰接的结构 C-SCBRBF-J、设置 SCBRB 的梁柱刚接且柱脚铰接的结构 C-SCBRBF-G2。3 个试件中 SCBRB 共用一套自复位系统，仅更换内置防屈曲支撑，第一层防屈曲支撑的内置钢板支撑截面为 25mm×10mm；第二层为 35mm×10mm。因 C-SCBRBF-J 先进行试验且梁与柱均无塑性发展，因此，后 2 个试件中共用一套销接框架，且 C-SCBRBF-G2 是在 C-SCBRBF-J 上将梁端翼缘对接，同时在翼缘外侧加盖板连接改为梁柱刚性连接。所有试件在对应楼层支撑的长度均不变。简称中，C 表示人字形支撑，其余表示与设置单斜支撑的结构类似。

6 个结构的组成情况和 BRB 内部钢板支撑屈服段实测宽度尺寸等见表 7.1。钢板支撑实测厚度 10.10mm。结构试验前对 Q235B 的钢板支撑、Q345B 的钢梁和柱的腹板与翼缘，以及 Q345B 的补强钢板均进行材性试验，其取样方向均沿着钢材的轧制方向，每类部件取 3 个标准拉伸试样结果的平均值，试验结果见表 7.2。

结构试验试件的组成　　　　　　　　　　表 7.1

试件编号	柱脚形式和梁柱连接方式	一层和二层钢板支撑实测宽度（mm）
C-SCBRBF-G1	刚接	24.85（南）24.91（北）；34.59（南）35.09（北）
C-SCBRBF-J	销接	25.16（南）25.19（北）；35.17（南）35.18（北）
C-SCBRBF-G2	销接/刚接	25.15（南）25.17（北）；35.17（南）35.23（北）
SCBRBF-G	刚接	25.20；25.30
SCBRBF-J	销接	25.40；25.40
BRBF-J	销接	65.10；65.20

注：人字形钢板支撑实测宽度值依次为一、二层内南侧、北侧支撑的宽度。

材性试验结果　　　　　　　　　　表 7.2

部件名称	屈服强度 f_y（MPa）	抗拉强度 f_u（MPa）	弹性模量 E（GPa）	泊松比 ν
钢板支撑	313.33	460.33	202.00	0.293
钢梁翼缘	423.67	593.67	201.74	0.283
钢梁腹板	532.00	722.00	202.00	0.280
柱子翼缘	415.67	608.67	201.46	0.293

续表

部件名称	屈服强度 f_y（MPa）	抗拉强度 f_u（MPa）	弹性模量 E（GPa）	泊松比 ν
柱子腹板	357.33	480.33	201.31	0.283
8mm 厚补强板	449.33	616.33	201.73	0.287
12mm 厚加劲肋	315.97	469.51	201.85	0.284
9mm 厚梁对接板	382.26	530.91	201.46	0.284
12mm 厚梁对接板	388.38	583.74	202.01	0.286
碟形弹簧	1477.00	1647.00	206.00	0.300

注：碟形弹簧材性试验数据由碟簧厂家提供。

为更精确地分析试验数据，对钢梁、柱和防屈曲支撑约束构件的矩形约束钢管实际尺寸进行了量测，实测结果见表 7.3。

部分构件的实际尺寸 表 7.3

名义尺寸（mm）	H200 × 200 × 8 × 12	H194 × 150 × 6 × 9	□60 × 40 × 4	□30 × 20 × 3
实测尺寸（mm）	199.0 × 196.5 × 7.41 × 11.41	194.0 × 149.5 × 4.73 × 8.06	59.1 × 40.2 × 3.54	30.1 × 20.0 × 2.86

7.3.2　结构的构造

上述试件 C-SCBRBF-G1、C-SCBRBF-J、C-SCBRBF-G2、SCBRBF-G、SCBRBF-J 和 BRBF-J 的构造依次见图 7.6～图 7.11，图中长度单位为 mm。

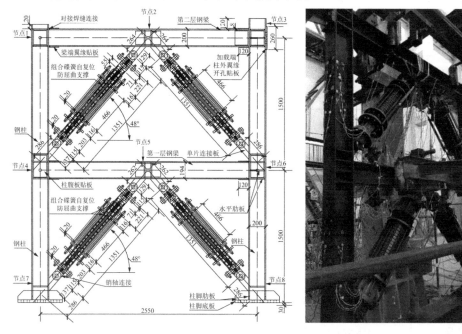

（a）梁柱和柱脚均刚接的人字形支撑钢框架试件 C-SCBRBF-G1

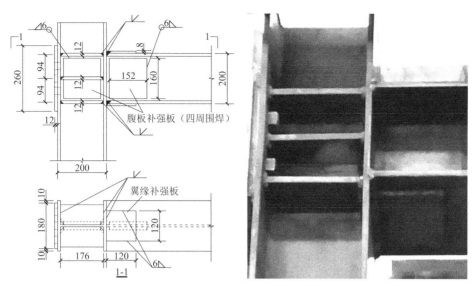

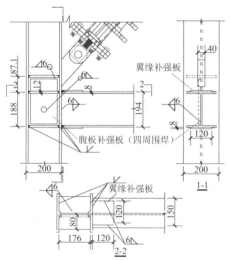

（b）加载端框架中的节点 3 构造详图

（c）框架中的节点 4 构造详图

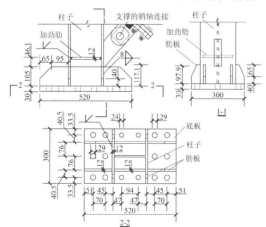

（d）柱脚节点 8 的构造

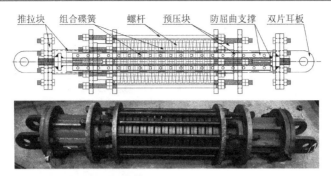

（e）组合碟簧自复位防屈曲支撑的构造

图 7.6　梁柱和柱脚均刚接的人字形支撑钢框架试件 C-SCBRBF-G1 的构造图

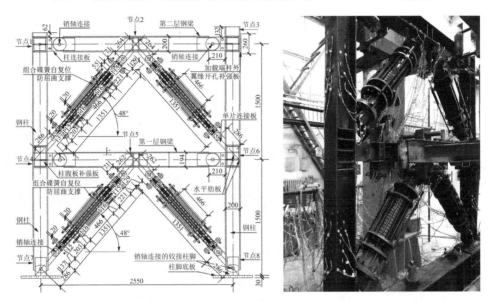

（a）梁柱和柱脚均销接的人字形支撑钢框架试件 C-SCBRBF-J

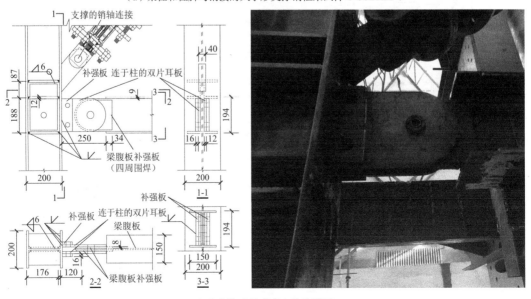

（b）框架中的节点 4 构造详图

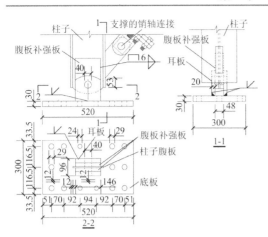

（c）铰接柱脚节点 7 的构造

图 7.7　梁柱和柱脚均销接的人字形支撑钢框架试件 C-SCBRBF-J 的构造

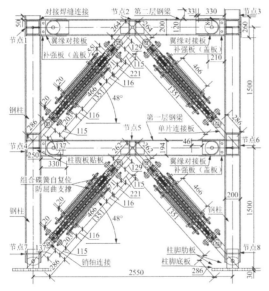

（a）梁柱销接改成刚接和柱脚销接的人字形支撑钢框架试件 C-SCBRBF-G2

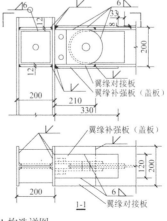

（b）框架中的节点 1 构造详图

图 7.8　梁柱刚接和柱脚销接的人字形支撑钢框架试件 C-SCBRBF-G2 的构造图

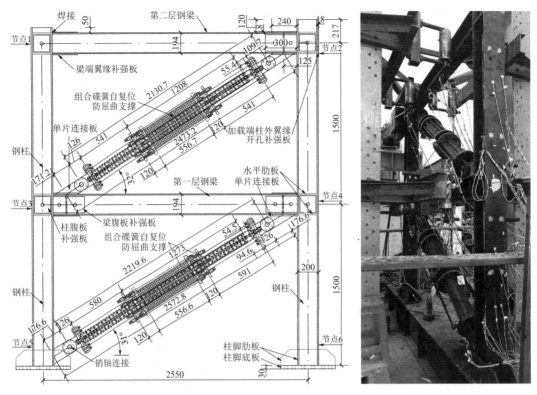

（a）梁柱和柱脚均刚接的单斜支撑钢框架试件 SCBRBF-G

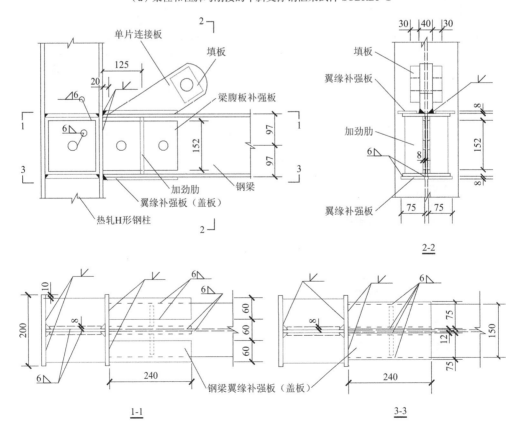

（b）连接第二层支撑的梁柱节点 3 构造详图

图 7.9　梁柱和柱脚均刚接的单斜支撑钢框架试件 SCBRBF-G 的构造图

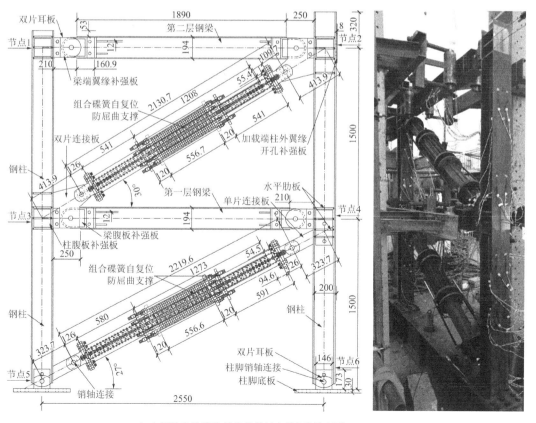

（a）梁柱和柱脚均销接的单斜支撑钢框架试件 SCBRBF-J

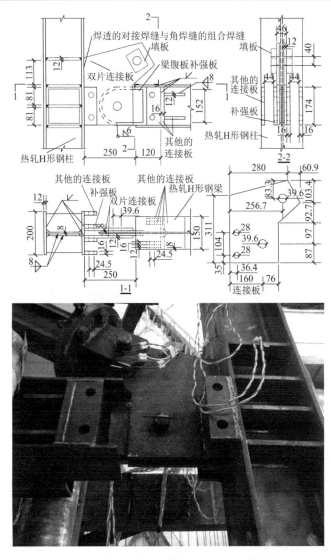

（b）连接第二层支撑的梁柱节点3构造详图

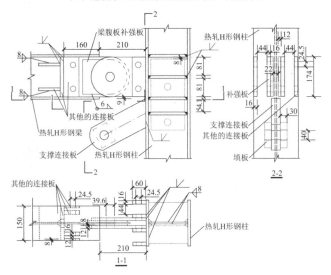

（c）连接第一层支撑的梁柱节点 4 构造详图

图 7.10　梁柱和柱脚均销接的单斜支撑钢框架试件 SCBRBF-J 的构造图

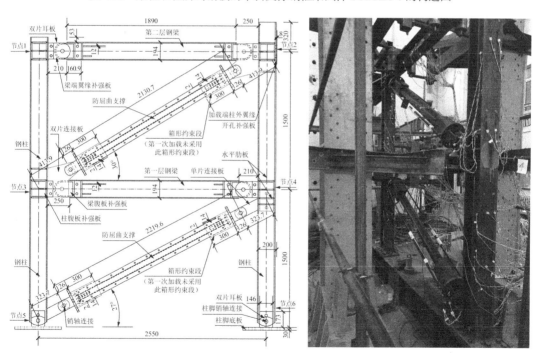

（a）梁柱和柱脚均销接的单斜支撑钢框架试件 BRBF-J

（b）两端未设置箱形约束段的防屈曲支撑

（c）支撑未设置箱形约束段的节点 5 构造　　　　（d）支撑设置箱形约束段的节点 5 构造

（e）两端设置箱形约束段的防屈曲支撑

图 7.11　柱脚铰接和梁柱销接的单斜支撑钢框架试件 BRBF-J 的构造图

7.4　加载装置和加载制度

7.4.1　加载装置

以 SCBRBF-G 为例，加载装置见图 7.12a，其他试件采用相同的加载装置。因试验是针对一榀框架进行拟静力试验，故需通过额外加装侧向支撑来阻止试件发生面外侧移。本试验采用 4 组共 8 个滚轴在框架正背面上下两层梁的 1/4 点和 3/4 点处施加支撑点，再将滚轴通过侧向支撑固定在试验室的柱上，柱底部则通过地锚连接固定在刚性地面上（图 7.12），这样即可确保各个支撑点不会出现面外移动，同时在每次试验加载前对侧向支撑上的滚轴涂抹润滑脂以减小其对钢梁水平移动所造成的阻力。推动结构来回往复运动的作动器本身具有 2 个球铰，在加载过程中，加载点到最近侧向支撑点之间的梁所受轴向压力较大，加载端的柱易转动引发框架平面外位移，为了能够保证加载的稳定性，采用焊接矩形框（图 7.12a 的刚性导轨）固定在加载点上方来约束柱顶的扭转，使得柱顶部只能沿矩形框长度方向即水平方向移动，阻止其转动和平面外移动（图 7.12a）。同样在每次试验前也都在矩形框内壁处涂刷润滑脂，以减小柱顶在加载平面内移动时的摩擦阻力。为了方位表述方便，靠近和远离反力墙一侧的结构分别规定为结构的前侧和后侧，且分别对应为南侧和北侧。

7.4.2　加载制度

试验加载时，作动器沿二层钢梁轴线通过试件的前方柱顶对试件施加水平力 P 进行水平往复位移加载（图 7.12a），位移以顶层和柱脚的相对位移 Δ 来控制（图 7.13）。正式加载中采用两个阶段进行加载。第一阶段中，按照幅值 0.2mm、0.4mm、0.6mm、0.8mm、1.5mm

先进行单圈加载，而后从 1.5mm 开始以 1.5mm 为增幅进行单圈加载至幅值 10.5mm，之后从 12mm 开始以每级增幅 8mm 进行加载，每级循环两周，直至加载到 100mm（对应平均层间侧移角为 1/30）。若结构仍未破坏，则进入第二阶段，依次进行幅值 60mm（对应平均层间侧移角为 1/50）循环 5 圈、幅值 75mm（对应平均层间侧移角为 1/40）循环 5 圈、幅值 90mm 循环若干圈的加载，直至试件破坏。需注意的是，试验期间加载时，SCBRBF-G 和 C-SCBRBF-G1 按上述原定制度加载（图 7.13），对于其他试件，因销轴与销孔之间存在一定间隙，使得滞回曲线出现滑移段。对存在滑移现象的试件，试验时适时根据滑移量进行柱顶水平加载位移幅值的合理调整，以确保试验后滞回曲线消除滑移处理后得到的顶层和柱脚的相对位移 Δ 仍基本符合预定的加载幅值。

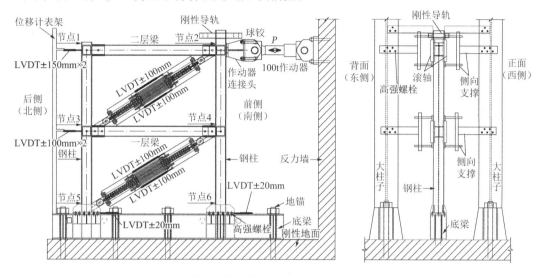

（a）装入单斜支撑框架 SCBRBF-G 的加载装置

（b）加载装置正面　　　　　　　　（c）加载装置背面

图 7.12　安装支撑钢框架试件的试验加载装置

水平加载位移为正值（正向）和负值（负向）时分别表示作动器沿水平向推出试件和拉回试件。在第一层、第二层梁端各布置 2 个水平位移计（LVDT），两个柱脚底板各布置一个水平位移计，通过这些水平位移计可以量测出各层相对侧移并控制作动器按照位移加载；沿支撑轴向布置 LVDT 测量支撑的轴向变形（图 7.12a）。位移均采用动态采集，采样频率均为 2Hz。

　　各试件的滞回曲线由作动器的水平力 P 分别与柱顶总水平位移以及第一层和第二层的层间位移组成，即由 3 个位置的曲线组成。每个位置的曲线又按加载历程包括四部分。第一部分是第一阶段滞回曲线，其包含了结构由初始加载直至加载到 1/30 层间侧移时的情况；第二部分则是结构在 60mm 循环阶段的滞回曲线；第三部分为 75mm 循环阶段的滞回曲线；第四部分则为结构进入 90mm 循环直到试验结束为止。

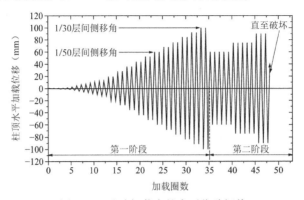

图 7.13　试验加载中的水平位移幅值

7.5　人字形支撑框架的试验现象和滞回曲线

　　结构 C-SCBRBF-G1 的滞回曲线见图 7.14～图 7.16。可见梁柱刚接-柱脚刚接人字形自复位防屈曲支撑钢框架在各个阶段均有稳定的滞回曲线，其延性和耗能能力良好。正向或负向加载中，复位系统的启动和钢板支撑的屈服使结构抗侧刚度明显降低，表现为滞回曲线在加载阶段出现了第一个明显拐点。后续继续加载特别是接近 1/50 侧移角时，因钢框架的屈服和部分钢梁未加强段端部的局部屈曲，使结构刚度进一步降低。因自复位支撑可提供较大的复位力，当在防屈曲支撑大幅屈服后且大侧移下卸载时，结构的残余位移向零位移回收趋势明显，滞回曲线整体上有向坐标原点捏缩的趋势（图 7.14～图 7.16）。在 60mm 和 75mm 循环加载阶段，滞回曲线基本重合，表现出稳定的滞回性能。在最后 90mm 循环阶段，随着钢板支撑逐个断裂，结构承载力出现较明显的劣化，但其复位效果反而更好。这是因为断裂前在每一层内复位系统承担着为发展塑性的钢板支撑和钢框架提供复位力，支撑断裂后，复位系统仅担负着为发展塑性的钢框架提供复位力，提升了复位效果。因柱顶加载，柱顶水平力等于第一层和第二层的水平力，一层和二层的层间侧移之和等于柱顶侧移。由图 7.14～图 7.16 可见，结构 3 个位置的滞回曲线走势类似。

　　试验中观察发现，C-SCBRBF-G1 在柱顶水平位移加载至 44mm（1/68 层间侧移角）第一圈时，北侧与南侧靠近钢柱柱脚处柱身（图 7.17a）以及一层钢梁未加强段的端部表面氧化膜出现大面积脱落，推测柱脚翼缘屈服，继续加载至 −60mm（1/50 层间侧移角）第二圈，一层梁北侧上翼缘出现局部屈曲现象（图 7.17b）。继续加载至 68mm 第一圈，一层梁南侧上翼缘出现明显局部屈曲(图 7.17c)，同时腹板也出现轻微局部屈曲现象。后续加载至 92mm 第一圈时，北侧柱脚出现屈曲现象（图 7.17d），在完成第一阶段加载后框架进入循环阶段。框架柱和梁在出现局部屈曲位置随着往复屈曲和弯折最终在受拉时断裂，内置钢板支撑在往复大幅轴向拉压屈服后，也最终低周疲劳受拉断裂。例如，加载到 90mm 循环加载阶段

的第三圈中的 −56.94mm 时，发生了北侧一层钢板支撑断裂破坏，同时结构一层梁南侧上翼缘发生了明显开裂，因腹板也明显局部屈曲，裂纹有从翼缘向腹板延伸的趋势（图 7.17e）。在四根钢板支撑全部断裂后，试验结束。试验后拆卸试件，发现所有钢板支撑的破坏均发生于屈服段（图 7.18），外围约束构件以及复位系统均保持完好，符合设计目的。

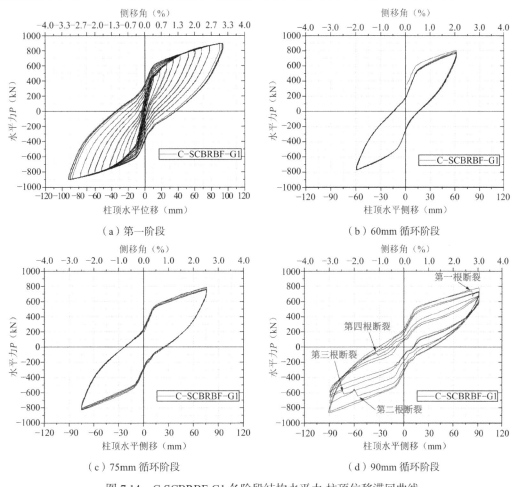

（a）第一阶段　　　　　　　　　　　（b）60mm 循环阶段

（c）75mm 循环阶段　　　　　　　　（d）90mm 循环阶段

图 7.14　C-SCBRBF-G1 各阶段结构水平力-柱顶位移滞回曲线

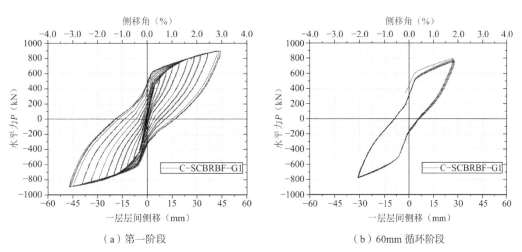

（a）第一阶段　　　　　　　　　　　（b）60mm 循环阶段

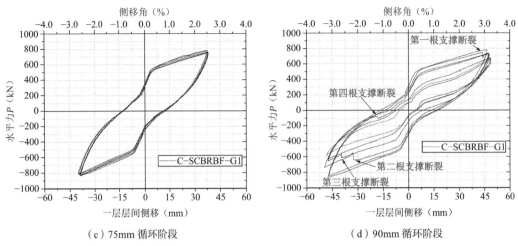

（c）75mm 循环阶段　　　　　　　　（d）90mm 循环阶段

图 7.15　C-SCBRBF-G1 各阶段结构的水平力-第一层层间侧移滞回曲线

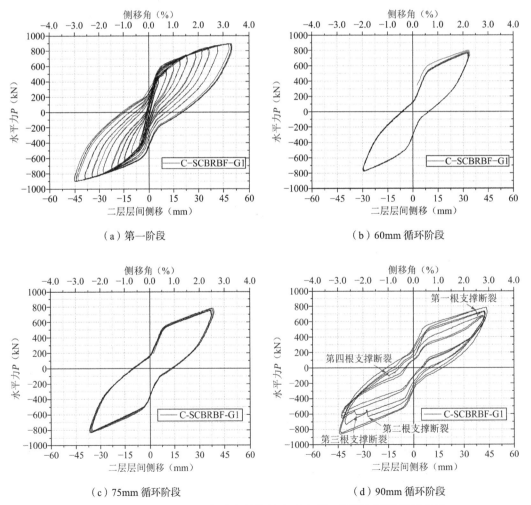

（a）第一阶段　　　　　　　　　　　（b）60mm 循环阶段

（c）75mm 循环阶段　　　　　　　　（d）90mm 循环阶段

图 7.16　C-SCBRBF-G1 各阶段结构的水平力-第二层层间侧移滞回曲线

（a）柱脚氧化膜
脱落

（b）一层梁北侧
轻微屈曲

（c）一层梁南侧
屈曲

（d）柱脚发生屈曲

（e）一层梁翼缘
开裂

图 7.17　C-SCBRBF-G1 框架构件的屈服、屈曲和断裂现象

第二层北侧钢板支撑断裂

第一层北侧钢板支撑断裂

第二层南侧钢板支撑断裂

第一层南侧钢板支撑断裂

图 7.18　C-SCBRBF-G1 的四根钢板支撑受拉断裂

　　C-SCBRBF-J 的滞回曲线见图 7.19～图 7.21。可见结构的滞回曲线呈现"旗形"。由于柱脚和梁柱节点均为销接（图 7.22），框架几乎无抗侧能力，结构每层的抗侧能力几乎完全来源于自复位支撑，因此结构层滞回曲线与前述章节自复位防屈曲支撑构件的滞回曲线基本一致。因主体框架始终处于弹性，试验中钢板支撑断裂仍出现在屈服段范围内，其中一层支撑均于第一阶段接近结束时发生断裂，而二层支撑则均断裂于后续循环加载阶段。在试验后发现二层钢梁与南侧柱（即与作动器连接的柱）的连接耳板销接孔壁处已发生了塑性变形（图 7.22）。需说明的是，试验中为了进一步确保弹性销的承载力和减小销变形，在大弹性销内穿入了小弹性销，之后在小弹性销内又穿入实心螺栓（图 7.22）。由滞回曲线可知，作动器的最大水平力约为 600kN，此处的销轴与孔壁接触挤压作用较大，导致局部孔壁出现塑性变形。

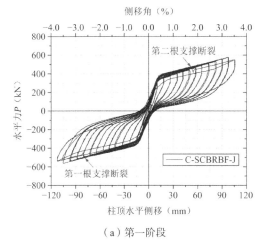
（a）第一阶段

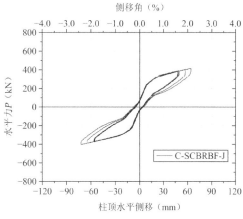
（b）60mm 循环阶段

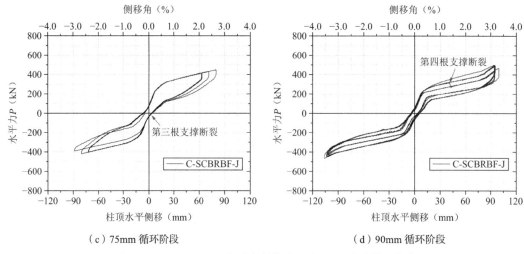

(c) 75mm 循环阶段　　　　　　　　(d) 90mm 循环阶段

图 7.19　C-SCBRBF-J 各阶段结构水平力-柱顶位移滞回曲线

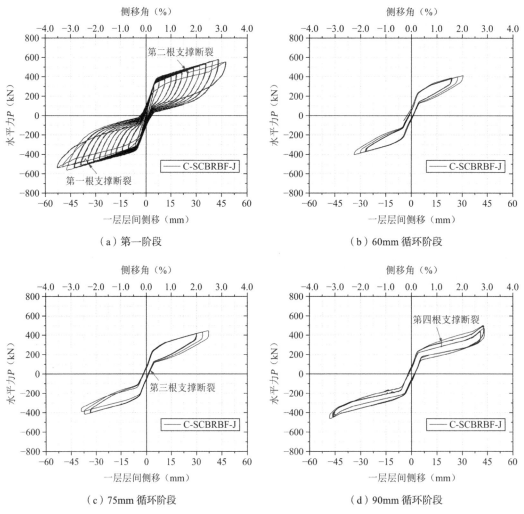

(a) 第一阶段　　　　　　　　　　(b) 60mm 循环阶段

(c) 75mm 循环阶段　　　　　　　　(d) 90mm 循环阶段

图 7.20　C-SCBRBF-J 各阶段结构的水平力-第一层层间侧移滞回曲线

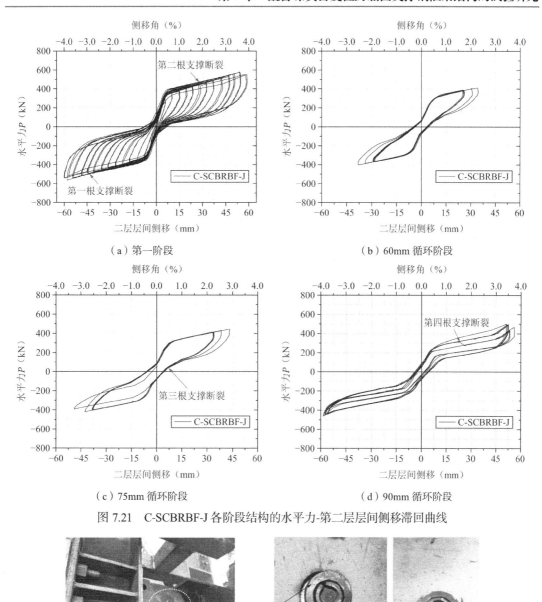

（a）第一阶段　　　　　　　　　　　　　（b）60mm 循环阶段

（c）75mm 循环阶段　　　　　　　　　　（d）90mm 循环阶段

图 7.21　C-SCBRBF-J 各阶段结构的水平力-第二层层间侧移滞回曲线

钢梁与柱顶销接　　　　　　　　　　试验后耳板孔壁的塑性变形

图 7.22　C-SCBRBF-J 钢梁与柱顶销接处的销接耳板孔壁出现塑性变形

　　C-SCBRBF-G2 是在 C-SCBRBF-J 的销接框架上将梁柱销接改为刚接节点的（图 7.8）。具体改造中，在销接梁柱节点的上或下翼缘处先采用一块短连接板与钢梁销接耳板焊接连接，短连接板作为钢梁端部补充的翼缘板，其一端与原钢梁翼缘通过对接焊缝连接，另一端与柱翼缘通过对接焊缝连接。之后，在梁翼缘上进一步敷设长连接板（盖板），盖板跨越短连接板与原钢梁翼缘的对接焊缝，盖板一端与柱翼缘也通过对接焊缝连接，盖板平行梁轴线的两边通过角焊缝与梁翼缘连接（图 7.23）。正式加载中，在结构加载至 68mm 第一圈时，一层梁北侧出现轻微局部屈曲，在加载到 76mm 第二圈时，由于焊缝连接处受力复杂，故导致一层梁焊缝开裂，即一层钢梁在南、北梁端的上翼缘板件间以及连接耳板间的焊缝均出现不同程度的开裂（图 7.24）。加载到 −84mm 第一圈时，一层梁北侧出现局部屈曲，后续在加载至 −100mm 第二圈时，一层梁南侧翼缘局部屈曲明显，且上翼缘和连接耳板处的焊缝也严重开裂。结构第一根断裂的钢板支撑为一层南侧钢板支撑，其于第一阶段 100mm 加载级第一圈由 +100mm 往 −100mm 加载过程中的 −74.21mm 处断裂，第二根断裂的钢板支撑位于一层北侧，其于 60mm 循环加载阶段第四圈由 0 向 +60mm 加载过程中在 +44.04mm 时发生断裂。考虑一层 2 根支撑全部断裂，且一层钢梁端部焊缝断裂严重，本试验在进入 90mm 循环阶段加载两圈后结束。这样，C-SCBRBF-G2 的第二层支撑均没有发生断裂。C-SCBRBF-G2 的滞回曲线见图 7.25～图 7.27，可见由于焊缝开裂导致结构承载力出现退化。

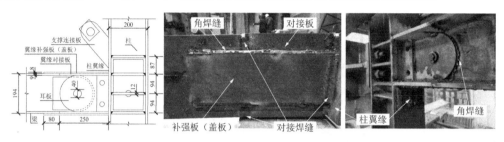

（a）一层梁与柱销接改为刚性连接　　　（b）柱顶铰接节点改为刚性节点的做法

图 7.23　C-SCBRBF-G2 中钢梁端部与柱改为刚接的做法

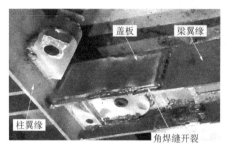

（a）一层梁北侧上翼缘侧面角焊缝开裂破坏　　　（b）一层梁南侧腹板位置连接耳边间的角焊缝开裂破坏

图 7.24　C-SCBRBF-G2 中钢梁端部连接焊缝开裂破坏

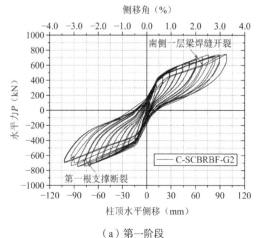

（a）第一阶段

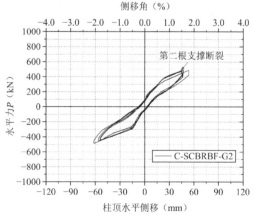

（b）60mm 循环阶段

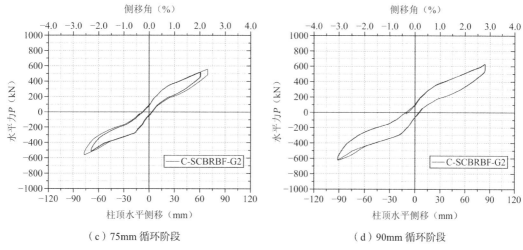

（c）75mm 循环阶段　　　　　　　　（d）90mm 循环阶段

图 7.25　C-SCBRBF-G2 各阶段结构水平力-柱顶位移滞回曲线

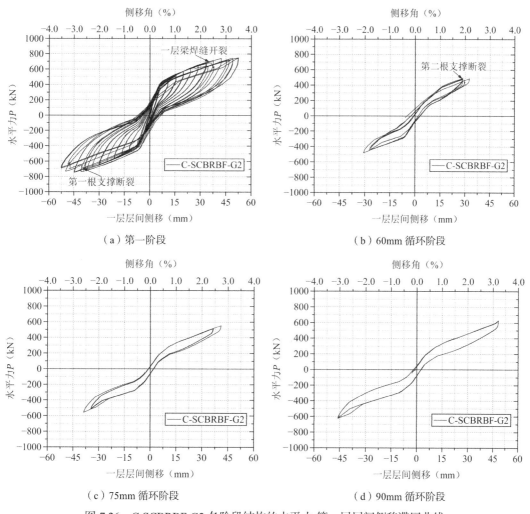

图 7.26　C-SCBRBF-G2 各阶段结构的水平力-第一层层间侧移滞回曲线

171

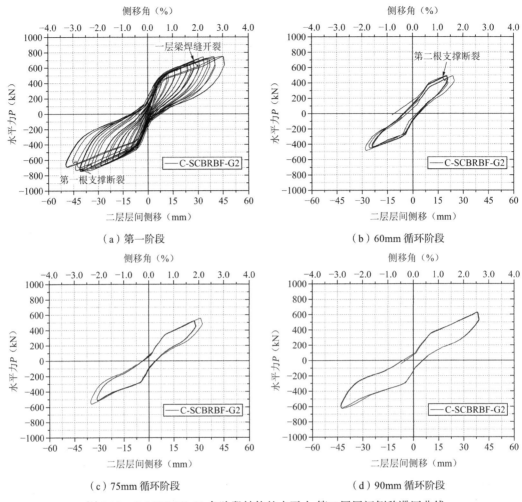

图 7.27 C-SCBRBF-G2 各阶段结构的水平力-第二层层间侧移滞回曲线

7.6 单斜支撑框架的试验现象和滞回曲线

SCBRBF-G 在位移第一次到达 +52mm 时，一层梁后端下翼缘和后端柱脚后侧翼缘均出现轻微局部屈曲（图 7.28a）。当位移到达 −60mm 时，一层梁后端上翼缘出现明显的局部屈曲（图 7.28b），一层梁前端下翼缘出现轻微的局部屈曲。与人字形试件 C-SCBRBF-G1 类似，随着加载位移进一步增大和往复次数的增加，框架柱和梁在出现局部屈曲位置随着往复屈曲和弯折最终在受拉时断裂，内置钢板支撑在往复大幅轴向拉压屈服后，也最终低周疲劳受拉断裂，与前述结构类似，断裂位置也出现在屈服段。第一阶段 100mm 前，框架没有发生断裂。加载到试验结束时刻，2 号节点（图 7.28c，节点编号见图 7.9）钢梁上翼缘发生严重的局部屈曲并断裂，断裂位置即在正背面翼缘屈曲中心位置，距离补强板端部 95mm；钢梁腹板向正面鼓曲，上翼缘裂缝贯通至腹板深度 36mm。5 号节点（图 7.28d）后翼缘背面向后严重屈曲，屈曲中心距柱脚加劲肋端部 90mm；后翼缘正面向前屈曲，屈曲位置距加劲肋端部 110mm；柱腹板也发生了向背面的局部屈曲，屈曲中心高度与后翼缘背面接近；后柱后翼缘的断裂发生在加劲肋端部位置，长度将近 3/4 翼缘宽，向内延伸至腹板 1/4 宽度。统计可知，1～3 节点梁端翼缘的屈曲中心距离补强板的端部的距离均在 96mm 左右，约为 0.5 倍的梁高（194mm）。支撑断裂前 SCBRBF-G 滞回环饱满且稳定（图 7.29），表现出良好的耗能能力，同时呈现出一定的旗帜型形状，表明复位部件的采用使整个试件的残余变形有减小的趋势。图 7.29 中 75mm 和 90mm 循环加载中，受压到 70mm 后，滞回曲线出现刚度增大的现象，这是先前断裂的第二层钢板支撑在断口处接触后继续承受压力所造成的。需说明的是，从人字形的滞回曲线可知，因水平力 P 相同，由第一层和第二层的层间侧移获得的滞回曲线与柱顶位移获得的滞回曲线走势基本相同，仅第一层和第二层的层间侧移在总的柱顶位移中的占比不同。因此，为节约篇幅，单斜支撑试件仅给出柱顶位移获得的滞回曲线。

（a）+52mm 时一层梁后端下翼缘轻微屈曲　　（b）−60mm 时一层梁后端上翼缘明显屈曲

（c）2 号柱顶节点上侧翼缘和腹板断裂　　（d）5 号柱脚节点外侧翼缘断裂

图 7.28　SCBRBF-G 钢框架的变形和破坏

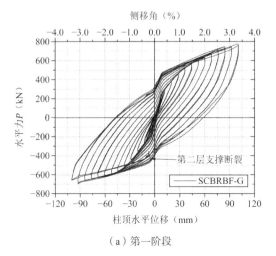
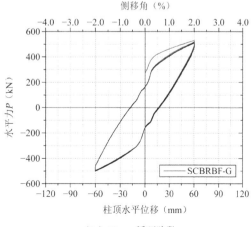

（a）第一阶段　　　　　　　　　　（b）60mm 循环阶段

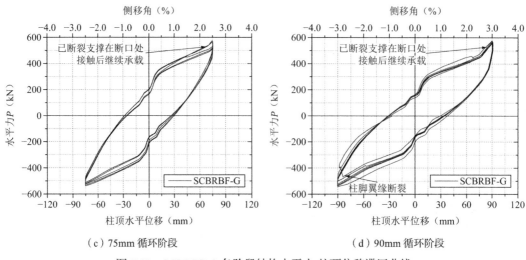

（c）75mm 循环阶段 （d）90mm 循环阶段

图 7.29　SCBRBF-G 各阶段结构水平力-柱顶位移滞回曲线

对结构的应变进行分析可知，后柱脚前端翼缘在加载 +20mm 时发生屈服；后柱脚后端翼缘在加载 +28mm 时发生屈服；前柱脚前端翼缘在加载 +36mm 时发生屈服；前柱脚后端翼缘在加载 −20mm 时发生屈服。除此之外，一层钢梁前端上翼缘和后端下翼缘均在加载 +28mm 时发生屈服。二层钢梁所粘贴的应变片由于采集仪通道问题，并未得到相关数据。

除钢板支撑在屈服段断裂外，SCBRBF-J 试件的其他部件在整个加载历程中均处于弹性状态，无破坏。由于铰接框架中实际销轴与销孔孔壁之间存在间隙，多个销孔间隙累加后在滞回曲线上会出现很大的水平滑移段，即总间隙。在试验过程中发现作动器实时绘制的滞回曲线有 7mm～8mm 的滑移段。为了在消除滑移后得到目标位移，试验时通过在原始加载制度上增加新幅值来满足。在第二圈 ±100mm 循环之后增加一圈 ±108mm，同理在 ±60mm 循环加载后增加一圈 ±68mm，在 ±75mm 循环之后增加一圈 ±83mm。数据处理时，消除滑移后的试件滞回曲线呈饱满的旗帜形（图 7.30），具有良好的耗能能力和延性，同时大幅降低了结构的残余变形。试件在对应加载位移幅值为 2%层间侧移角时，2 层支撑受压（拉）卸载后的残余侧移角分别为 +0.17%（−0.204%），均满足 0.5%的残余侧移角限值。特别是在 2 层钢板支撑都断裂后，由于自复位系统的贡献，整个纯铰接结构仍然具有一定的承载力和耗能能力。

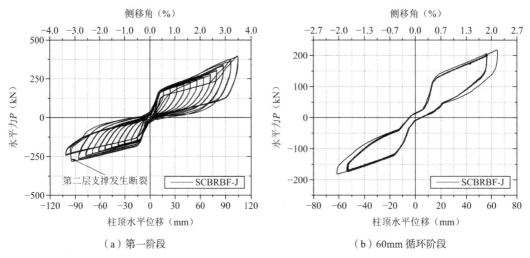

（a）第一阶段　（b）60mm 循环阶段

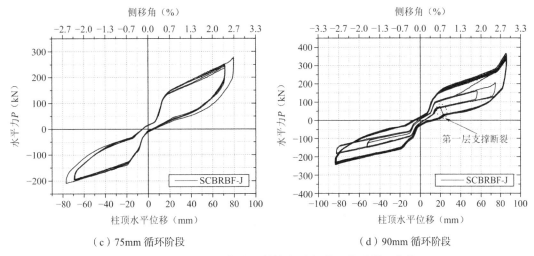

（c）75mm 循环阶段　　　　　　　　　　（d）90mm 循环阶段

图 7.30　SCBRBF-J 各阶段结构水平力-柱顶位移滞回曲线

由图 7.30 可见，正向加载至大位移幅值时，结构承载力有明显增加，原因可能来源于两个方面。其一，内置钢板支撑屈服段轴向塑性变形在断裂前可能不均匀，屈服段端部由于泊松效应累积的横向变形较多（图 7.31），导致其与约束构件之间摩擦作用较大；其二，穿入复位系统圆钢管内的防屈曲支撑受压有弯曲失稳的趋势，其与圆钢管内壁面之间产生相互接触作用导致的。将断裂后的防屈曲支撑拆开发现，钢板支撑端部存在大量的划痕，其端部加劲肋也出现了一定的弯曲变形，表明钢板支撑端部在试验中有平面内弯曲失稳的趋势，因受到外部自复位系统中圆钢管的约束，避免了防屈曲支撑弯曲失稳的发生。这也是第 4 章、第 5 章采用同轴组装自复位防屈曲支撑构造中，考虑利用复位构件的导向钢管为穿入其内的防屈曲支撑提供潜在横向约束的优势体现。

（a）第一层钢板支撑上端　　　　　　　　（b）第一层钢板支撑下端

图 7.31　试验后的钢板支撑端部的变形

BRBF-J 第一次正式加载中，2 根防屈曲支撑端部均未设置箱形约束段（图 7.11），当加载位移幅值 76mm 的第二圈时达 +40.5mm 时，一层钢板支撑上端弹性段发生局部弯曲破坏（图 7.32）。试件破坏后，及时卸载至 0kN，立即停止试验进行支撑检修。将一层、二层支撑均拆下检查，发现一层钢板支撑弹性段发生严重的弯曲变形（图 7.32），二层钢板支撑的上侧弹性段也发生了轻微的弯曲变形。将 2 根支撑运至加工厂进行加热矫正，并采用 4 块 14mm 厚的钢板围成的焊接箱形截面作为箱形约束段（图 7.5），将端部约束构件外表面套住来提高防屈曲支撑端部的抗弯能力，限制钢板支撑外露段的局部弯曲变形，箱形截面仅与原支撑构件端部的并联板焊接（图 7.11）。其中约束构件 4 个外表面与外围 4 块钢板内表面之间间隙为 2mm（图 7.5）。矫正和加强完毕后，重启试验时按原定加载制度继续加载。消除滑移后的 BRBF-J 试件滞回曲线呈饱满的纺锤形（图 7.33），具有稳定且良好的耗能能力，但卸载后残余变形非常明显。因梁柱和柱脚均铰接，框架几乎无抗侧能力，结构的承载力几乎完全来自防屈曲支撑。因此，相同加载位移幅值下，支撑受压时结构的承载力大于支撑受拉时的承载力，这与相同加载位移幅值下防屈曲支撑受压侧高于受拉侧承载力的特性相符合。从滞回曲线上可见，支撑端部设置箱形约束段且重启加载后，曲线上出现很多的小幅震荡，这可能是防屈曲支撑约束构件在往复荷载下与箱形约束段之间接触摩擦所致。

图 7.32   BRBF-J 的第一层 BRB 发生端部弯曲破坏

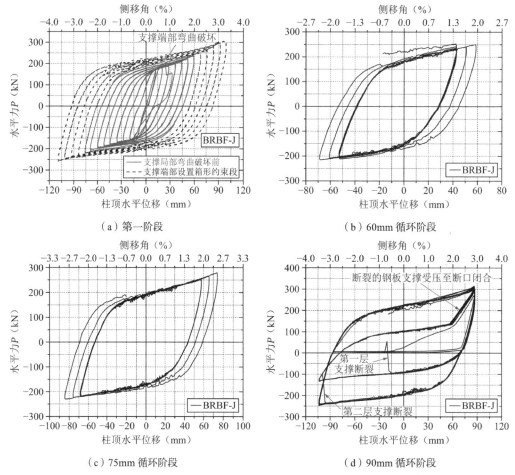

（a）第一阶段   （b）60mm 循环阶段

（c）75mm 循环阶段   （d）90mm 循环阶段

图 7.33   BRBF-J 各阶段结构水平力-柱顶位移滞回曲线

由 BRB 试验现象可见，箱形约束段的设置可有效增强 BRB 端部的抗弯能力，避免其局部弯曲破坏，该种端部加强构造可供工程应用参考。同时，不设置箱形约束段的 BRB

端部局部受弯破坏表明，因通过销轴受剪与销孔的孔壁承压来传递支撑轴力，虽然在销轴与孔壁间涂抹润滑脂，但二者间仍有摩擦力。当支撑端部双片耳板与框架上单片连接板间相对转动时，销轴与孔壁间的摩擦力将产生一定的抵抗力矩，进而引起支撑端部受弯。此外，本试验中双片耳板间净距较大，销轴受剪的同时也可能出现弯曲变形，影响其顺滑地在孔壁内的转动，也可能在双片耳板与单片连接板相对转动时产生一定的抵抗力矩，进一步引起支撑端部受弯。支撑端部受弯就可能导致端部抗弯能力较弱的弹性段出现局部弯曲破坏。

试验后，拆开约束构件取出钢板支撑，观察各单斜支撑框架结构试件内的钢板支撑的变形和断裂情况发现，除了 SCBRBF-G 结构的第一层支撑未断裂外，其他 5 根钢板支撑断裂位置与图 7.31a 类似，均位于弹性段加劲肋端部。其中 SCBRBF-G 结构的第二层支撑在支撑下端断裂，其余均在支撑上端断裂。由图 7.31 可见，支撑屈服段端部的横向变形较大，且在支撑两端弹性段有明显的局部弯曲变形，开孔钢板的槽孔与钢板支撑屈服段、弹性段之间相互摩擦造成弹性段与屈服段交界处存在大量的划痕。可见，屈服段端部受力复杂，再加上屈服段端部截面受焊接加劲肋的焊接残余应力和缺陷等的不利影响，从而使钢板支撑易在屈服段端部较早低周疲劳断裂（图 7.31）。

7.7　试验支撑框架结构的残余变形

图 7.34 为各试件第一加载阶段第一层和第二层的残余变形，各层的层间残余变形量和该层的层间侧移与层高的比值分别为层间残余侧移角 γ_r 和层间侧移角 γ。需说明的是，在同一级下循环 2 圈时，取其第一圈加载所提取数值，其中取荷载卸载为 0 时结构的第一层、第二层侧移为残余变形 Δ_r，每级加载的水平位移幅值用 Δ 表示。分析可知，所有人字形支撑框架试件在 1/50 层间侧移角下的残余侧移角均小于 0.5%，符合预期目标，同时也表明结构的复位效果良好。由全部 6 个支撑钢框架的第一层、第二层残余变形曲线（图 7.34）可知，总体上，各结构上下两层之间的残余变形角均相差不大。

以人字形自复位防屈曲支撑钢框架为例，1/30 侧移角下，第二层自复位防屈曲支撑的实际复位比率约为 0.59～0.71，第一层自复位防屈曲支撑的实际复位比率为 1.07～1.20。由各层残余变形可知，无论是第一层还是第二层，其人字形自复位防屈曲支撑均有着良好的复位效果，一、二层残余变形分布比较均衡（图 7.34）。

单斜支撑框架结构复位能力由大到小依次为 SCBRBF-J、SCBRBF-G 和 BRBF-J（图 7.35a），符合设计预期。由于框架处于弹性且自复位支撑复位能力良好，SCBRBF-J 的残余变形最小，但层间侧移角接近 2.5%时，试件在大位移幅值下残余变形增幅加快（图 7.35b），这是因第一加载阶段大位移幅值下钢板支撑与约束构件之间接触发生较强摩擦所致（图 7.31）。1/50 层间加载侧移角下，SCBRBF-G 的层间残余侧移角稍大于 0.5%，而 BRBF-J 的层间残余侧移角约 1.5%，远大于 0.5%。

表 7.4 给出了柱顶加载位移除以结构 2 层总高度 3m 得出的 2 层平均层间加载侧移角达 1/50 时，以及该加载侧移角下的 2 层平均层间残余侧移角（图 7.35）。总体上，均采用自复位防屈曲支撑时，因刚接框架大侧移下屈服、屈曲和大幅发展塑性变形，结构的残余变形大于铰接框架结构。梁柱刚接的结构，将柱脚变为铰接，可以减小框架结构的塑性发

展，利于复位。梁柱刚接且柱脚铰接的结构 C-SCBRBF-G2 与 C-SCBRBF-G1 相比，残余变形进一步减小，且可避免柱在靠近柱脚位置的局部屈曲和断裂。因此，当用于低层和多层的可以且易于采用铰接柱脚的结构时，其支撑跨的自复位支撑框架可考虑采用类似 C-SCBRBF-G2 或者 SCBRBF-J 与 C-SCBRBF-J 的结构形式，而采用纯防屈曲支撑的结构残余变形最大，表明对于采用支撑作为主要抗侧力构件的中心支撑钢框架结构，采用自复位防屈曲支撑来控制结构的残余变形是有效的。

各试件在 1/50 层间侧移角下的平均残余侧移角　　　　　　　表 7.4

试件编号	正向残余层间侧移角（%）	负向残余层间侧移角（%）
C-SCBRBF-G1	0.45	0.44
C-SCBRBF-J	0.17	0.22
C-SCBRBF-G2	0.26	0.30
SCBRBF-G	0.64	−0.62
SCBRBF-J	0.19	−0.20
BRBF-J	1.54	−1.55

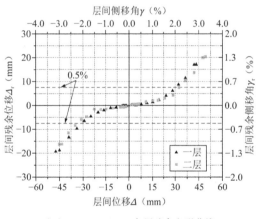

（a）C-SCBRBF-G1 各层残余变形曲线

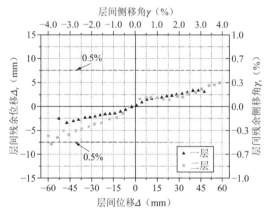

（b）C-SCBRBF-J 各层残余变形曲线

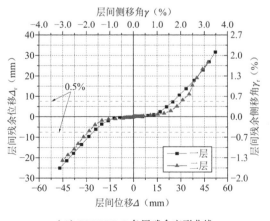

（c）C-SCBRBF-G2 各层残余变形曲线　　　　　　　（d）SCBRBF-G 各层残余变形曲线

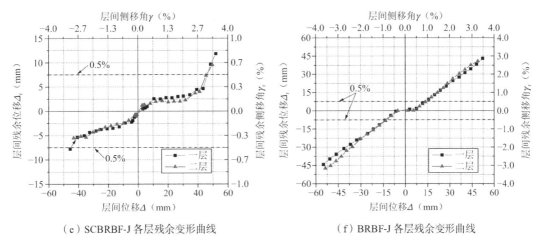

（e）SCBRBF-J 各层残余变形曲线　　　　（f）BRBF-J 各层残余变形曲线

图 7.34　第一加载阶段各结构中两层的层间残余变形

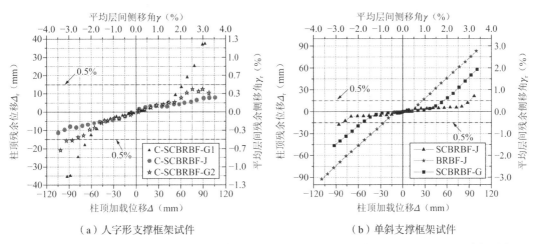

（a）人字形支撑框架试件　　　　（b）单斜支撑框架试件

图 7.35　各试件柱顶加载侧移和柱顶残余侧移以及两层的平均层间侧移角和平均层间残余侧移角

7.8　结构的应变分析

　　试验前每个试件上粘贴有应变片，目的有两个：一是监测粘贴点钢材的屈服时刻，如 SCBRBF-G 梁端和柱脚应变片；二是反算得到梁和柱构件内力，力图分离出框架和支撑各自分担的水平剪力。需注意的是，由于量测误差和试验中构件断裂等影响，应变片所反算出的构件内力与真实内力之间不一定是相同的。但可近似反映构件内力变化趋势，有助于深入了解结构的受力。

　　以 SCBRBF-G 为例，框架上应变片布置见图 7.36。图 7.36 中括号内数字为背面应变片的编号，编号前的大写字母表示不同的位置。在柱两个相邻截面处，由柱翼缘应变值可反算出柱截面的弯矩和轴力，将两截面弯矩相减后除以两截面间的间距便可计算出柱剪力。将计算出的同一层前柱和后柱剪力相加即为该层框架部分所受水平力，最后由该层总水平力（近似取作动器水平力）减去框架部分所分担的水平力便可得出支撑分担的水平力。柱腹板应变片也是类似的做法，同样可得到上述各构件内力。在翼缘和腹板上都粘贴相应应变片的原因是确保一处应变片破坏还可用另一处的应变片反算内力。钢梁上的应变片布置位置及换算梁内力做法与柱类似。

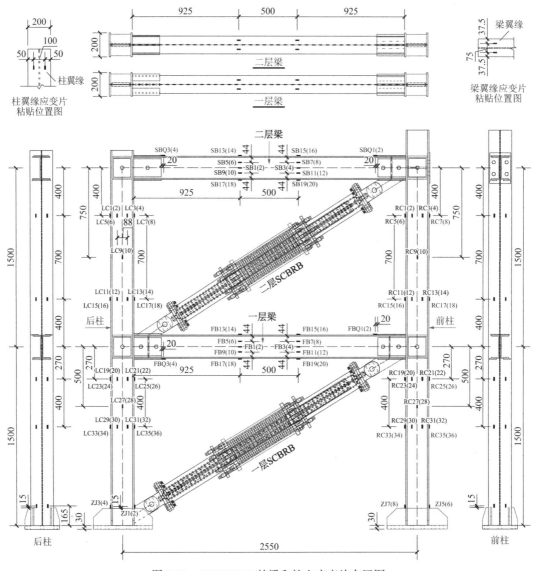

图 7.36　SCBRBF-G 的梁和柱上应变片布置图

因应变片反算的滞回曲线较多，此处以单斜支撑框架结构为例，仅给出各试件分离出的各层支撑、框架的水平力-侧移滞回曲线（图 7.37）。由图 7.37a 可知，试件 SCBRBF-G 在一层结构中，支撑为主要的抗侧力构件，但框架本身的抗侧力也比较大。1/50 层间侧移角下，一层框架和支撑的水平剪力占比分别为 37.49% 和 62.51%。由于 SCBRBF-G 二层应变片受到干扰，大位移幅值下的数据无法使用，仅给出在侧移幅值 20mm 范围内的滞回曲线（图 7.37b）。由图 7.37c～f 可知，对于梁柱铰接、柱脚铰接的框架来说，其在水平侧移下几乎不产生抗侧力。图 7.37 中钢框架分担的水平力不为 0，这是因为应变片数据本身存在一定的误差，另外因为钢柱为一、二层通长设置，水平往复作用下，一层和二层的层间侧移并不完全相同，使钢柱存在一定的弯曲变形和很小的剪力。

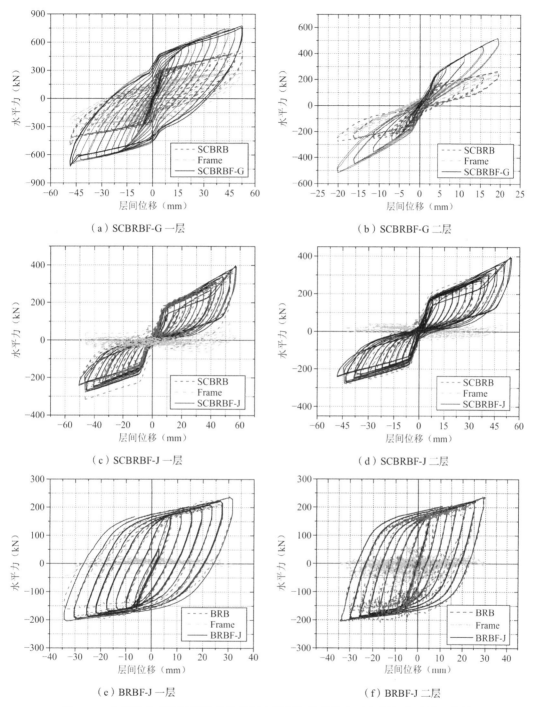

（a）SCBRBF-G 一层　　　　　　　　　　（b）SCBRBF-G 二层

（c）SCBRBF-J 一层　　　　　　　　　　（d）SCBRBF-J 二层

（e）BRBF-J 一层　　　　　　　　　　（f）BRBF-J 二层

图 7.37　由框架应变片计算获得的单斜支撑框架结构的水平力-层间位移滞回曲线

7.9　结构试验小结

支撑形式以及柱脚和梁柱连接形式直接影响结构抗震性能。刚接框架的结构 SCBRBF-G 与 C-SCBRBF-G1 先出现梁和柱屈服，然后框架梁端非加强段以及柱在靠近柱脚端部出现局部屈曲，最后框架构件在局部屈曲处的受拉开裂以及内置钢板支撑相继低周疲劳受拉断裂，结构的延性和耗能能力良好，但框架的塑性发展劣化了复位能力。结构 SCBRBF-J、C-SCBRBF-J 的梁柱销接框架几乎不抗侧，承载力比梁柱刚接的低，结构塑性发展完全集中于内置防屈曲支撑，其框架无塑性发展，结构的延性和复位能力更好，销接框架可重复利用。同时，结构的承载力和抗侧刚度几乎完全来源于 SCBRB，故结构滞回性能与构件 SCBRB 的滞回性能类似。设置纯防屈曲支撑的结构 BRBF-J 耗能能力很好，残余变形最大。C-SCBRBF-G1 与 C-SCBRBF-G2 比较可知，梁柱刚接的结构，将柱脚变为铰接，可减小大侧移下框架结构的塑性发展，利于复位，相同加载位移下结构的残余变形较小。

设置 SCBRB 的结构试验还表明，即使防屈曲支撑断裂，自复位系统的完好存在仍能确保结构有较好的承载、变形能力和整体性。

第 8 章　组合碟簧自复位防屈曲支撑
钢框架结构的数值模拟

8.1　引言

与组合碟簧自复位支撑构件相比，目前对自复位防屈曲支撑钢框架抗震性能研究较少。第 7 章开展了结构试验研究，但因量测内容有限，需结合有限元分析来深入研究试验结构的抗震性能。在模拟试验的基础上，验证有限元分析模型，深入考察关键构造对结构抗震性能的影响；并研究可用于结构分析的梁、杆单元分析模型，从而便于该类结构的时程分析和设计方法的研究。

本章基于第 7 章试验研究，通过 ABAQUS 建立结构有限元分析模型，研究了刚接框架的屈服、屈曲，以及复位比率等对结构残余变形的影响规律。建立和验证了采用梁、杆单元的结构分析模型。

8.2　试验结构的数值模拟

8.2.1　结构建模

采用壳单元 S4R 模拟钢框架及附属部件。前面章节中，支撑构件采用壳单元等建立了精细的有限元模型，其数值模拟与试验结果较一致。但若支撑钢框架结构分析中仍用精细模型模拟支撑，会因单元数量庞大而大幅降低计算效率。

为探究支撑的简化模拟方法，建模中不计防屈曲支撑的约束构件，采用 T3D2 桁架单元进行钢板支撑模拟，只划分一个单元。钢板支撑材性实测屈服应力 $f_y = 313.33\text{MPa}$。因钢板支撑由屈服段和弹性段组成，按支撑在弹性阶段抗侧刚度相等原则确定出杆件的等效截面面积，按屈服承载力相等的原则确定杆件钢材的等效屈服应力[4]。

考虑所有结构试验中自复位系统均采用单片碟簧对合的形式，组合碟簧之间的摩擦作用较小。以单斜支撑框架结构第一层采用的复位系统为例，其复位系统三次预压试验加卸载曲线近似重合（图 8.1a）。建模时采用连接器或弹簧单元模拟自复位系统，对连接器或弹簧单元赋予非线性的刚度（数据由自复位系统预压试验得出）。因第 7 章结构试验支撑两端销接，将本章简化模型计算结果与第 5 章两端销接的试件 SBRBJ3（试件名称见表 5.2）的试验和采用壳元等的精细分析结果进行对比，见图 8.1b、图 8.1c。图 8.1 中负向时支撑受压，正向时支撑受拉。可见，自复位系统由于端部碟簧与支承垫片间等区域存在摩擦作用较小，仅体现出少量的耗能能力，故连接器简化模拟不再考虑摩擦作用（图 8.1a）。第 4 章和第 5 章仅装有复位系统的支撑试验滞回曲线在拉、压两侧较对称，连接器模拟结果在拉、压两侧也较对称。虽然第 7 章结构试验期间仅对复位系统进行了 3 次轴压试验，但轴压试验加卸载的荷载-位移曲线与结构第一层内连接器受压侧加卸载曲线较一致（图 8.1a），因此连接器或弹簧单元可较好地体现出复位系统的滞回性能。简化模型未考虑钢板支撑与约束构件之间的摩擦效应引起的强化作用，导致受压时承载力差异较大（图 8.1b）。但大体上，上述简化模拟可体现自复位支撑的滞回性能。

结构试验的数值模拟中，钢构件取第 7 章材性和几何尺寸实测值。钢框架梁、柱采用随动强化模型，经过试算调整，框架梁和柱的钢材屈服后切线模量取为弹性模量值的 1%。钢板支撑采用混合强化模型，对于单斜支撑，参数设置为 $C = 4000$MPa，$\gamma = 37$，$Q_\infty = 60$MPa，$b = 5$。对于人字形支撑 $C = 2000$MPa，$\gamma = 37$，$Q_\infty = 10$MPa，$b = 5$。同时，变化壳单元疏密的试算模拟分析表明，采用 20～25mm 的适中网格边长可以获得较精确的结果。

8.2.2 框架屈服和屈曲的模拟结果

在有限元模拟中，结构中构件和部件的屈服根据 Mises 应力值来判断，当应力值超过材料屈服应力时判断进入屈服状态。局部屈曲是通过提取相应位置的塑性应变较大单元正背面的轴向应变值来进行判断，当此单元的正背面轴向应变值出现反向的现象（即板件局部弯曲屈曲所致），则表明其发生了局部屈曲。例如，模拟中结构 C-SCBRBF-G1 第一加载阶段当加载位移达到 −60mm～68mm 时，框架一层梁南侧上翼缘与一层梁北侧上翼缘均发生屈曲（图 8.2a 和 b），而试验观测得到的一层梁北侧上翼缘于 −60mm 加载第二圈时发生局部屈曲，一层梁南侧上翼缘的局部屈曲则发生在 68mm 加载第一圈时。模拟与试验现象较为吻合。试验和模拟均在 92mm～100mm 时，北侧柱脚外翼缘与南侧柱脚外翼缘均出现屈曲现象（图 8.2b），屈曲时刻较为接近。各构件屈服和屈曲时刻见表 8.1。

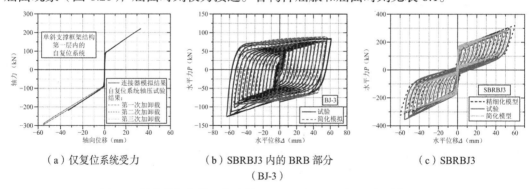

（a）仅复位系统受力　　（b）SBRBJ3 内的 BRB 部分　　（c）SBRBJ3
（BJ-3）

图 8.1　简化模拟与第 5 章试件 DSJ1 和 SBRBJ3 的试验和模拟对比

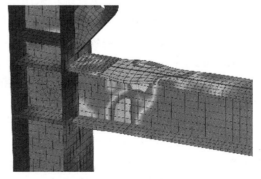

（a）框架一层梁北侧上翼缘屈曲

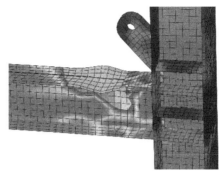

（b）框架一层梁南侧上翼缘屈曲

（c）北侧柱脚外侧翼缘屈曲

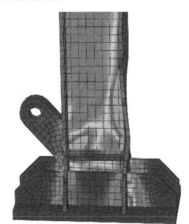

（d）南侧柱脚外侧翼缘屈曲

图 8.2　C-SCBRBF-G1 试验和模拟时结构屈曲部位

结构 C-SCBRBF-G1 试验和模拟各构件屈服和屈曲出现时刻　　　　表 8.1

构件	最早屈服时刻	最早屈曲时刻
一层梁	+44mm 第一圈 +37.2mm	+68mm 第一圈（−60mm 第二圈结束）
二层梁	−44mm 第一圈 −28.3mm	未屈曲（未屈曲）
柱脚	−44mm 第一圈 −43.2mm	92mm 级向 100mm 级加载（92mm 级向 100mm 级加载）

注：括号内为试验中所观测到的屈曲时刻。

C-SCBRBF-J 采用梁柱销接-柱脚销接的构造，框架在有限元模拟中均未出现屈服和局部屈曲现象，其框架主体始终处于弹性。但框架加载端处梁柱连接耳板受力明显大于其他梁柱连接耳板，销孔的孔壁有局部塑性发展，这与试验现象一致。

C-SCBRBF-G2 有限元模型仅有一层梁端上翼缘发生了局部屈曲，模拟中−68mm 循环级发生了南侧一层梁上翼缘的局部屈曲（图 8.3），并在 76mm 循环级发生了一层梁北侧上翼缘局部屈曲。试验和模拟中结构的局部屈曲均发生于一层梁端上翼缘，两者吻合较好。C-SCBRBF-G2 构件屈服和屈曲时刻见表 8.2。

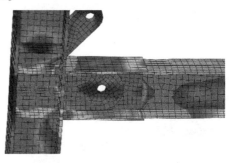

（a）一层梁南侧上翼缘试验和模拟的屈曲

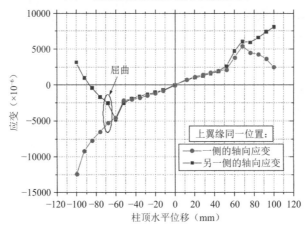

（b）局部屈曲位置单元轴向应变

图 8.3　C-SCBRBF-G2 一层梁南侧上翼缘屈曲

结构 C-SCBRBF-G2 试验和模拟各构件屈服和屈曲出现时刻　　　表 8.2

构件	最早屈服时刻	最早屈曲时刻
一层梁	+52mm 第二圈 +48.3mm（+60mm 第一圈 +26.4mm）	−68mm 第一圈（+84mm 第一圈）
二层梁	−100mm 第一圈 +84.6mm	未屈曲（未屈曲）
柱脚	+60mm 第一圈 +54.6mm	未屈曲（未屈曲）

注：括号内为试验中所观测到的屈服和屈曲时刻。

对于单斜支撑框架结构试件 SCBRBF-G，刚接框架的屈服、屈曲现象（图 8.4）和人字形结构类似。铰接框架也基本无塑性发展，梁和柱上 Mises 应力均未超过钢材实测屈服应力。以 SCBRBF-G 为例，屈服和屈曲时刻见表 8.3，和试验现象较一致。其中试验中二层梁端部的应变片因采集仪通道故障并未得到相关数据。

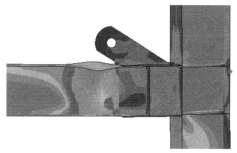

（a）−60mm 一层梁后端上翼缘明显屈曲

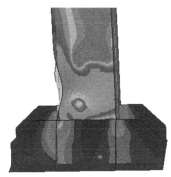

（b）−92mm 前端柱脚前翼缘明显屈曲

图 8.4　SCBRBF-G 一层梁南侧上翼缘和前端柱脚翼缘屈曲

结构 SCBRBF-G 试验和模拟各构件屈服和屈曲出现时刻　　　　　表 8.3

现象	后端柱	前端柱	一层梁	二层梁
屈服	+36mm（+28mm）	−44mm（−36mm）	+36mm（+28mm）	−44mm（—）
屈曲	+44mm（+52mm）	−76mm（−84mm）	+52mm（+52mm）	+76mm（+84mm）

注：括号内为试验中所观测到的屈曲时刻。

8.2.3　结构滞回曲线的模拟结果

3 个人字形支撑框架结构试验和有限元模拟所得结构柱顶的滞回曲线与骨架曲线对比见图 8.5，可见模拟与试验结果基本吻合，滞回曲线均较稳定。需说明的是，由滞回曲线与骨架曲线对比可知模拟获得的结构初始刚度均大于试验结果，这是因模拟时没考虑销轴间隙的影响，而试验加载的每一圈均会受到间隙的影响，从而削弱了刚度。C-SCBRBF-G2 的模拟与试验滞回曲线（图 8.5c）相对差别较大，其原因在于试验第一阶段加载时结构就已经出现了焊缝开裂等问题，对结构受力产生了较大的影响，而模拟中没有考虑开裂等问题。为减少焊缝开裂等问题对结构骨架曲线的影响，骨架曲线对比中，试验结果均采用结构出现承载力退化前的数据，可见试验和模拟结果较一致。

3 个单斜支撑框架结构试验和有限元模拟所得结构柱顶的滞回曲线与骨架曲线对比见图 8.6，同样规定模拟中支撑受压时为正，受拉时为负。由图 8.6 可知，模拟结果中的滞回曲线和骨架曲线受压侧承载力均低于试验结果得到的受压承载力，这主要是由于采用 SCBRB 简化模型所致。模拟中结构和分层骨架曲线的初始抗侧刚度均高于试验实测结果，这主要是试验曲线中夹杂着支撑两端销轴连接中的间隙，减小了结构的初始抗侧刚度，而模拟中的销轴连接是理想化的无间隙连接。整体上，试件 SCBRBF-G 的模拟结果和试验结果吻合程度较好，表明 SCBRBF-G 模型的合理性。SCBRBF-J 和 BRBF-J 的模拟与试验结果也较一致。

除了柱顶滞回曲线，各层的滞回曲线对比也表明模拟能较好地体现试验结构的滞回性能。

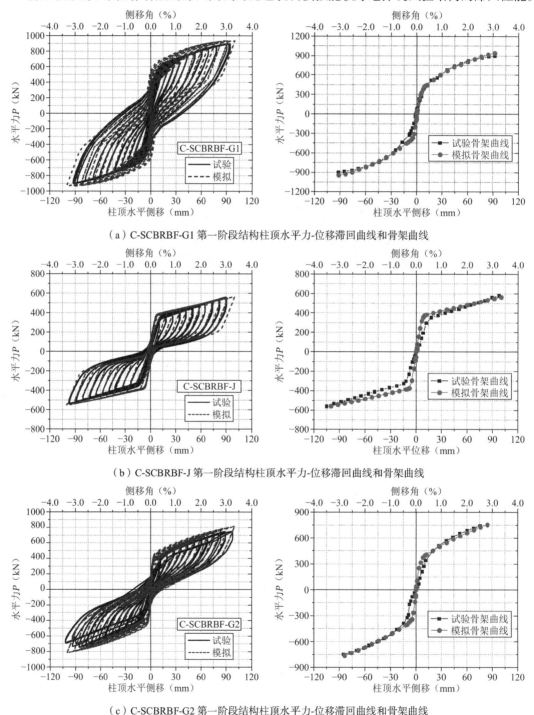

（a）C-SCBRBF-G1 第一阶段结构柱顶水平力-位移滞回曲线和骨架曲线

（b）C-SCBRBF-J 第一阶段结构柱顶水平力-位移滞回曲线和骨架曲线

（c）C-SCBRBF-G2 第一阶段结构柱顶水平力-位移滞回曲线和骨架曲线

图 8.5　人字形支撑框架结构第一加载阶段结构柱顶水平力 P-位移滞回曲线和骨架曲线

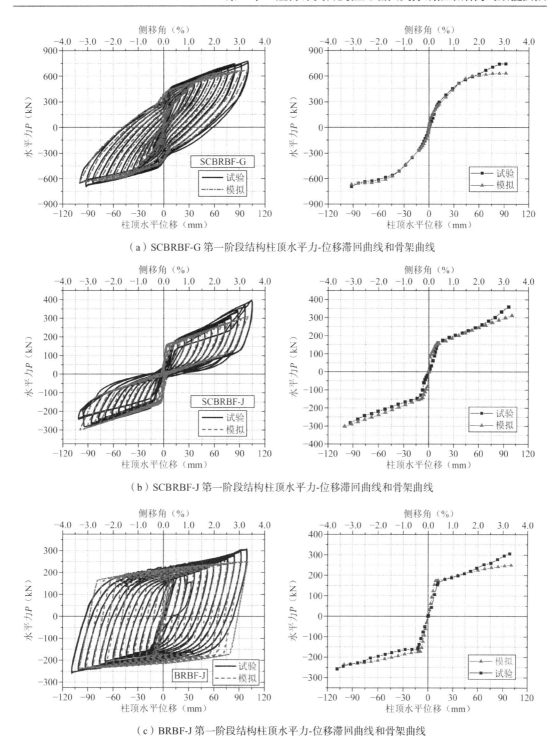

（a）SCBRBF-G 第一阶段结构柱顶水平力-位移滞回曲线和骨架曲线

（b）SCBRBF-J 第一阶段结构柱顶水平力-位移滞回曲线和骨架曲线

（c）BRBF-J 第一阶段结构柱顶水平力-位移滞回曲线和骨架曲线

图 8.6　单斜支撑框架结构第一加载阶段结构柱顶水平力 P-位移滞回曲线和骨架曲线

8. 3　结构的参数分析

因上述模拟与试验结果较一致，进一步展开参数分析。支撑复位比率 α_{sc} 的定义与第 4 章相同（即复位系统预压力与防屈曲支撑屈服后某侧移角下防屈曲支撑轴力的比值）。结构的残余侧移角 γ_r 为两层的平均残余侧移角，即用柱顶结构总残余水平位移除以结构总高度得出。

8.3.1 框架的屈服应力

刚接框架的钢材屈服应力分析表明，对于类似 SCBRBF-G 等采用梁柱刚接的框架结构，其支撑中的自复位系统除了要减小防屈曲支撑产生的残余变形外，还要减小框架梁、柱塑性发展所产生的残余变形。以 SCBRBF-G 为原型，共设计有 9 个算例，钢板支撑截面选为结构中两层支撑在平均层间侧移角 1/50 下支撑复位比率分别取 0.951、1.189 和 1.427 三种；梁柱钢材屈服应力 f_y 取 275.5MPa、420MPa 和 550MPa。验算表明，梁和柱的翼缘和腹板的板件宽厚比均满足我国抗震规范[77]和美国钢结构抗震设计条文[3]的中等延性构件的要求。分析表明，钢板支撑截面和复位比率不变时，框架钢材屈服应力 f_y 越高，结构承载力越大，结构的残余变形越小（图 8.7）。由不同梁柱屈服强度的影响规律可知，采用高强钢框架后，同样控制残余侧移角不超过 0.5% 时，对支撑的复位比率要求降低。人字形支撑框架结构的分析结果与此类似。

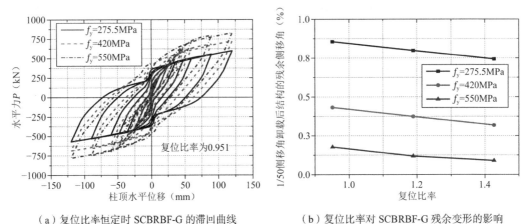

（a）复位比率恒定时 SCBRBF-G 的滞回曲线   （b）复位比率对 SCBRBF-G 残余变形的影响

图 8.7　梁柱钢材屈服应力对 SCBRBF-G 结构承载力和残余变形的影响

8.3.2 组合碟簧的预压力和钢板支撑屈服应力

其他参数不变，组合碟簧预压力的增加会减小结构的残余变形，尤其对梁柱铰接的结构效果更明显；而钢板支撑截面的增大会增大结构的残余变形。例如，在 SCBRBF-G 和 SCBRBF-J 的基础上，变化复位比率的分析表明，SCBRBF-G 结构在 1/50 层间侧移角下的残余变形随着支撑复位比率的增大而逐渐减小（图 8.8a），当支撑复位比率大于 0.95 时，残余变形小于 0.5%。16 个计算模型中支撑复位比率最大为 2.34，分析表明，当支撑复位比率大到复位系统可将防屈曲支撑和钢框架的残余变形全部消除后，再增大自复位比率时几乎不会再减小结构残余变形。另外，过大复位比率还将导致复位系统构造和制作困难，因此，复位比率也不应过大。将 SCBRBF-J 复位比率对结构残余变形影响的数据点进行线性拟合，可知当支撑复位比率超过 0.72 时，整体结构在 1/50 层间侧移角下的残余变形小于 0.5%（图 8.8b）。对于 SCBRBF-J 这类梁柱铰接、柱脚铰接的试件，建议支撑复位比率宜取 0.75~0.95。而对于其他尺寸的梁柱刚接、柱脚刚接的结构不一定适合该最小复位比率 0.95 的限值，需要进一步探讨。此外，人字形支撑框架结构的分析结果与此类似。采用

C-SCBRBF-G1 结构作为参数分析的基准模型，共设计 50 个算例，根据是否控制 SCBRB 轴向总力相同可分为两部分。其中 25 个算例为不控制总轴力相同但保持支撑屈服应力不变，该部分算例在增大防屈曲支撑截面面积的同时也增大了支撑的总轴力；另 25 个算例通过改变支撑屈服应力，使得各算例自复位防屈曲支撑总轴力与 C-SCBRBF-G1 结构一层支撑总轴力相同，其总轴力取值为钢板支撑屈服力与自复位系统启动力之和。由图 8.9a 可知，在 1/50 侧移角下，当复位比率位于 0.3～1.1 时，结构的残余变形量随着复位比率的提高而下降，但当复位比率高于 1.1 后，其增长对于降低结构残余变形的效果并不明显。当支撑复位比率大于 0.8 时，残余变形小于 0.5%；类似地，在 1/30 层间侧移角下，结构的残余变形量随着 SCBRB 的复位比率提高而降低（图 8.9b）。按支撑复位比率的定义，与 1/50 侧移角下相比，1/30 层间侧移角下的复位比率更小，而框架和防屈曲支撑的塑性发展均更多，自复位支撑对结构残余变形的控制能力减弱（图 8.9）。

事实上，自复位防屈曲支撑钢框架可拆分为钢框架、具有复位能力的自复位系统以及提供耗能能力的防屈曲支撑三部分，自复位系统同时为防屈曲支撑和钢框架二者提供复位能力，若减弱钢框架自身抗侧刚度，使框架尽可能少地发展塑性，则在自复位系统恢复力不变的前提下，结构最终的残余变形自然会变小。试件 SCBRBF-G 和 SCBRBF-J 之间的对比（图 8.8）便可印证上述内容。

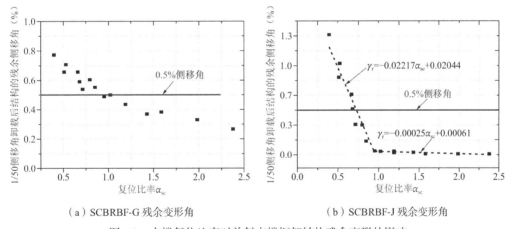

（a）SCBRBF-G 残余变形角　　　　　　　（b）SCBRBF-J 残余变形角

图 8.8　支撑复位比率对单斜支撑框架结构残余变形的影响

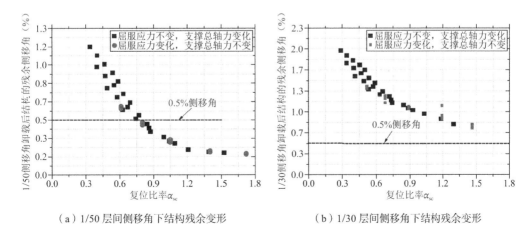

（a）1/50 层间侧移角下结构残余变形　　　（b）1/30 层间侧移角下结构残余变形

图 8.9　支撑复位比率对 C-SCBRBF-G1 结构残余变形的影响

8.4 采用梁、杆单元的结构的简化分析模型

在前述分析中,钢板支撑采用杆单元且复位系统采用连接器或弹簧单元进行简化模拟,其余各部件均采用壳单元进行较精确的模拟,其建模过程复杂且计算耗时较多。在实际结构的抗震分析中,需要建立层数较多的结构算例,为简化建模和提高计算效率,同时确保计算精度,有必要探讨采用梁单元简化模拟钢框架。

以人字形支撑框架结构为例,由于柱脚加劲肋对结构抗侧承载力的影响较为明显,故采用梁单元进行框架主体模拟时需采用等效的方法来考虑其对柱脚抗弯、抗剪和轴向刚度的贡献。其具体做法为计算出与原柱脚绕主轴的截面惯性矩 I_y(y 方向为垂直框架平面的方向)、截面面积、抗剪面积相同的等效工字钢截面,并将此截面赋予柱脚加劲肋高度范围内的梁单元,由于梁单元无法像壳单元那样为梁柱翼缘和腹板分别赋予其材性,故本节采用梁单元模拟梁和柱时,均采用其翼缘材性实测值。以人字形支撑为例,建立的梁柱刚接-柱脚刚接的 C-SCBRBF-G1 结构和梁柱铰接-柱脚铰接的 C-SCBRBF-J 结构的简化模型见图 8.10。

通过部分人字形和单斜支撑框架结构对比可知,采用梁单元来模拟框架主体梁柱不能体现出梁和柱截面板件的局部屈曲。但总体上,两者滞回曲线较一致(图 8.11),故在应用中建立杆件数量大的结构时可采用梁单元来模拟梁和柱构件。

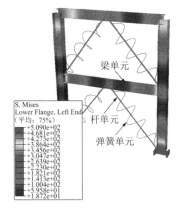
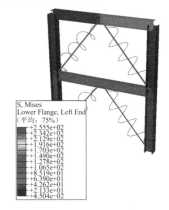

（a）C-SCBRBF-G1 梁单元模型应力云图　　（b）C-SCBRBF-J 梁单元模型应力云图

图 8.10　梁、杆单元建立的结构模型以及侧移下结构的应力云图

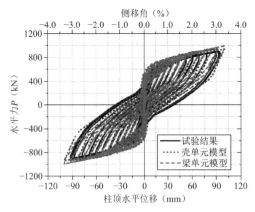
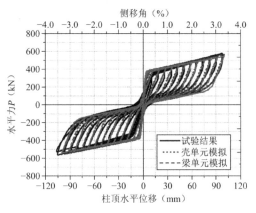

（a）C-SCBRBF-G1 柱顶滞回曲线　　　　（b）C-SCBRBF-J 柱顶滞回曲线

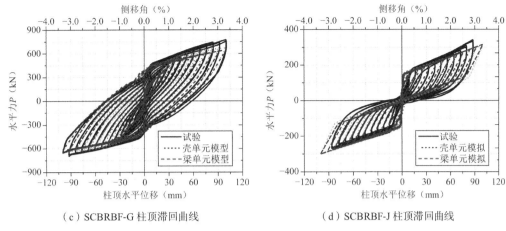

（c）SCBRBF-G 柱顶滞回曲线　　　　　　（d）SCBRBF-J 柱顶滞回曲线

图 8.11　人字形和单斜支撑钢框架试件采用梁、杆单元简化模拟的分析结果

8.5　结构数值模拟小结

　　通过 ABAQUS 建立了试验的自复位防屈曲支撑钢框架结构的数值模型，通过与试验现象、滞回曲线以及骨架曲线进行全面的分析对比表明，分析与试验结果较吻合。特别是，采用桁架单元模拟防屈曲支撑和连接器或弹簧单元模拟复位系统并将二者并联的做法可对自复位防屈曲支撑 SCBRB 进行简化、高效和较准确的模拟，简化模型滞回曲线除了受压承载力较明显低于试验值外，其与试验、壳单元精细模拟滞回曲线吻合程度均较好。

　　参数分析表明，其他参数不变时，钢框架屈服应力越低结构会越早进入塑性，会导致其残余变形更大。增大支撑的复位比率可增强结构的复位性能，但复位比率对结构残余变形的减小并不总是线性关系，当复位比率达到一定值时再提高支撑的复位比率并不能够进一步明显减小结构的残余变形。如果要实现所要求的层间加载侧移角下层残余侧移角不超过限值 0.5%，则所需的复位比率随着层间加载侧移角的增加而增加，在较小层间加载侧移角下所需的复位比率较小。因为复位系统要同时控制防屈曲支撑和框架的残余变形，因此支撑的复位比率并非是减小结构残余变形的唯一控制参数，残余变形也和框架的构造直接相关。刚接框架大侧移下大幅屈服将导致其比铰接框架可能需要更高的复位比率来控制残余变形，综合本章的铰接和刚接框架，复位比率取值应不低于 0.95，且在此基础上比较高效地控制残余变形的范围为 0.95~1.1，但对于应用中的各种框架构造，其复位比率取值尚需进一步研究。

　　建立了梁、杆单元模拟组合碟簧自复位支撑钢框架结构的简化数值分析模型，将其分析结果与采用壳单元模拟框架的精细模拟结果以及试验结果对比表明，三者的滞回曲线较一致。这表明，可尝试采用梁、杆单元用于自复位支撑框架结构的杆系模型建模。

第9章 组合碟簧自复位防屈曲支撑钢框架结构抗震性能分析

9.1 引言

前述试验表明，碟簧自复位防屈曲支撑钢框架具有良好的耗能和复位能力，但并未给出完整的设计方法。且第7章中第三个控制目标（结构在大震下的残余变形角小于0.5%）是通过ABAQUS有限元分析辅助验证的。对于类似结构，虽然可通过精细的有限元分析来直接考察结构的复位能力，甚至辅助结构的设计，但计算和建模相对耗时。类似于第2章通过理论分析构建SCBRB的恢复力模型，本章首先合理构建框架结构的层间剪力-层间侧移滞回模型，并与碟簧自复位防屈曲支撑（SCBRB）的滞回模型并联得到SCBRBF结构的层间滞回模型来高效预估结构的复位能力。之后，结合自复位支撑的等效模拟，综合应用能力设计方法来构建结构的抗震设计流程。

为探索自复位支撑钢框架结构抗震设计方法，以人字形支撑框架为例，基于本章所提出的设计流程进行相关算例设计并对其进行抗震分析，检验设计方法的合理性。

9.2 自复位支撑框架结构的抗震设计流程探讨

9.2.1 三个控制目标

针对自复位防屈曲支撑钢框架的受力特性以及已有防屈曲支撑钢框架设计方法，依据第7章的探索，通过合理的方式实现三个控制目标：

Ⅰ 自复位防屈曲支撑钢框架在小震下防屈曲支撑部分不发生屈服；

Ⅱ 自复位防屈曲支撑钢框架在大震目标位移1/50层间侧移角下，框架梁、柱及连接的承载力等满足相应要求，框架尽量处于弹性；

Ⅲ 自复位防屈曲支撑钢框架在1/50层间侧移角下卸载，残余层间侧移角不超过0.5%。

首先采用ETABS等设计软件或近似计算（初步设计可假设全部水平向地震作用由支撑承担）等设计实现控制目标Ⅰ的要求，确保自复位防屈曲支撑钢框架在小震下防屈曲支撑部分不发生屈服，以此得到所需的钢板支撑截面。之后，再根据选取的钢板支撑和相关自复位部分设计参数完成自复位支撑设计，并通过考虑自复位支撑强化特性等计算出目标位移下支撑的轴力，并进行梁和柱截面的选取和验算以完成第二个控制目标。之后，再根据结构的恢复力模型或直接进行数值模拟分析来辅助判断其是否满足控制目标Ⅲ。

9.2.2　D值法构建框架部分的恢复力模型

为避免耗时的数值建模来辅助判断能否实现控制目标Ⅲ，本章尝试采用D值法计算框架的抗侧刚度并构建框架部分的恢复力模型，将其与框架采用梁单元建模的有限元模拟结果进行对比。

以第7章试件 C-SCBRBF-G1 为例，简化框架模型见图 9.1a，参考第 7 章试验结构中框架截面尺寸和材性的实测值进行建模，其中结构柱与二层梁所采用型钢截面实测为 H199 × 196.5 × 7.4 × 11.4（mm），而一层梁所采用型钢为 H194 × 149.5 × 4.7 × 8.1（mm）。但应注意，因前述试验的框架结构中局部加强构造较多，难以通过 D 值法分析精确考虑和对比验证。因此，与试验构造略有区别，本节 D 值法分析的框架中与梁单元模型的框架中均未考虑框架构件在靠近连接区域的加强段（除特殊说明，后续进行算例设计时也均不建立框架的加强段）。又因试验在结构顶部加载，故近似按规则框架承受倒三角形分布水平力作用时取标准反弯点的高度比值。

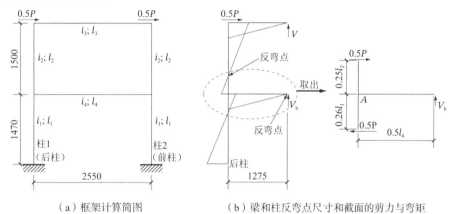

（a）框架计算简图　　　　　（b）梁和柱反弯点尺寸和截面的剪力与弯矩

图 9.1　框架的计算简图

通过计算可得结构中横梁和柱的线刚度分别为：

$$i_1 = \frac{EI_1}{l_1} = \frac{2.02 \times 10^5 \times 42840694.14}{1470} = 5.887 \times 10^9 \text{Nmm}$$

$$i_2 = \frac{EI_1}{l_2} = \frac{2.02 \times 10^5 \times 42840694.14}{1500} = 5.769 \times 10^9 \text{Nmm}$$

$$i_3 = \frac{EI_1}{l_3} = \frac{2.02 \times 10^5 \times 42840694.14}{2550} = 3.394 \times 10^9 \text{Nmm}$$

$$i_4 = \frac{EI_2}{l_4} = \frac{2.02 \times 10^5 \times 23139202.71}{2550} = 1.833 \times 10^9 \text{Nmm}$$

进而分别计算出一层梁与柱线刚度比 K_1 和二层梁与柱线刚度比 K_2 分别为 0.3313 和 0.4530，并以此计算出框架 j 层 k 柱的抗侧刚度 D_{jk}。

$$D_{11} = D_{12} = \alpha \frac{12i_1}{l_1^2} = \frac{K_1 + 0.5}{2 + K_1} \times \frac{12i_1}{l_1^2}$$

$$= \frac{0.3113 + 0.5}{2 + 0.3113} \times \frac{12 \times 5.887 \times 10^9}{1470^2} = 1.148 \times 10^4 \text{N/mm}$$

$$D_{21} = D_{22} = \alpha \frac{12i_2}{l_2^2} = \frac{K_2}{2 + K_2} \times \frac{12i_2}{l_2^2}$$

$$= \frac{0.4530}{2 + 0.4530} \times \frac{12 \times 5.769 \times 10^9}{1500^2} = 5.692 \times 10^3 \text{N/mm}$$

$$\sum D_{一层} = D_{11} + D_{12} = 1.148 \times 10^4 \times 2 = 2.296 \times 10^4 \text{N/mm} = 22.96 \text{kN/mm}$$

$$\sum D_{二层} = D_{21} + D_{22} = 5.692 \times 10^3 \times 2 = 1.138 \times 10^4 \text{N/mm} = 11.38 \text{kN/mm}$$

上述用 D 值法计算出了各层框架弹性阶段的刚度，为获得其完整的恢复力模型还需计算出其屈服力和屈服位移。因实际多层框架屈服不仅一处发生，为简化分析，钢框架恢复力模型采用简化的双折线模型，每层框架均取最早发生屈服的横梁的屈服时刻作为其屈服点。

此双层框架结构最早发生屈服的位置为其一层梁，故以第一层梁屈服作为结构的屈服点。通过对结构的反弯点计算，可将框架反弯点间的部分取出来分析，见图9.1b。由于试验中结构通过柱顶作动器进行加载，各层总剪力均为 P，假定两柱所产生剪力相同，故每柱所产生的剪力均为 $P/2$，同时取一层梁的剪力为 V_b。

首先计算一层梁屈服点，对图9.1b 中的 A 点取矩便可得到梁剪力 V_b 和各层总剪力 P 之间的关系（不考虑柱轴力产生的额外弯矩），再根据试验中实际量测一层梁塑形铰发生在距离梁端210mm 处（距离柱轴线为310mm），考虑塑性铰处钢梁截面屈服可得到一层梁内剪力和对应的一层总剪力 P，其具体计算如下。同时，结合各层的弹性抗侧刚度，可计算出一层框架和二层框架的层间屈服位移分别为 15.36mm 和 30.99mm。

$$\frac{P}{2} \times (0.26l_1 + 0.25l_2) = V_b \times \frac{l_4}{2} \Rightarrow V_b = 0.297P$$

$$M_{by} = 101.07 \text{kNm} = V_b \times \left(\frac{l_4}{2} - 0.31\text{m} \right) \Rightarrow P = 352.65 \text{kN}$$

在各层框架屈服后，取其抗侧刚度为屈服前的 1%，便可得到结构各层框架的恢复力模型，见图9.2。由 D 值法理论计算和梁单元模拟空框架结构以及支撑钢框架结构中梁单元模拟框架所获得的框架结构部分的层剪力-层间位移滞回曲线整体吻合良好。但相对于人字形碟簧自复位防屈曲支撑钢框架中的框架部分，空框架结构模拟以及采用 D 值法所计算出的屈服点均偏高，其原因在于支撑框架结构的梁轴力较大使钢梁呈压弯或拉弯构件而较早屈服。

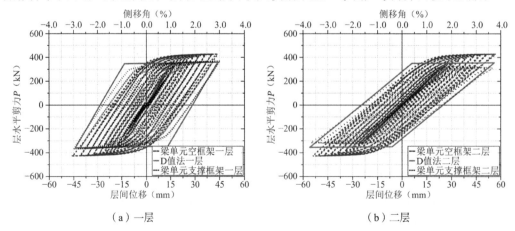

图 9.2 结构试件 C-SCBRBF-G1 的 D 值法计算与模拟获得的框架恢复力特性对比

人字形结构 C-SCBRBF-G1 的各层恢复力模型可由第一层和第二层的 2 个单个碟簧自复位防屈曲支撑的恢复力模型（图9.3）与框架的恢复力模型进行叠加得到，见图9.4。由于第二层框架理论屈服位移较大，故其加载至 1/50 层间侧移角范围内所产生的残余变形较小，这也导致叠加获得的二层残余变形较小（图 9.4b）。若进一步加大层间侧移，1/30 层间侧移角时叠加模型可较好地预测残余变形（图 9.4d）。对于单斜形自复位支撑框架结构，结论与此类似。

可见总体上，结合 D 值法简化构建钢框架滞回模型并与自复位支撑叠加得到整个结构恢复力模型的理论方法能在一定程度上预测结构的残余位移，且理论方法、数值模拟和试验得出的滞回曲线走势较一致。这表明，该理论预测方法有望辅助判断结构是否满足控制目标Ⅲ。

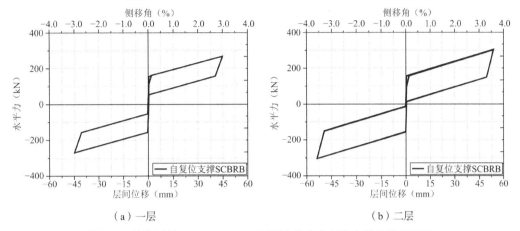

（a）一层　　　　　　　　　　　　　　（b）二层

图 9.3　结构试件 C-SCBRBF-G1 两层内单个自复位支撑的滞回模型

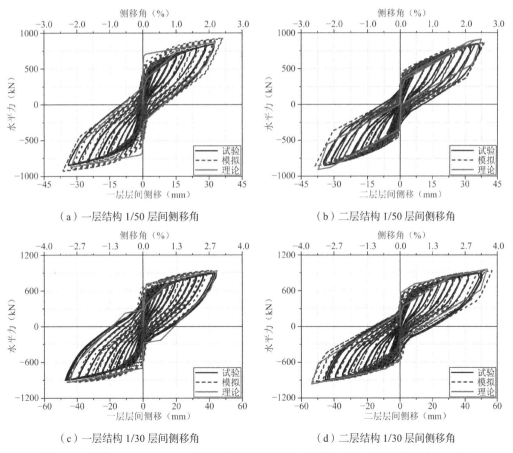

（a）一层结构 1/50 层间侧移角　　　　　　　　（b）二层结构 1/50 层间侧移角

（c）一层结构 1/30 层间侧移角　　　　　　　　（d）二层结构 1/30 层间侧移角

图 9.4　试件 C-SCBRBF-G1 两层结构的理论模型、模拟和试验获得的滞回性能对比

9.3 自复位支撑框架结构的抗震分析

9.3.1 算例规划

为深入研究结构的抗震性能和抗震设计方法，建立了 10 层和 30 层的人字形碟簧自复位防屈曲支撑钢框架结构算例和进行了抗震分析。以 10 层结构为例，结构布置见图 9.5。

10 层和 30 层人字形支撑框架的设计方法和流程均相同，结构均取办公楼的一榀支撑钢框架进行分析（图 9.5），该办公楼结构横向柱距为 8.0m，纵向柱距为 10m，层高为 3.9m。建筑所在场地的抗震设防烈度为 8 度，设计地震基本加速度为 0.2g，Ⅱ类场地，水平地震影响系数最大值为 0.16，设计地震分组为第一组，特征周期为 0.45s。荷载信息与 7.2.1 节相同。需要说明的是，沿结构高度 10 层和 30 层结构的构件截面分别每两层和三层改变一次，采用箱形截面柱和 H 型钢梁，柱脚固接，梁和柱子刚性连接，钢梁和柱子钢材的屈服应力均为 345MPa。防屈曲支撑内钢板支撑钢材的屈服应力均为 100MPa 或 235MPa 或 345MPa，钢材密度取 7850kg/m³，弹性模量 $E = 2.06 \times 10^5$MPa，泊松比取值为 0.3。抗震分析中，钢材采用双线性随动强化模型，切线模量取 $E_t = 0.03E$。

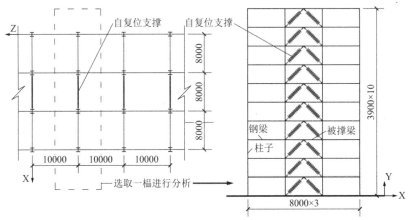

图 9.5　10 层的人字形支撑钢框架结构算例平、立面布置

考虑沿结构高度方向，实际结构楼层抵抗的侧向力是由上而下逐渐增加的，支撑总的轴向承载力也是由上而下逐渐增加的，通常防屈曲支撑和自复位系统每部分的承载力也是由上自下逐渐增大。这样，设计中碟簧自复位防屈曲支撑中的自复位系统所需提供的预压力是自下而上逐步减小的。因此，根据支撑实际受力调整碟簧自复位防屈曲支撑中各部分的尺寸大小，从而使得其与逐层减小的预压力相适应（例如，防屈曲支撑和复位系统各部件的截面自下而上逐步减小），这种情况下设计出的碟簧自复位防屈曲支撑的启动位移各层可能基本相同或较接近。此外，当防屈曲支撑的内置钢板屈服应力相同时，若考虑在对应楼层内每根自复位支撑的总屈服轴力保持不变，随着复位系统和防屈曲支撑部分轴向承载力占比的不同，即自复位支撑 SCBRB 的复位比率不同，结构的复位能力很可能不同。

基于上述考虑，共设计了 SCBRBF1～SCBRBF7 共 7 个 10 层自复位结构算例。SCBRBF6 和 SCBRBF7 的防屈曲支撑内钢板支撑钢材屈服应力分别为 100MPa 和 345MPa，其余结构的均为 235MPa。结构 SCBRBF1、SCBRBF2 和 SCBRBF3 中自复位支撑 SCBRB

在 1/50 层间侧移角下复位比率 α 均取 1.0，且根据前面支撑构件和结构的试验研究结果，变化了自复位部分的启动位移与防屈曲支撑部分屈服位移的比值 n，从而来考虑位移比值 n 的变化对结构抗震性能的影响。SCBRBF1、SCBRBF2 和 SCBRBF3 中比值 n 分别取 0.6、0.8 和 1.0。SCBRBF3、SCBRBF4 和 SCBRBF5 中比值 n 均取 1.0，1/50 层间侧移角下复位比率 α 分别取 1.0、0.75 和 0.5。SCBRBF6 和 SCBRBF7 的 n 均取 1.0；α 均取 0.75。此外，设计 1 个 10 层 BRBF（各层支撑均采用纯防屈曲支撑）算例用于对比验证罕遇地震下支撑对被撑梁的作用及自复位系统对减小残余变形的效果。

两个 30 层结构算例中，一个算例为纯防屈曲支撑框架结构 BF，另一个为自复位支撑钢框架结构 SBF（$n = 1.0$；$\alpha = 0.75$）。钢板支撑钢材屈服应力均为 235MPa。

9.3.2　设计流程

下面介绍结构的设计方法和三步流程：

（1）采用不失稳的钢支撑，在 ETABS 中设计出人字形支撑钢框架结构，再采用等效替代方法将所对应的支撑替换成为所采用的碟簧自复位防屈曲支撑，之后进入（2）；

（2）删除支撑后保留框架结构，通过能力设计法将结构每层均达到 1/50 层间侧移角下支撑所产生的轴力施加至框架主体结构上以调整横梁与柱子的截面来验算框架的承载力，调整截面后重新进入（1），当所迭代计算出的结构满足（1）和（2）的条件后进入（3）；

（3）通过 D 值法计算出钢框架结构的恢复力模型，并与自复位支撑恢复力模型进行叠加以获得该层支撑钢框架的恢复力模型，以此计算出该结构于 1/50 层间侧移角下的残余变形角，若其小于 0.5% 的残余变形角限值则完成设计，若不满足则重新进入（1）并增大其替代方法所采用的复位比率来重新进行设计。重复步骤（1）～（3）直至完成算例设计。

此处以算例 SCBRBF1～SCBRBF5 和 BRBF 的设计来说明上述设计流程。按步骤（1），采用 ETABS 设计自复位支撑钢框架时，应首先解决自复位支撑设计中的两个问题。其一，如何用单根等效支撑替代碟簧自复位防屈曲支撑，即在 ETABS 设计中，如何将实际自复位支撑等效转化为不失稳的钢支撑进行设计；其二，ETABS 设计中，等效支撑的应力比的合理取值范围。

针对这两个问题，结合图 9.6，提出的等效替代方法如下：

由 ETABS 设计出的等效不失稳钢支撑的截面面积和屈服轴力在反算自复位系统 SC 和防屈曲支撑部分 BRB 的刚度和承载力时需满足两个条件：其一，刚度等效，即 SC 启动前刚度和 BRB 屈服前刚度之和应等于 ETABS 中等效支撑的屈服前刚度 K_s，即 $K_s = K_{sc} + K_{BRB}$。其二，屈服力等效，即 SCBRB 在 BRB 屈服时的总轴力与 ETABS 中等效支撑的屈服轴力 F_{sy}（注意，此屈服轴力为等效支撑的截面面积与其在 ETABS 中采用的等效屈服应力的乘积）相同，即 $F_{sy} = F_{sc} + F_{BRBy}$。

由第 3 章～第 5 章可知，SCBRB 支撑的实际启动位移 δ_s 常小于或接近其屈服位移 δ_y。据图 9.6，在 BRB 屈服前，BRB 的线性的力-位移曲线和 SC 的双折线力-位移曲线叠加后的 SCBRB 的力-位移曲线为双折线型，而由 ETABS 设计的等效支撑在屈服前的力-位移曲线呈线性。

利用 ETABS 进行一阶弹性设计时，其等效支撑无法考虑实际 SCBRB 在弹性阶段的双折线模型，因此需合理简化。如图 9.6 所示，将 SCBRB 轴向荷载-位移曲线的初始直线段在对应复位系统启动处（δ_s）按初始刚度不变进行延长，交于力值为 F_{sy} 的水平线处，延长后的直线与实际 SCBRB 满足初始刚度等效和屈服力等效两个条件。等效支撑达屈服力 F_{sy}

时，其屈服位移为 δ_{sy}，明显有 $\delta_{sy} \leqslant \delta_y$。BRB 屈服位移 $\delta_y = \dfrac{f_y}{E}L$，其中 L 为支撑屈服段长度。当支撑长度确定后，支撑屈服位移据其屈服应力确定。

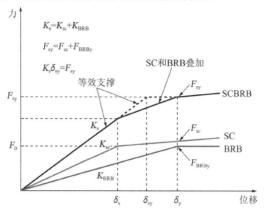

图 9.6 SCBRB 等效设计

由第 2 章可知，SC 预压力（启动力）$F_0 = \alpha\beta\omega A_{BRB}f_y$；BRB 屈服力 $F_{BRBy} = A_{BRB}f_y$。SC 的启动位移主要与推拉块、预压块、螺杆组合的刚度以及预压力有关，令 SC 启动位移 $\delta_s = n\delta_{yBRB}$，则有 $\delta_s = \dfrac{nf_yL}{E}$。

SC 启动前刚度：$K_{sc} = \dfrac{F_0}{\delta_s} = \dfrac{\alpha\beta\omega A_{BRB}f_y}{nf_yL}E = \dfrac{\alpha\beta\omega EA_{BRB}}{nL}$

BRB 屈服前刚度：$K_{BRB} = \dfrac{EA_{BRB}}{L}$

ETABS 中等效支撑的弹性刚度：$K_s = K_{sc} + K_{BRB} = \dfrac{\alpha\beta\omega EA_{BRB}}{nL} + \dfrac{EA_{BRB}}{L} = \dfrac{(\alpha\beta\omega+n)EA_{BRB}}{nL}$

由于 SC 的启动后刚度相对启动前刚度小得多，SC 在位移达到 δ_y 时的力可近似取其达到启动位移 δ_s 时的力，即 $F_{sc} \approx F_0$。

这样，SCBRB 在屈服时的总力为：

$$F_{sy} = F_0 + F_{BRBy} = (1 + \alpha\beta\omega)A_{BRB}f_y$$

等效支撑屈服位移 $\delta_{sy} = \dfrac{F_{sy}}{K_s} = \dfrac{n(1+\alpha\beta\omega)f_y}{(\alpha\beta\omega+n)}\dfrac{L}{E}$，如果令等效支撑的屈服应力（即在 ETABS 中采用的等效屈服应力）为 f_{sy}，则 $\delta_{sy} = \dfrac{f_{sy}L}{E}$，可得：$\dfrac{f_{sy}}{f_y} = \dfrac{n(1+\alpha\beta\omega)}{(\alpha\beta\omega+n)}$

即 ETABS 中等效支撑的屈服应力：

$$f_{sy} = \dfrac{n(1 + \alpha\beta\omega)}{(n + \alpha\beta\omega)} f_y \tag{9.1}$$

定义自复位支撑中防屈曲支撑部分 BRB 承受的轴力与自身屈服轴力之比为 R_1，有：

$$R_1 = \dfrac{N_{BRB}}{F_{BRBy}} = \dfrac{N_{BRB}}{A_{BRB}f_y} = \dfrac{N_{BRB}}{F_{sy}}(1 + \alpha\beta\omega) \tag{9.2}$$

式中，N_{BRB} 表示为防屈曲支撑部分 BRB 的设计轴力。

SC 启动前，由刚度占比来分配内力可知 $N_{BRB} = \dfrac{K_{BRB}}{K_s}N_s = \dfrac{n}{\alpha\beta\omega+n}N_s$，其中 N_s 为 ETABS 计算出的不计整体稳定的等效钢支撑设计轴力。

则有 $R_1 = \dfrac{N_{BRB}}{F_{BRBy}} = \dfrac{N_{BRB}}{A_{BRB}f_y} = \dfrac{N_s}{F_{sy}}(1 + \alpha\beta\omega)\dfrac{n}{\alpha\beta\omega+n}$

令 ETABS 中等效支撑承受的轴力与其屈服轴力之比 $R_2 = \dfrac{N_s}{F_{sy}}$，有：

$$R_2 = R_1 \frac{n + \alpha\beta\omega}{n(1 + \alpha\beta\omega)} \tag{9.3}$$

综上所述，在设计 SCBRBF 之前应该确定自复位支撑 SCBRB 的参数为 n（启动位移与屈服位移之比）、α（复位比率）、BRB 的屈服应力 f_y 以及 BRB 轴力之比 R_1 的限值范围，便可通过式(9.1)和式(9.3)计算出 ETABS 中等效钢支撑的屈服应力 f_{sy} 和轴力之比 R_2，从而在 ETABS 中采用 f_{sy} 和 R_2 进行等效支撑的设计。

若 ETABS 中设计获得的等效支撑面积为 A_s，则 A_{BRB} 和 F_0 分别为：

$$A_{BRB} = \frac{1}{1 + \alpha\beta\omega} \frac{f_{sy}}{f_y} A_s \tag{9.4}$$

$$F_0 = \alpha\beta\omega A_{BRB} f_y \tag{9.5}$$

由 BRB 的设计可知，为确保 BRB 在大震下先于框架梁和柱子进入屈服耗能且使其在多遇地震下处于弹性，常取 $0.81 \leqslant R_1 \leqslant 0.9$[1]。但需注意的是，在 ETABS 中采用不失稳的钢支撑设计 BRB 的内置钢板支撑的截面时，考虑 BRB 不失稳，可按强度问题设计截面，通过设置钢支撑的计算长度系数很小来实现支撑不失稳。ETABS 中给出的不失稳钢支撑的设计轴力与轴向承载力的比值还考虑了承载力抗震调整系数 γ_{RE} 和钢材抗力分项系数 γ_R 等系数，需要按强度设计公式确定出满足 $R_1 = 0.9$ 对应的 ETABS 中不失稳钢支撑的设计轴力与轴向承载力的比值 k，并以此比值限值 k 进行设计。进一步，采用等效钢支撑进行 SCBRB 设计时，在 ETABS 中等效支撑的控制应力比 R_2 应按式(9.3)依据 R_1 的限值进行转化计算，且同时在 ETABS 中采用等效不失稳钢支撑的设计轴力与轴向承载力的比值限值 $k\frac{n+\alpha\beta\omega}{n(1+\alpha\beta\omega)}$ 进行设计。

由前述可知，若 SC 的启动位移与 BRB 的屈服位移比值 $n = 1$，则等效支撑的屈服应力 f_{sy} 与 BRB 部分的屈服应力 f_y 相同。实际上，从前述 SCBRB 构件的试验研究可知，并非总是 $n = 1$，可通过进一步改进构造来实现启动位移与屈服位移基本接近或接近某一比值。此外，结构算例设计中，结合前述 SCBRB 构件的研究，取复位系统启动后刚度为启动前刚度的 3%。

以算例 SCBRBF1～SCBRBF5 和 BRBF 为例，防屈曲支撑部分 BRB 的屈服应力 $f_y = 235\text{MPa}$，据支撑长度和 $E_t = 0.03E$，因采用双线性随动强化模型，相当于 1/50 层间侧移角下 BRB 的受压承载力调整系数 $\omega\beta = 1.234$ 且受拉承载力调整系数 $\omega = 1.234$（即相当于简化取 $\beta = 1.0$）。由此可得 SCBRBF1 和 SCBRBF2 在 ETABS 中采用的等效支撑的屈服应力 f_{sy} 分别为 171.76MPa 和 206.49MPa，其他三个结构 SCBRBF3、SCBRBF4 和 SCBRBF5 的 f_{sy} 仍然为 235MPa。在 ETABS 中进行设计表明，在同一楼层，结构 SCBRBF1～SCBRBF5 的等效不失稳钢支撑的截面与 BRBF 的内置钢板支撑的截面 A_{BRB}（表 9.1）相同，表明这 6 个结构中对应楼层的支撑具有相同的初始抗侧刚度。此外，SCBRBF6 和 SCBRBF7 的等效支撑的屈服应力 f_{sy} 分别仍为 100MPa 和 345MPa。

采用等效支撑，且在 ETABS 程序中完成上述步骤（1）后，便可得到结构算例初步选择的各构件截面。

步骤（2）需要对结构横梁与柱子进行验算，假设在罕遇地震下结构每层均达到最大层间侧移角限值 1/50，考虑此时整根自复位支撑（即等效支撑）的轴力，并删除支撑将其力分解至框架钢梁与柱子上（图 9.7）。以图 9.7 的支撑竖向分力和重力荷载组合来验算框架柱，以图 9.7 的支撑水平分力、梁端水平力和重力荷载组合来验算梁。由图 9.7 可知支撑水平分力 $F_i = N_i \times \sin\theta$，支撑竖向分力 $V_i = N_i \times \cos\theta$（$i$ 为第 i 号支撑）。可知等效支撑的

$N_i = N_i' = A_s\sigma_{max}$，$\sigma_{max}$ 为侧移角 1/50 时支撑的最大轴向应力。例如，对于 SCBRBF3、SCBRBF4、SCBRBF5 和 BRBF，其等效支撑 $f_{sy} = 235\text{MPa}$，由 $E_t = 0.03E$ 可得 $\sigma_{max} = 290\text{MPa}$。被撑框架截面设计完成后，重新进入步骤（1）更新支撑截面。

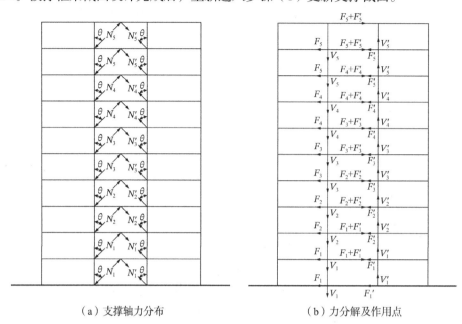

（a）支撑轴力分布　　　　　　　　　　（b）力分解及作用点

图 9.7　被撑梁和柱子所受的作用力（简化图示中没有画出重力荷载）

完成步骤（1）和步骤（2）后，通过步骤（3）来实现控制目标三，即结构在 1/50 层间侧移角下卸载其残余侧移角不超过 0.5%。此时，基于 ETABS 中获得的等效支撑截面面积和屈服轴力，可由式(9.4)和式(9.5)来获得防屈曲支撑部分 BRB 截面面积和复位系统的启动力等参数。这样，便可获得自复位支撑的复位特性，进而预估结构的复位能力。以 SCBRBF1 第三层为例，图 9.8 是该算例根据前述 D 值法等流程所叠加得到的第三层人字形碟簧自复位防屈曲支撑框架结构的理论恢复力曲线，据此该层加载至 1/50 层间侧移角卸载后产生的残余变形为 22.4mm，而对应 0.5%层间侧移角的残余变形量为 19.5mm，二者较接近。考虑图 9.8 的预估中框架部分的屈服承载力（即对应框架梁端受弯屈服得出的框架承受的水平剪力）并不精确，可能导致预估残余变形偏大，且罕遇地震下结构的最大层间侧移角可能小于 1/50，因此不再调整加大支撑的复位能力。

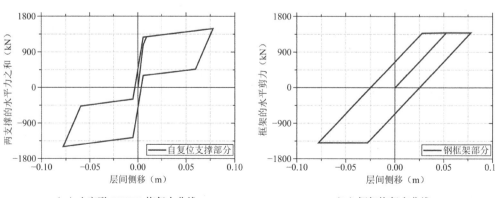

（a）人字形 SCBRB 恢复力曲线　　　　　　　　（b）框架恢复力曲线

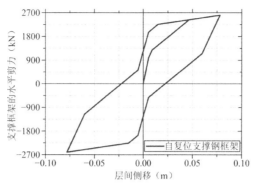

（c）整个 SCBRBF 恢复力曲线

图 9.8　SCBRBF1 中第三层的理论恢复力曲线

对于每个结构算例，重复步骤（1）～（3）来完成设计。获得 8 个 10 层算例的构件截面及复位系统轴向启动力 F_0 见表 9.1～表 9.3。

BRBF 和 SCBRBF1 的构件截面　　　　　　　　　表 9.1

层数	内柱（mm）□$C \times t$	外柱（mm）□$C \times t$	内横梁（mm）H$H \times B \times t_w \times t_F$	外横梁（mm）H$H \times B \times t_w \times t_F$	BRBF 的 A_{BRB}（mm²）	SCBRBF1 A_{BRB}（mm²）	F_0（kN）
1～2	600 × 32	450 × 18	500 × 250 × 12 × 20	450 × 200 × 10 × 16	4516	1477	428.5
3～4	560 × 30	420 × 17	500 × 250 × 12 × 20	450 × 200 × 10 × 16	4254	1392	403.6
5～6	510 × 27	390 × 15	500 × 250 × 12 × 20	450 × 200 × 10 × 16	3526	1154	334.5
7～8	440 × 16	370 × 13	500 × 250 × 12 × 20	450 × 200 × 10 × 16	3058	1000	290.1
9～10	400 × 14	330 × 11	500 × 250 × 12 × 20	450 × 200 × 10 × 16	2212	724	209.9

注：A_{BRB} 代表防屈曲支撑或自复位支撑中防屈曲支撑部分钢板支撑的截面面积；F_0 表示复位支撑中复位系统的启动力。

SCBRBF2、SCBRBF3、SCBRBF4 和 SCBRBF5 的支撑构件截面和启动力　表 9.2

层数	SCBRBF2 A_{BRB}（mm²）	F_0（kN）	SCBRBF3 A_{BRB}（mm²）	F_0（kN）	SCBRBF4 A_{BRB}（mm²）	F_0（kN）	SCBRBF5 A_{BRB}（mm²）	F_0（kN）
1～2	1776	515.1	2021	586.2	2345	510.1	2793	404.9
3～4	1673	485.2	1904	552.2	2209	480.5	2631	381.5
5～6	1387	402.2	1578	457.7	1831	398.3	2181	316.2
7～8	1203	348.8	1369	397.0	1588	345.4	1891	274.2
9～10	870	252.3	990	287.1	1149	249.9	1368	198.3

SCBRBF6 和 SCBRBF7 的构件截面　　　　　　　表 9.3

层数	内横梁（mm）H$H \times B \times t_w \times t_F$	SCBRBF6 A_{BRB}（mm²）	F_0（kN）	A_s（mm²）	内横梁（mm）H$H \times B \times t_w \times t_F$	SCBRBF7 A_{BRB}（mm²）	F_0（kN）	A_s（mm²）
1～2	560 × 280 × 16 × 20	6732	801.7	14749	500 × 220 × 14 × 20	1198	356.1	2230
3～4	560 × 280 × 14 × 20	6164	734.1	13505	500 × 220 × 14 × 20	1185	352.3	2206
5～6	520 × 280 × 14 × 20	5121	609.9	11220	500 × 220 × 13 × 20	983	292.4	1831
7～8	520 × 280 × 12 × 20	4372	520.6	9578	500 × 220 × 12 × 20	844	250.9	1571
9～10	500 × 280 × 12 × 20	3272	389.8	7170	500 × 220 × 12 × 20	579	172.1	1078

注：A_s 为 ETABS 中等效不失稳钢支撑的截面面积，SCBRBF6 和 SCBRBF7 中等效支撑屈服应力分别为 100MPa 和 345MPa。

可见，因复位系统与防屈曲支撑部分轴向并联工作，与 BRBF 结构相比，在对应楼层，其他结构中防屈曲支撑部分钢板支撑的截面面积减小了。结构算例设计表明，SCBRBF1、SCBRBF2 和 SCBRBF3 中随比值 n 增大，对应楼层的每根自复位支撑总屈服轴力增大。SCBRBF3、SCBRBF4 和 SCBRBF5 中随比率 α 减小，对应楼层的每根自复位支撑总屈服轴力（等于 F_0 和防屈曲支撑内钢板支撑屈服轴力之和）不变（均与 BRBF 结构对应楼层每根纯 BRB 支撑的屈服轴力相同），钢板支撑的屈服轴力减小，见表 9.1～表 9.3。SCBRBF1～SCBRBF5 和 BRBF 的外（即两个边跨）横梁和内（即中部支撑跨）横梁截面在对应楼层均相同，外（边）柱和内（支撑跨）柱截面也在对应楼层均相同，见表 9.1。除内横梁外，SCBRBF6 和 SCBRBF7 的其他框架构件截面与 BRBF 的在对应楼层也相同。

30 层结构 BF 和 SBF 采用相同的设计流程进行设计，构件截面和启动力 F_0 见表 9.4。同理，在同一楼层，SBF 在 ETABS 中等效不失稳钢支撑的截面与 BF 的内置钢板支撑的截面 A_{BRB} 相同，且 SBF 的 f_{sy} 为 235MPa。

BF 和 SBF 的构件截面 表 9.4

层数	内柱（mm）$\square C \times t$	外柱（mm）$\square C \times t$	内横梁（mm）$H H \times B \times t_w \times t_F$	外横梁（mm）$H H \times B \times t_w \times t_F$	BF 的 A_{BRB}（mm²）	SBF A_{BRB}（mm²）	SBF F_0（kN）
1～3	860 × 64	600 × 28	500 × 250 × 12 × 25	500 × 200 × 10 × 16	5864	3045	662.4
4～6	800 × 60	560 × 26	500 × 250 × 12 × 25	500 × 200 × 10 × 16	6093	3164	688.2
7～9	740 × 55	520 × 25	500 × 250 × 12 × 25	500 × 200 × 10 × 16	5605	2911	633.1
10～12	700 × 48	500 × 25	500 × 250 × 12 × 25	500 × 250 × 10 × 16	5107	2652	576.9
13～15	640 × 44	480 × 24	500 × 250 × 12 × 22	500 × 250 × 10 × 18	4516	2345	510.1
16～18	620 × 36	460 × 22	500 × 250 × 12 × 22	500 × 250 × 10 × 20	3991	2073	450.8
19～21	560 × 32	420 × 21	500 × 250 × 12 × 22	500 × 250 × 10 × 20	3476	1805	392.6
22～24	480 × 27	400 × 19	500 × 250 × 12 × 20	500 × 250 × 10 × 18	3035	1576	342.8
25～27	440 × 20	380 × 16	500 × 250 × 12 × 20	500 × 250 × 10 × 16	2509	1303	283.4
28～30	420 × 16	360 × 14	500 × 250 × 12 × 20	500 × 250 × 10 × 16	1721	894	194.4

9.3.3　10 层结构抗震分析

采用 ANSYS 建立结构有限元模型和进行时程分析。所有横梁和柱子均用 Beam188 梁单元建模，人字形碟簧自复位防屈曲支撑中防屈曲支撑部分采用 Link8 杆单元模拟，自复位系统采用 Combin39 非线性弹簧模拟其双线性弹性（试算验证表明，也可采用 Link8 杆元结合双线性弹性材料模型进行模拟，本文采用 Combin39 模拟）。即一根自复位支撑由一个 Link8 单元和一个 Combin39 单元轴向并联模拟。将楼层重力荷载简化为集中质量通过 Mass21 单元施加在框架梁跨度的 1/3 和 2/3 点以及梁柱节点处[4]。

根据场地条件和结构的自振周期，选取 Cholame Shandon、El-Centro、Taft 加速度记录以及一条人工波的用以时程分析，在后续分别将此四种波简称为 Cl、El、Tf 和 RG 波。阻尼比 0.02 下的上述四种加速度反应谱以及和规范[77]反应谱的对比详见文献[18]。在多遇和罕遇地震下，分别将此四种地震波的加速度峰值调节至 70gal 和 400gal。加速度峰值为 400gal 下的时程曲线见图 9.9。抗震分析时，沿结构跨度方向即 X 方向输入上述地震作用，时间步长均为 0.02s，并同时施加重力加速度以考虑结构中质量的重力。为便于获得结构在地震作用后稳定的残余变形响应，文献[90]建议在原地震动记录后附加时段不少于 5s 的零加速度值输入来获得较准确的残余变形又不过多地输入地震动来提高计算效率。因此，将 Cl、El、Tf 和 RG 波输入总时间设置为 50s、60s、60s 和 30s，在超过原 Cl、El 和 Tf 加速度记录的后续时段范围内将加速度值设置为 0，RG 波在 24.6s 后加速度值已基本为零，故仅输入前 30s。

在 ANSYS 中得到结构的前三阶频率（与 ETABS 得出的对应频率基本相同）见表 9.5。分析中采用 Rayleigh 阻尼，取阻尼比 $\xi = 0.02$。阻尼系数 α 和 β 的计算公式为 $\alpha = \frac{4\pi f_1 f_2}{(f_1 + f_2)}\xi$；$\beta = \frac{1}{\pi(f_1 + f_2)}\xi$。

式中，f_1、f_2 分别为结构的一阶和二阶频率。

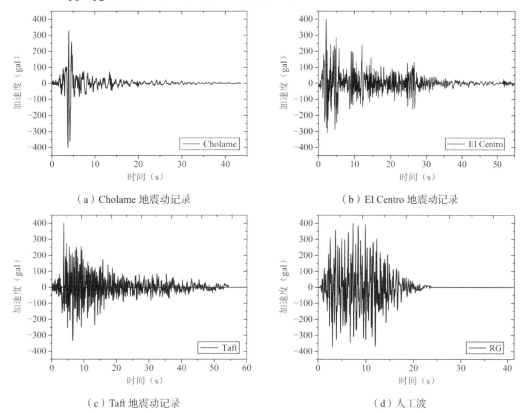

（a）Cholame 地震动记录　　　　　　（b）El Centro 地震动记录

（c）Taft 地震动记录　　　　　　（d）人工波

图 9.9　地震动的加速度时程曲线

10 层结构的自振频率　　　　　　　　　　　　　　　表 9.5

	一阶频率（Hz）	二阶频率（Hz）	三阶频率（Hz）
SCBRBF1～SCBRBF5、BRBF	0.634	1.821	3.160
SCBRBF6	0.830	2.503	4.548
SCBRBF7	0.527	1.496	2.568

在 ETABS 设计中，获得的各结构等效不失稳钢支撑的轴力比值见表 9.6，由式(9.3)可知，这样即实现了实际自复位防屈曲支撑中防屈曲支撑部分的设计轴力与屈服轴力之比不超过 0.9。例如，对于位移比值 n 不为 1 的 SCBRBF1 和 SCBRBF2（等效不失稳钢支撑与

实际自复位防屈曲支撑中防屈曲支撑部分的屈服应力不同），该比值分别为 1.2314 和 1.0243 时相当于防屈曲支撑部分的设计轴力与屈服轴力之比为 0.9。因每两层支撑截面相同，控制两层中最大轴力之比不超过且接近 0.9。

支撑设计轴力与轴向屈服承载力之比　　　　　　　　表 9.6

楼层	1	2	3	4	5	6	7	8	9	10
SCBRBF3~ SCBRBF5、BRBF	0.71	0.89	0.89	0.83	0.89	0.82	0.89	0.79	0.89	0.58
SCBRBF1	0.97	1.22	1.22	1.14	1.22	1.13	1.22	1.09	1.22	0.80
SCBRBF2	0.81	1.01	1.01	0.95	1.01	0.94	1.01	0.90	1.01	0.66
SCBRBF6	0.81	0.90	0.90	0.83	0.90	0.82	0.90	0.80	0.90	0.56
SCBRBF7	0.68	0.90	0.90	0.85	0.90	0.84	0.90	0.80	0.90	0.62

（1）多遇地震下的响应

多遇地震下，各结构均基本处于弹性。总体上，钢框架的最大 Mises 应力不超过 230MPa，且钢梁的应力略高于柱子的，应力较大部位主要集中于梁端和刚接柱脚处。BRBF 结构内的防屈曲支撑杆件以及各 SCBRBF 结构内自复位支撑的防屈曲支撑部分的支撑杆件在个别楼层短暂轻微屈服。表明，前述在 ETABS 中采用相应的应力限值的做法来设计支撑是可行的。

各算例在 Cl 作用下响应最大，最大层间侧移角均小于限值 1/250（图 9.10）。总体上，SCBRBF6 因抗侧刚度较大，最大层间侧移较小；而 SCBRBF7 因抗侧刚度较小，最大层间侧移较大。钢板支撑均采用 Q235 钢的结构，因防屈曲支撑基本处于弹性，结构的抗侧刚度几乎相同，因此层间侧移响应也基本相同。但是，对于位移比值 $n < 1$ 的结构 SCBRBF1 和 SCBRBF2，随着 n 的减小，最大层间侧移较大。这是由于基于图 9.6 及相关流程在 ETABS 中设计时，等效支撑在达到屈服应力 f_{sy} 前刚度假定不变，而实际自复位支撑在复位系统启动后（防屈曲支撑部分屈服前）即出现刚度削弱，且启动位移越小，刚度削弱会越早，层间侧移增大越多。

所有算例结构中，支撑跨梁在支撑连接点（被撑点）处挠度较小，这是因处于弹性的人字形支撑在小震下能够为被撑梁提供较强的竖向支承作用。以 BRBF 和 SCBRBF1 结构中第一层被撑梁为例，处于弹性的被撑梁的最大竖向位移出现在撑点两侧（图 9.11）。文献[18]也有类似的发现。

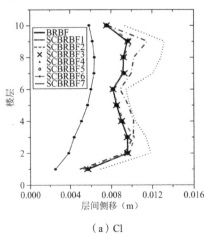

（a）Cl

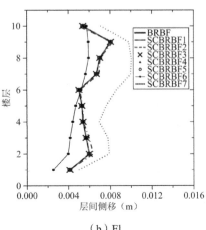

（b）El

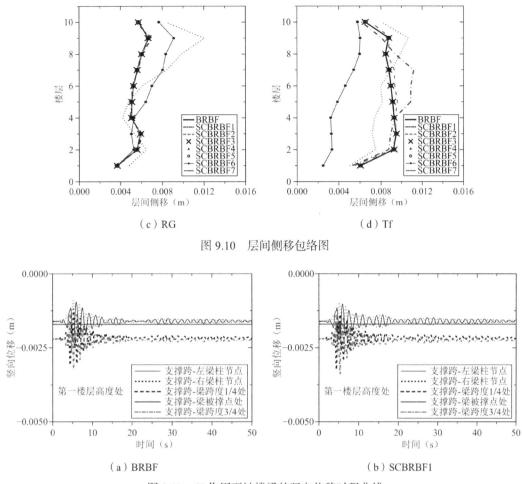

（c）RG　　　　　　　　　　　　　（d）Tf

图 9.10　层间侧移包络图

（a）BRBF　　　　　　　　　　　　（b）SCBRBF1

图 9.11　Cl 作用下被撑梁的竖向位移时程曲线

（2）罕遇地震下的响应

1）层间侧移和基底剪力

罕遇地震下，各结构算例在 Cl 作用下响应最大，最大层间侧移角均小于限值 1/50（图 9.12）。其中，最大层间侧移角出现在 SCBRBF7 第四层，约为 1/52。SCBRBF1 和 SCBRBF2 的最大层间侧移角均出现在第三层，分别为 1/54 和 1/56。总体上，钢板支撑屈服应力较低的结构 SCBRBF6 因抗侧刚度较大，最大层间侧移较小；而钢板支撑屈服应力较高的结构 SCBRBF7 因抗侧刚度较小，最大层间侧移较大。钢板支撑均采用 Q235 钢的结构，BRBF 结构因整个支撑截面屈服耗能，较小了结构层间侧移响应。与之相比，因复位系统部分不耗能，自复位支撑钢框架结构的最大层间侧移反而大于 BRBF 结构。可见，采用自复位支撑后，与纯防屈曲支撑相比，自复位支撑的耗能能力减小，并非总能减小其结构楼层侧移响应（图 9.12）。

同时，结构 SCBRBF3、SCBRBF4 和 SCBRBF5 的层间侧移响应较一致，在对应楼层的最大侧移较接近，随着自复位支撑复位比率的增大，耗能防屈曲支撑部件的抗侧刚度和承载力均减小，整个自复位支撑耗能减小，层间侧移响应稍有增大。另外，对于位移比值 $n < 1$ 的结构 SCBRBF1 和 SCBRBF2，因复位系统启动较早削弱了整个自复位支撑抗侧刚度，导致局部楼层的层间侧移较大。综上可见，启动位移和钢板支撑屈服应力对结构侧移响应影响

较大。总体上,启动位移越小使相应楼层在大震下的最大层间侧移角越大,而钢板支撑屈服应力的降低则会增大钢板支撑截面,进而提升结构刚度并减小了最大层间侧移角。

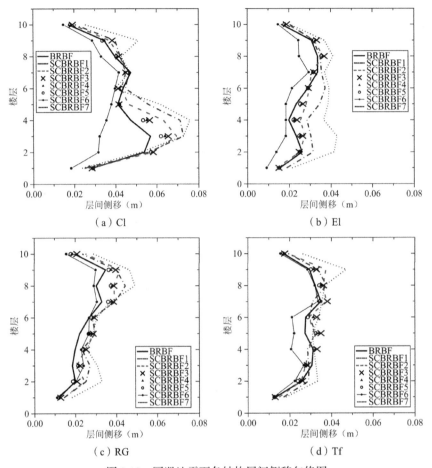

图 9.12　罕遇地震下各结构层间侧移包络图

钢板支撑均采用 Q235 钢的结构的基底剪力时程曲线见图 9.13。由前述结构设计可知,钢框架截面相同时,在对应楼层,位移比值 $n < 1$ 的 SCBRBF 结构中支撑总的屈服轴力较小且复位系统启动较早,总体上结构最大基底剪力稍加减小。而在对应楼层,位移比值 $n = 1$ 的 SCBRBF 结构的自复位支撑的屈服轴力相同(仅随复位比率的变化,复位系统和防屈曲支撑部分的轴力占比不同),结构的基底剪力也几乎相同。

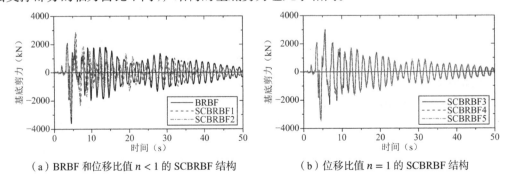

图 9.13　Cl 作用下结构的基底总剪力时程曲线

2）层间残余侧移

以 C1 作用下各结构第三层为例，层间侧移时程曲线见图 9.14，其中各算例残余变形取值为地震作用结束后待结构振动稳定后的平衡点，即接近地震动结束时刻的波峰与波谷中间位置。以 BRBF 和 SCBRBF7 为例，第三层的层间残余侧移 Δ_r 见图 9.14。对于钢板支撑均采用 Q235 钢的结构，BRBF 的 Δ_r 最大，当自复位支撑的位移比值 n 或复位比率减小时 SCBRBF 结构的 Δ_r 增大（图 9.14b）。

以 C1 作用下为例，表 9.7 给出各算例各层的层间残余侧移。在罕遇地震下各人字形碟簧自复位防屈曲支撑钢框架结构算例震后层间残余侧移角均小于 0.5%（对应层间侧移为 19.5mm），满足相应设计要求。且相较于算例 BRBF，其余算例在最大层间侧移角大于该算例的情况下残余变形却仍旧小于该算例，这是因自复位系统给结构提供了恢复力，减小了残余变形。

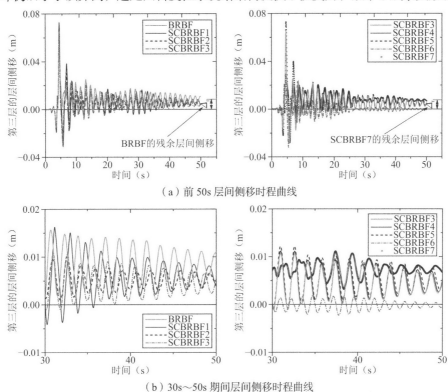

（a）前 50s 层间侧移时程曲线

（b）30s～50s 期间层间侧移时程曲线

图 9.14　各算例在 C1 波作用下第三层的层间侧移时程曲线

各结构在 C1 作用下产生的层间残余变形（单位：mm）　　表 9.7

算例	第一层	第二层	第三层	第四层	第五层	第六层	第七层	第八层	第九层	第十层
BRBF	5.9	9.0	8.4	5.4	3.7	1.8	0.3	−1.9	−1.8	0.4
SCBRBF1	1.3	3.1	5.8	6.3	3.4	0.7	0.1	−0.3	0.1	−1.0
SCBRBF2	1.7	3.2	5.0	4.4	2.3	0.8	0.5	0.3	0.9	−1.0
SCBRBF3	2.1	3.4	4.4	3.3	1.1	−0.4	−0.1	0.3	0.8	−0.7
SCBRBF4	2.1	3.8	4.8	3.5	1.7	0.2	0.2	0.7	1.2	0.3
SCBRBF5	1.8	4.3	5.5	4.0	2.4	0.8	0.3	−0.1	0.5	0.8
SCBRBF6	0.3	−0.1	−0.2	−0.5	−0.2	−0.7	−0.2	−0.4	0.3	−0.8
SCBRBF7	1.6	3.7	7.3	8.9	5.0	0.5	−1.0	−0.5	−0.7	0.1

3）被撑梁的挠度和支撑的竖向合力

大震下被撑梁的挠度响应表明，与 BRBF 结构中防屈曲支撑屈服类似，SCBRBF 结构内自复位支撑中的防屈曲支撑部分的屈服以及复位系统的启动使人字形支撑对被撑梁的竖向支承作用减小，钢梁在撑点处竖向位移增大。例如，C1 作用下接近 5s 时防屈曲支撑的屈服使钢梁竖向位移大增（图 9.15）。可见，支撑屈服后不再为钢梁提供较强的竖向支承作用。对于 BRBF 结构，由于人字形防屈曲支撑的大幅屈服和塑性变形累积，支撑对梁跨中的竖向支承作用大幅削弱，楼面重力主要由钢梁承担，从而导致被撑梁挠度较大。对于 SCBRBF 结构，楼面重力主要由钢梁和处于弹性的复位系统承担。因此，与 BRBF 相比，当被撑梁截面和楼面重力相同时，SCBRBF1 和 SCBRBF3 中被撑梁的竖向位移较小（图 9.15），SCBRBF2、SCBRBF4 和 SCBRBF5 的被撑梁竖向位移也类似。虽然大震下自复位支撑对被撑梁有一定的竖向支点作用，但考虑支撑主要用于抗侧力，按图 9.7 删除支撑即不计大震下支撑对被撑梁的竖向支点作用进行被撑梁的设计仍基本可行，可尽量减小楼面重力对自复位系统受力性能的影响。

在支撑跨钢梁的被撑点处，第一层和第二层人字形支撑中两支撑的竖向合力时程曲线见图 9.16。BRBF 结构中当某层内人字形防屈曲支撑中的两支撑屈服后，由于支撑塑性压缩变形的累积，撑点位置降低幅度较大（图 9.15a），支撑对被撑梁的竖向支撑力减小，即两支撑屈服后的竖向合力大幅减小。而 SCBRBF 结构中人字形自复位支撑 SCBRB 内即使防屈曲支撑部分发生屈服，自复位系统也始终处于弹性，撑点位置降低幅度较小（图 9.15），因此人字形 SCBRB 中两支撑的竖向合力较大。

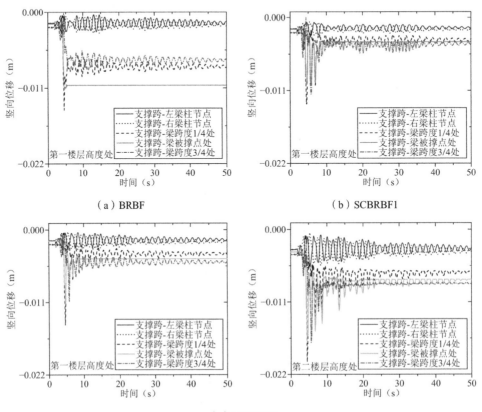

（a）BRBF

（b）SCBRBF1

（c）SCBRBF3

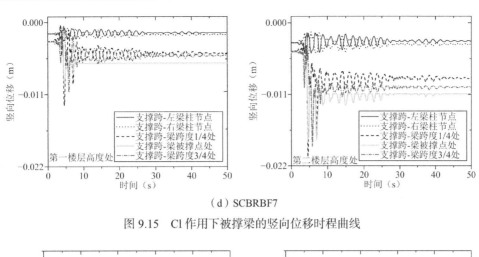

（d）SCBRBF7

图9.15　Cl作用下被撑梁的竖向位移时程曲线

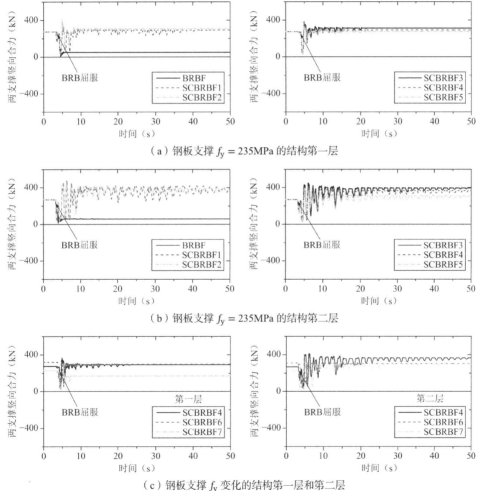

（a）钢板支撑$f_y = 235\text{MPa}$的结构第一层

（b）钢板支撑$f_y = 235\text{MPa}$的结构第二层

（c）钢板支撑f_y变化的结构第一层和第二层

图9.16　Cl作用下人字形支撑的竖向合力时程曲线

4）框架的塑性发展

各结构在罕遇地震下钢梁和柱子的最大Von-Mises应力和其产生此应力的时刻见表9.8。可见，各算例的钢框架在Cl作用下均发展了塑性，与钢柱相比，钢梁塑性发展较多。其中各算例中柱子塑性较多出现在支撑跨第一层柱脚处，而框架梁塑性则较多出现在梁端翼缘处。

框架横梁和柱子的最大 Von-Mise 应力　　　　　　　　表 9.8

地震动	框架梁								框架柱							
	最大应力（MPa）				发生时刻（s）				最大应力（MPa）				发生时刻（s）			
	Cl	El	RG	Tf	Cl	El	RG	Tf	Cl	El	RG	Tf	Cl	El	RG	Tf
BRBF	372	346	345	346	4.50	5.56	3.40	7.12	348	280	264	270	4.48	5.32	8.46	7.82
SCBRBF1	382	347	349	346	4.56	5.62	6.84	8.20	345	314	285	292	4.44	5.38	6.82	4.62
SCBRBF2	379	345	347	347	4.56	5.58	3.48	8.18	347	270	296	256	4.52	5.32	12.34	8.14
SCBRBF3	379	345	347	347	4.50	5.58	11.96	7.10	348	282	287	265	4.52	5.34	12.30	8.12
SCBRBF4	378	345	347	346	4.50	5.58	11.96	7.10	349	284	277	258	4.52	5.36	11.92	3.56
SCBRBF5	377	345	346	346	4.50	5.58	11.94	7.12	349	283	272	258	4.52	5.34	11.92	7.80
SCBRBF6	349	325	346	346	4.40	6.08	3.34	6.98	329	252	276	274	4.44	5.38	3.44	6.96
SCBRBF7	387	358	351	347	4.60	5.45	6.92	8.22	345	337	289	302	4.46	5.45	6.90	8.22

　　5）支撑的滞回曲线

　　以 Cl 作用下 SCBRBF1 第三层为例，时程分析与前述理论恢复力模型获得的滞回曲线对比见图 9.17。加载至 1/54 层间侧移角后卸载，理论恢复力模型所得的残余变形约 17.9mm，而地震动下残余变形约 20.0mm，二者较接近，且其恢复力曲线形状类似。这表明，前述结合 D 值法等给出预测结构残余变形的理论方法可行。但二者仍存在一定差别，需进一步提高钢框架滞回模型预测的精确性。另外，地震作用结束时结构的残余变形约 5.8mm（表 9.7），远小于结构经历最大层间侧移角 1/54 时卸载后的残余变形。

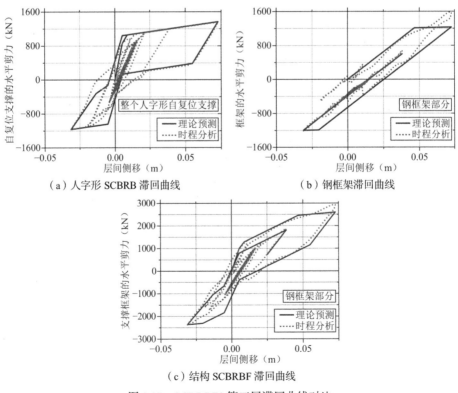

（a）人字形 SCBRB 滞回曲线　　　　　　　（b）钢框架滞回曲线

（c）结构 SCBRBF 滞回曲线

图 9.17　SCBRBF1 第三层滞回曲线对比

以 C1 作用下为例，SCBRBF1、SCBRBF3 和 SCBRBF5 三个结构对应楼层中左、右两个自复位防屈曲支撑以及 BRBF 为左、右两个防屈曲支撑的轴力-轴向变形曲线见图 9.18。可见，钢板支撑屈服应力相同时，各结构在对应楼层中左、右两支撑的滞回曲线关于原点的对称程度基本相同，且与设计结果一致，在复位系统启动前各支撑的轴向刚度基本相同。与 BRBF 结构相比，SCBRBF1 内支撑的残余变形大幅减小。对应楼层支撑屈服轴力相同的 SCBRBF3 和 SCBRBF5 相比，在最大轴向变形幅值接近时，复位比率的减小导致自复位支撑残余变形增大。此外，由 SCBRBF6 和 SCBRBF7 两个结构比较可知（图 9.18），对于钢板支撑屈服应力不同的结构，当自复位支撑的复位比率相同时，随钢板支撑屈服应力的降低，支撑截面和抗侧刚度较大，支撑轴向变形较小，残余变形也较小。

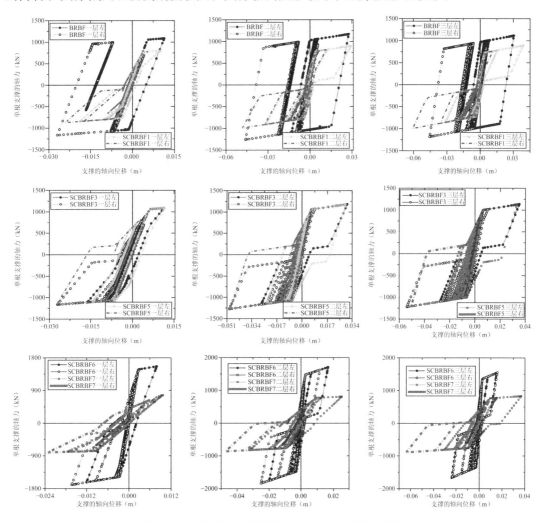

图 9.18　C1 作用下支撑的轴向力-轴向变形滞回曲线

6）同时刻各层支撑屈服情况

以 C1 和 E1 作用下为例，各算例的支撑应力比分析表明，在支撑进入屈服的楼层数较多的时刻，若结构各层左支撑处于受压状态，则同一时刻各层右支撑可能均处于受拉状态。结构大部分楼层中左支撑和右支撑基本均存在同时刻进入屈服的情况，见图 9.19。图中 L

和 R 分别代表人字形支撑中的左支撑和右支撑。对采用墙板内置支撑的人字形防屈曲支撑钢框架结构的抗震分析[18]也有相同的规律，即很多楼层同时刻近似按一阶振型的侧移模式出现楼层中左、右支撑同时屈服。这表明，总体上，对于 10 层结构，前文删除支撑验算框架柱时按第一振型下支撑力分布的假设是较为合理的。

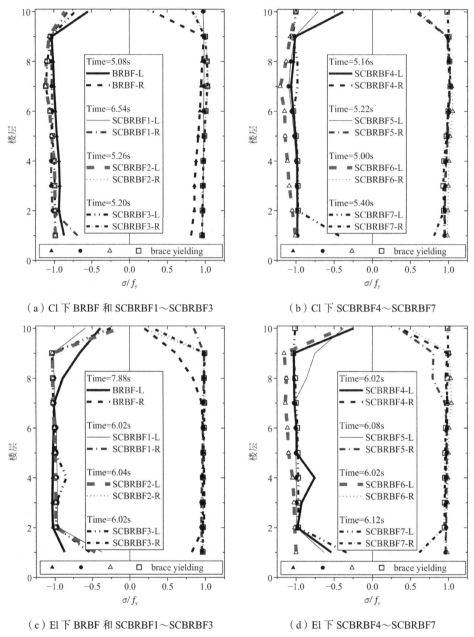

（a）Cl 下 BRBF 和 SCBRBF1～SCBRBF3　　　（b）Cl 下 SCBRBF4～SCBRBF7

（c）El 下 BRBF 和 SCBRBF1～SCBRBF3　　　（d）El 下 SCBRBF4～SCBRBF7

图 9.19　10 层结构中同时刻各层钢板支撑的应力比

9.3.4　30 层结构抗震分析

30 层人字形支撑框架结构算例 BF 和 SBF 的自振频率基本相同，前三阶频率分别约为 0.196Hz、0.604Hz 和 1.108Hz。ETABS 设计中，与前述 10 层结构类似，同样控制每三层截面相同的防屈曲支撑部分的最大设计轴力与屈服轴力之比不超过且接近0.9。

（1）结构侧移的响应

多遇地震下，与10层结构相比，30层结构层间侧移包络值分布较为均匀且数值较小（图9.20），且BF和SBF因结构均处于弹性，二者的楼层的层间侧移几乎完全一样。结构在Cl作用下出现最大层间侧移，发生第28层，其值约为1/341。

罕遇地震下，BF和SBF中钢梁塑性发展很少，柱子均处于弹性。结构侧移和层间侧移包络图见图9.21和图9.22。总体上，与BF相比，SBF的最大层间侧移响应较大。最大层间侧移均出现在Cl作用下，算例BF和SBF的最大层间侧移角分别为1/93和1/77，分别出现在第22和第25层。与Cl作用相比，虽然Tf作用下的最大层间侧移较小（图9.22a、d），但Tf作用下很多楼层的层间侧移较大，导致结构侧移较大（图9.21d）。另外，在Cl作用下算例BF和SBF的层间残余变形最大值分别出现在第21层和第17层，其值分别为11.5mm和1.6mm，其值均小于限值19.5mm（即层高的1/200），这两个楼层的层间侧移时程曲线见图9.23a。另外，结构顶层顶部的侧移时程曲线见图9.23b，可见，与BF相比，SBF的残余侧移大幅减小。

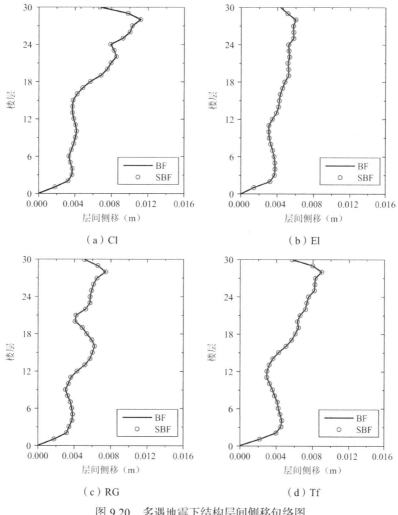

图9.20　多遇地震下结构层间侧移包络图

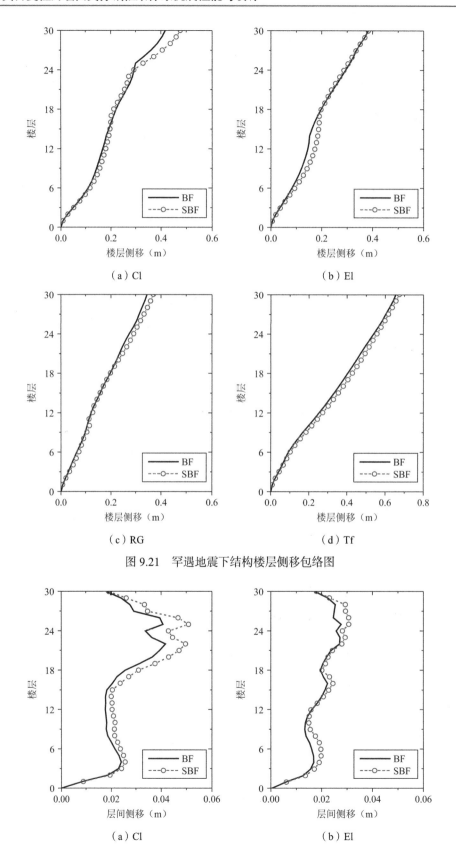

（a）Cl

（b）El

（c）RG

（d）Tf

图 9.21　罕遇地震下结构楼层侧移包络图

（a）Cl

（b）El

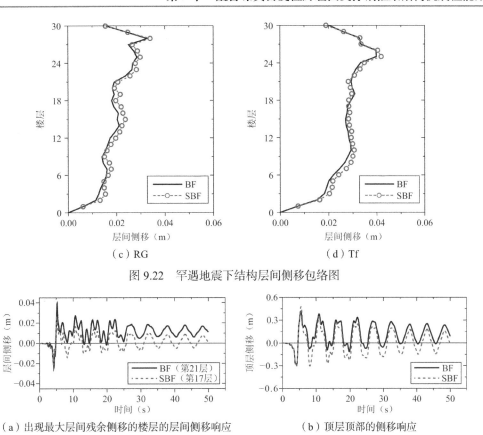

图 9.22　罕遇地震下结构层间侧移包络图

图 9.23　Cl 作用下结构的楼层侧移时程曲线

（2）支撑应力的响应

罕遇地震下 30 层结构中钢板支撑在较多楼层同时刻进入屈服的情况见图 9.24。可见与 10 层算例相比，30 层结构由于高振型影响显著，左侧或右侧的支撑存在较多支撑不是同时刻进入屈服的情况，甚至同一侧进入屈服的支撑在下部和上部楼层的应力出现变号。因此，对 30 层结构采用第一振型将支撑轴力分布施加在框架上验算框架柱子承载力的做法较保守，应进一步探讨合理的支撑轴力分布方式来设计被撑框架。

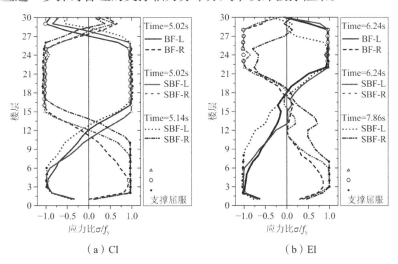

（a）Cl

（b）El

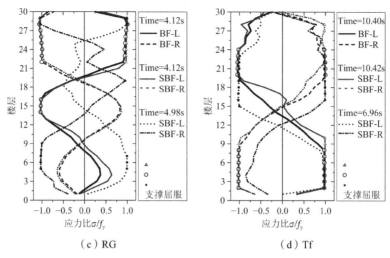

图 9.24　30 层结构中同时刻各层钢板支撑的应力比

9.4　结构抗震分析小结

用 D 值法构建钢框架恢复力模型时，因柱反弯点确定等环节有误差，且对钢框架受弯屈服后切线刚度取值偏低，可能导致叠加后的 SCBRBF 恢复力模型对目标位移角下残余变形的预测会与模拟和试验值有偏差，因此该理论预测方法还需进一步完善，使预测更准确。特别是，罕遇地震下结构层剪力-侧移曲线发现，结构在最大层间位移响应时刻卸载后的残余变形一般比地震动结束结构稳定后的残余变形大。这表明，当防屈曲支撑部分进入屈服后，结构楼层的层间残余变形与层间侧移幅值直接相关，侧移幅值大则相应的残余变形也大（第 7 章的结构试验也有相同的发现）。因此采用 SCBRBF 恢复力模型判断结构在 1/50 层间侧移角下（假定的结构能达到的最大层间侧移角）残余侧移角不超过 0.5% 的做法来控制残余变形是偏严格的。

基于刚度等效和屈服力等效原则简化给出了拟设计的 SCBRB 和 ETABS 中等效钢支撑之间的等效设计参数转化公式。设计时可预先设定支撑复位比率和启动位移，并结合 BRB 的屈服段长度、预期屈服应力以及承载力强化参数，便可计算 ETABS 中所采用的等效钢支撑的等效屈服应力和应力比范围，继而可对自复位支撑框架结构进行设计。

10 层支撑钢框架的时程分析表明，提高支撑复位比率可减小结构的震后残余变形，自复位系统启动位移不超过防屈曲支撑屈服位移时，随启动位移增大，支撑刚度降低时刻越晚，有利于控制结构的最大侧移，同时也会减小结构的残余变形。当防屈曲支撑屈服应力较低时，设计的支撑截面和结构刚度均会增大，结构的最大位移响应和残余变形都较小。总体上，与纯防屈曲支撑框架相比，SCBRBF 楼层的层间最大侧移响应不一定小，但震后残余变形较小，且均能满足 0.5% 的限值要求。

30 层 SCBRBF 结构时程分析表明，结构受高阶振型影响较大。若在能力设计法中将支撑最大轴力按一阶振型的分布形式施加到钢框架对梁和柱进行加强，设计出的结构偏于安全，用钢量较大。若在能力设计法中考虑结构高振型的影响并采用更合理的支撑轴力分布模式，有望在抗震性能仍能满足要求的基础上减小结构用钢量。

综上所述，10 层和 30 层结构时程分析表明，本章提出基于三个控制目标的设计流程和相应的实现方法可行，可供新型组合碟簧自复位防屈曲支撑钢框架结构抗震设计参考。

参 考 文 献

［1］中华人民共和国住房和城乡建设部. 高层民用建筑钢结构技术规程: JGJ 99—2015[S]. 北京: 中国建筑工业出版社. 2015.

［2］中国工程建设标准化协会. 屈曲约束支撑应用技术规程: T/CECS 817—2021[S]. 北京: 中国建筑工业出版社. 2021.

［3］AISC. Seismic provisions for structural steel buildings: ANSI/AISC 341-22[S]. Chicago: American Institute of Steel Construction (AISC); 2022.

［4］丁玉坤. 无粘结内藏钢板支撑剪力墙滞回性能及其应用研究[D]. 哈尔滨: 哈尔滨工业大学, 2009.

［5］郭彦林, 童精中, 周鹏. 防屈曲支撑的型式、设计理论与应用研究进展[J]. 工程力学, 2016, 33(9): 1-14.

［6］Q. XIE. State the art of buckling-restrained braces in Asia[J]. Journal of constructional steel research. 2005, 61: 727-748.

［7］R. ULLAH, M. VAFAEI, S. C. ALIH, et al. A review of buckling-restrained braced frames for seismic protection of structures[J]. Physics and Chemistry of the Earth, 2022, 128: 103203.

［8］Y. ZHOU, H. SHAO, Y. CAO, E. M. LUI. Application of buckling-restrained braces to earthquake-resistant design of buildings: A review[J]. EngineeringStructures, 2021, 246: 112991.

［9］丁玉坤, 李文文, 张文元. 轻质组装墙板内置钢板支撑滞回性能试验研究[J]. 建筑结构学报, 2020, 41(11): 61-67.

［10］L. A. FAHNESTOCK, R. SAUSE, J. M. RICLES. Seismic Response and Performance of Buckling-Restrained Braced Frames[J]. Journal of Structural Engineering, 2007, 133(9): 1195-1204.

［11］R. TREMBLAY, M. LACERTE, C. CHRISTOPOULOS. Seismic response of multistory buildings with self-centering energy dissipative steel braces[J]. Journal of structural engineering, 2008, 134(1): 108-120.

［12］谢钦, 周臻, 王维影, 等. 两种设计原则下自定心屈曲约束支撑框架的抗震性能分析[J]. 振动与冲击, 2017, 36(3): 125-131.

［13］丁玉坤, 郑睿, 张耀春. 支撑跨梁柱铰接的墙板内置无黏结支撑钢框架结构抗震性能分析[J]. 建筑结构学报, 2015, 36(Sup 1): 8-13.

［14］Y. K. DING, R. ZHENG, W. Y. ZHANG. Tests of chevron panel buckling-restrained braced steel frames[J]. Journal of constructional steel research, 2018, 143: 233-249.

［15］J. MCCORMICK, H. ABURANO, M. IKENAGA, et al. Permissible residual deformation levels for building structures considering both safety and human elements[C]. Proc. 14th World Conf. Earthquake Engineering, Seismological Press of China, Beijing, 2008, Paper ID 05-06-0071.

［16］Report of the seventh joint planning meeting of NEES/E-Defense collaborative research on earthquake engineering[R]. PEER 2010/109. Berkeley: University of California, 2010.

［17］吕西林, 陈云, 毛苑君. 结构抗震设计的新概念—可恢复功能结构[J]. 同济大学学报(自然科学版), 2011, 39(7): 941-948.

［18］Y. K. DING, Y. C. ZHANG. Design and seismic response of tall chevron panel buckling-restrained braced steel frames[J]. The structural design of tall and special buildings, 2013, 22(14): 1083-1104.

［19］W. A. LÓPEZ, R. SABELLI. Seismic Design of Buckling-Restrained Braced Frames[R]. Steel tips, Structural Steel Education Council, Moraga, Calif, 2004: 1-66.

［20］R. SABELLI, S. MAHIN, C. CHANG. Seismic Demands on Steel Braced Frame Buildings with Buckling-Restrained Braces[J]. Engineering Structures, 2003, 25: 655-666.

［21］S. KIGGINS, C. M. UANG. Reducing Residual Drift of Buckling-Restrained Braced Frames as a Dual

System[J]. Engineering Structures, 2006, 28: 1525-1532.

［22］D. PETTINGA, C. CHRISTOPOULOS, S. PAMPANIN, et al. Effectiveness of simple approaches in mitigating residual deformations in buildings[J]. Earthquake Engineering & Structural Dynamics, 2007, 36(12): 1763-1783.

［23］L. A. FAHNESTOCK, J. M. RICLES, R. Sause. Experimental evaluation of a large-scale buckling-restrained braced frame[J]. Journal of structural engineering, 2007, 133(9): 1205-1214.

［24］J. EROCHKO, C. CHRISTOPOULOS, R. TREMBLAY, et al. Residual drift response of SMRFs and BRB frames in steel buildings designed according to ASCE 7-05[J]. Journal of Structural Engineering, 2010, 137(5): 589-599.

［25］D. R. SAHOO, S-H. CHAO. Stiffness-based design for mitigation of residual displacements of buckling-restrained braced frames[J]. Journal of structural engineering, 2015, 141(9): 04014229.

［26］D. J. MILLER, L. A. FAHNESTOCK, M. R. EATHERTON. Development and experimental validation of a nickel－titanium shape memory alloy self-centering buckling-restrained brace[J]. Engineering Structures, 2012, 40: 288-298.

［27］M. R. EATHERTON, L. A. FAHNESTOCK, D. J. MILLER. Computational study of self-centering buckling-restrained braced frame seismic performance[J]. Earthquake engineering and structural dynamics, 2014, DOI: 10.1002/eqe.2428.

［28］C. CHRISTOPOULOS, R. TREMBLAY, H. J. KIM, el al. Self-centering energy dissipative bracing system for the seismic resistance of structures: development and validation[J]. Journal of structural engineering, 2008, 134(1): 96-107.

［29］L. H. XU, X. W. FAN, Z. X. LI. Experimental behavior and analysis of self-centering steel brace with pre-pressed disc springs[J]. Journal of constructional steel research, 2017, 139: 363-373.

［30］J. F. JIA, R. X. GU, C. X. QIU, el al. Test of Novel Self-Centering Energy Dissipative Braces with Pre-Pressed Disc Springs and U-Shaped Steel Plates[J]. Journal of Earthquake Engineering, 2023, 27(13): 3853-3876, DOI: 10.1080/13632469.2022.2152137.

［31］刘璐. 自复位防屈曲支撑结构抗震性能及设计方法[D]. 哈尔滨: 哈尔滨工业大学, 2013.

［32］张爱林, 封晓龙, 刘学春. H型钢芯自复位防屈曲支撑抗震性能研究[J]. 工业建筑, 2017, 47(3): 25-30.

［33］张艳霞, 李振兴, 刘安然, 等. 自复位可更换软钢耗能支撑性能研究[J]. 工程力学, 2017, 34(8): 180-193.

［34］王海深, 潘鹏, 聂鑫, 等. 三套管自复位屈曲约束支撑滞回性能研究[J]. 工程力学, 2017, 34(11): 59-65.

［35］Z. ZHOU, Q. XIE, X. C. LEI, el al. Meng. Experimental investigation of the hysteretic performance of dual-tube self-centering buckling-restrained braces with composite tendons[J]. Journal of Composites for Construction, 2015, 19(6): 04015011.

［36］Y. K. DING, Y. T. LIU. Cyclic tests of assembled self-centering buckling-restrained braces with pre-compressed disc springs[J]. Journal of constructional steel research, 2020, 172: 106229.

［37］C. C. CHOU, W. J. TSAI, P. T. CHUNG. Development and validation tests of a dual-core self-centering sandwiched buckling-restrained brace (SC-SBRB) for seismic resistance[J]. Engineering structures, 2016, 121: 30-41.

［38］Q. XIE, Z. ZHOU, J. H. HUANG, el al. Influence of tube length tolerance on seismic responses of multi-storey buildings with dual-tube self-centering buckling-restrained braces[J]. Engineering structures, 2016, 116: 26-39.

［39］C. C. CHOU, P. T. CHUNG, Y. T. CHENG. Experimental evaluation of large-scale dual-core self-centering braces and sandwiched buckling-restrained braces[J]. Engineering Structures, 2016, 116: 12-25.

［40］C. C. CHOU, P. T. CHUNG. Development of cross-anchored dual-core self-centering braces for seismic resistance[J]. Journal of Constructional Steel Research, 2014, 101: 19-32.

［41］J. EROCHKO, C. CHRISTOPOULOS, R. TREMBLAY. Design and testing of an enhanced-elongation telescoping self-centering energy-dissipative brace[J]. Journal of Structural Engineering, 2014, 141(6): 1-11.

［42］J. EROCHKO, C. CHRISTOPOULOS, R. TREMBLAY. Design, testing, and detailed component modeling of a high-capacity self-centering energy-dissipative brace[J]. Journal of Structural Engineering, 2014, 141(8): 04014193.

［43］J. EROCHKO, C. CHRISTOPOULOS, R. TREMBLAY, et al. Shake table testing and numerical simulation of a self-centering energy dissipative braced frame[J]. Earthquake Engineering & Structural Dynamics, 2013, 42: 1617-1635.

［44］曾鹏, 陈泉, 王春林, 等. 全钢自复位屈曲约束支撑理论与数值分析[J]. 土木工程学报, 2013(s1): 19-24.

［45］全国弹簧标准化技术委员会. 碟形弹簧 第1部分: 计算: GB/T 1972.1—2023[S]. 北京: 中国标准出版社, 2023.

［46］H. H. DONG, X. L. DU, Q. HAN, H. Hao, K. M. Bi, X. Q. Wang. Performance of an innovative self-centering buckling restrained brace for mitigating seismic responses of bridge structures with double-column piers[J]. Engineering structures, 2017, 148: 47-62.

［47］L. H. XU, P. CHEN, Z. X. Li. Development and validation of a versatile hysteretic model for pre-compressed self-centering buckling-restrained brace[J]. Journal of constructional steel research, 2021, 177: 106473.

［48］S. OZAKI, K. TSUDA, J. TOMINAGA. Analyses of static and dynamic behavior of coned disk springs: Effects of friction boundaries[J]. Thin-walled structures, 2012, 59: 132-143.

［49］H.M. ZHANG, L.M QUAN, X.L. LU. Experimental hysteretic behavior and application of an assembled self-centering buckling-restrained brace[J]. Journal of Structural Engineering, 2022, 148(3): 04021302.

［50］S.S. JIN, P.P. AI, J.T. ZHOU, et al. Seismic performance of an assembled self-centering buckling-restrained brace and its application in arch bridge structures[J]. Journal of constructional steel research, 199(2022)107600.

［51］C. Z. ZHANG, S. H. ZONG, Z. G. SUI, et al. Seismic performance of steel braced frames with innovative assembled self-centering buckling restrained braces with variable post-yield stiffness[J]. Journal of Building Engineering, 2023, 64: 105667.

［52］C. C. CHOU, L. Y. HUANG. Mechanics and validation tests of a post-tensioned self-centering brace with adjusted stiffness and deformation capacities using disc springs[J]. Thin-Walled Structures, 2024, 195: 111430.

［53］惠丽洁. 自复位防屈曲支撑及其钢框架结构的抗震性能分析[D]. 哈尔滨: 哈尔滨工业大学, 2014.

［54］樊晓伟, 徐龙河, 逯登成. 新型自恢复耗能支撑框架结构抗震性能分析[J]. 天津大学学报(自然科学与工程技术版), 2016, 49(04): 385-391.

［55］S. KITAYAMA, M. C. CONSTANTINOU. Probabilistic collapse resistance and residual drift assessment of buildings with fluidic self-centering systems[J]. Earthquake engineering and structural dynamics, 2016, 45: 1935-1953. DOI: 10.1002/eqe.2733

［56］C. C. CHOU, T. H. WU, A. R. O. BEATO, et al. Seismic design and tests of a full-scale one-story one-bay steel frame with a dual-core self-centering brace[J]. Engineering structures, 2016, 111: 435-450.

［57］C. C. CHOU, Y. C. CHEN, D. H. PHAM, et al. Steel braced frames with dual-core SCBs and sandwiched BRBs: Mechanics, modeling and seismic demands[J]. Engineering structures, 2014, 72: 26-40.

［58］李然. SMA自复位耗能装置的研发及其在钢框架-支撑结构中抗震性能的应用研究[D]. 南京: 东南大学, 2019.

［59］陆文遂. 碟形弹簧的计算设计与制造[M]. 上海: 复旦大学出版社, 1990.

［60］J. O. ALMEN, A. LASZLO. The uniform-section disk spring[J]. Transactions of ASME, 1936, 58: 305-314.

［61］C. FANG. SMAs for infrastructures in seismic zones: A critical review of latest trends and future needs[J]. Journal of Building Engineering, 2022, 57: 104918.

［62］M.C.H. YAM, K. KE, Y. HUANG, et al. A study of hybrid self-centring beam-to-beam connections equipped with shape-memory-alloy-plates and washers[J]. Journal of constructional steel research, 2002, 198: 107526.

［63］C.K.H. DHARAN, J.A. BAUMAN. Composite disc springs[J]. Composite: Part A, 2007, 38: 2511-2516.

［64］W. Patangtalo, S. Aimmanee, S. Chutima. A unified analysis of isotropic and composite Belleville springs[J]. Thin-Walled Structures, 2016, 109: 285-295.

［65］C. FANG, W. WANG, D.Y. SHEN. Development and experimental study of disc spring-based self-centering devices for seismic resilience[J]. Journal of Structural Engineering, 2021, 147(7): 04021094.

［66］Y. CHEN, C. CHEN, C. CHEN. Study on seismic performance of prefabricated self-centering beam to column rotation friction energy dissipation connection[J]. Engineering Structures, 2021, 241: 112136.

［67］L.C. MA, Q.X. SHI, B. WANG, et al. Research on design and numerical simulation of self-centering prefabricated RC beam-column joint with pre-pressed disc spring devices[J]. Soil Dynamics and Earthquake Engineering, 2023, 166: 107762.

［68］G. XU, T. GUO, A.Q. LI, et al. Self-centering beam-column joints with variable stiffness for steel moment resisting frame[J]. Engineering structures, 2023, 278: 115526.

［69］L.H. XU, S.J. XIAO, Z.X. LI. Behaviors and modeling of new self-centering RC wall with improved disc spring devices[J]. Journal of Engineering Mechanics, 2020, 146(9): 04020102.

［70］郭斌, 徐一鸣, 高捷, 等. 碟形弹簧不同组合的阻尼试验[J]. 金属制品, 2013, 39(2): 37-41.

［71］E.L. ZHENG, F. JIA, X.L. ZHOU. Energy-based method for nonlinear characteristics analysis of Belleville springs[J]. Thin-Walled Structures, 2014, 79: 52-61.

［72］P. BAGAVATHIPERUMAL, K. CHANDRASEKARAN, S. MANIVASAGAM. Elastic load-displacement predictions for coned disc springs subjected to axial loading using the finite element method[J]. Journal of Strain Analysis, 1991, 26(3): 147-152.

［73］G. CURTI, R. MONTANINI. On the influence of friction in the calculation of conical disk springs[J]. Transactions of ASME: Journal of Mechanical Design, 1999, 121: 622-627.

［74］陈鹏, 徐龙河, 谢行思, 等. 摩擦作用对组合碟形弹簧力学性能的影响研究[J/OL]. 工程力学. https://link.cnki.net/urlid/11.2595.o3.20230825.1751.002.

［75］X. YAN, M. S. ALAM, G.P. SHU, et al. A novel self-centering viscous damper for improving seismic resilience: Its development, experimentation, and system response[J]. Engineering Structures, 2023, 279: 115632.

［76］中国机械工业联合会. 碟形弹簧: GB/T 1972—2005[S]. 北京: 中国标准出版社, 2005.

［77］中华人民共和国住房和城乡建设部. 建筑抗震设计规范: GB 50011—2010[S]. 北京: 中国建筑工业出版社, 2010.

［78］Y. K. DING. Cyclic tests for unbonded steel plate brace encased in reinforced concrete panel or light-weight assembled steel panel[J]. Journal of Constructional Steel Research, 2014, 94: 91-102.

［79］Y. K. DING. Cyclic tests of unbonded steel plate brace encased in steel-concrete composite panel[J]. Journal of constructional steel research, 2014, 102: 233-244.

［80］丁玉坤, 张耀春. 无黏结内藏钢板支撑剪力墙滞回性能的数值模拟[J]. 土木工程学报, 2009, 42(5): 46-54.

［81］Y. K. DING, R. ZHENG. Cyclic tests for steel frame with unbonded steel plate brace encased in panel[J]. Engineering Structures, 2017, 148: 466-484.

［82］中华人民共和国住房和城乡建设部. 建筑抗震试验规程: JGJ/T 101—2015[S]. 北京: 中国建筑工业出版社, 2015.

［83］J. NEWELL, C.M. UANG, G. Benzoni. Subassemblage testing of corebrace bucking-restrained braces (G series)[R]. Report No. TR-2006/01. San Diego (La Jolla) University of California; 2006.

［84］B.M. ANDREWS, L. A. FAHNESTOCK, J. SONG. Ductility capacity models for buckling-restrained braces[J]. Journal of Constructional Steel Research, 2009, 65: 1712-1720.

［85］M. MIRTAHERI, A. GHEIDI, A. P. ZANDI, et al. Experimental optimization studies on steel core lengths in buckling restrained braces[J]. Journal of Constructional Steel Research, 2011, 67: 1244-1253.

［86］T. TAKEUCHI, M. IDA, S. YAMADA, et al. Estimation of cumulative deformation capacity of buckling restrained braces[J]. Journal of Structural Engineering, 2008, 134(5): 822-831.

［87］邢佶慧, 黄河, 张家云, 等. 碟形弹簧力学性能研究[J]. 振动与冲击, 2015, 34(22): 167-172.

［88］C. FANG, Y. PING, Y. CHEN. Loading protocols for experimental seismic qualification of members in conventional and emerging steel frames[J]. Earthquake engineering & structural dynamics, 2020; 49: 155-174.

［89］G. CURTI, F.A. RAFFA. Material nonlinearity effects in the stress analysis of conical disk springs[J]. Transactions of ASME: Journal of Mechanical Design, 1992, 114: 238-244.

［90］O. SEKER. Seismic response of dual concentrically braced steel frames with various bracing configurations[J]. Journal of constructional steel research, 2022, 188: 107057.